高等中医药院校特色创新教材

中药新药研制与开发

修订版

王利胜　主编

科 学 出 版 社

北 京

内 容 简 介

本教材是中药学、药学类专业及中医药科技人员研究开发新药的教材和参考书，是依据国家药品监督管理局 2020 年 7 月颁布施行的《药品注册管理办法》，以及近年颁发的相关法规、办法和指导原则，汇集各中医药院校自编教材，参考已有文献和著作，结合当今中药新药研制的实际情况及从事中药新药研制的经验体会编制而成的。本教材共分十一章，系统地阐述了中药新药研制的全过程，主要内容有中药新药的申报、选题与立项、中药新药研究中的统计分析、中药新药制剂工艺研究、中药新药的质量标准研究、中药新药的稳定性研究、中药新药药理研究、中药新药非临床药代动力学研究、中药新药毒理学研究及中药新药临床研究等内容。

本教材可供中药学、药学相关专业本科生、研究生在校学习之用，也可供从事中药新药开发研究的科技人员参考。

图书在版编目(CIP)数据

中药新药研制与开发 / 王利胜主编 . —北京：科学出版社，2016.3
高等中医药院校特色创新教材
ISBN 978-7-03-047689-0

Ⅰ. 中… Ⅱ. 王… Ⅲ. 中成药-产品开发-中医学院-教材 Ⅳ. TQ461

中国版本图书馆 CIP 数据核字（2016）第 049727 号

责任编辑：刘 亚 / 责任校对：胡小洁
责任印制：李 彤 / 封面设计：陈 敬

科 学 出 版 社 出版
北京东黄城根北街 16 号
邮政编码：100717
http://www.sciencep.com

北京盛通商印快线网络科技有限公司 印刷
科学出版社发行 各地新华书店经销

*

2016 年 3 月第 一 版 开本：787×1092 1/16
2022 年 8 月第九次印刷 印张：17
字数：418 000

定价：38.00 元
（如有印装质量问题，我社负责调换）

前　　言

中医药是我国的传统瑰宝，为中华民族的繁衍昌盛做出了不可磨灭的贡献。随着现代科学技术和医疗水平的不断提高，中医药的现代化和国际化势在必行。在对传统中医药的继承整理的基础上，开发出安全、高效、低毒、质量稳定、工艺先进、检测方法科学、适合临床使用、符合国际市场需求的现代中药是促进中医药走向现代化的必经之路。越来越多新技术、新材料、新剂型广泛应用于中药新药的研制开发中，使得祖国医药的发展迈开新的步伐，不断展现出新的活力和广阔的前景。

然而，中药产品的技术含量较低，现代化程度不够，疗效不稳定等问题的存在严重制约了中医药产业的发展。那么，为促进中医药的发展，首要就是要培养一大批既懂得医药科研知识，又懂得药品注册法律法规的中药新药研究人员。为了帮助广大科研人员掌握中药新药研制的内容、程序、方法和要求，提高中药新药研制的科研水平，加快中药新药研制的速度，本编写团队依据国家药品监督管理局颁布，于 2020 年 7 月 1 日施行的《药品注册管理办法》的有关规定及近年实施的相关法规、办法和指导原则，参考已有文献和著作，结合当今中药新药研制的实际情况及从事中药新药研制的经验体会，编写了这本《中药新药研制与开发》。

本教材共分为十一章，包括绪论部分对新药相关概念、特点及发展和前景的论述；研究前准备包括选题与立项以及新药开发统计分析方法的选择；临床前研究包括中药新药制剂工艺研究、质量标准研究、稳定性研究、药理研究、非临床药代动力学研究和毒理学研究等内容；中药新药临床研究；以及中药新药的申报，内容有资料的准备和申报流程说明。本书涵盖了中药新药从方案设计到实验研究过程，再到新药临床研究和申报等一系列内容，重点突出了新药研究中备受重视的制剂工艺研究、质量标准制定、稳定性、药理毒理及药代动力学研究等内容，条理清晰，为中药新药研究人员提供了可靠的思路，以使中医药研究不断走向现代化和规范化。本教材不仅可供中药学、药学相关专业本科生、研究生在校学习之用，而且也可供从事中药新药开发研究的科技人员参考。

中药新药研究是一个系统工程，涉及的学科广泛，限于编者的水平，疏漏之处在所难免，殷切希望广大读者提出宝贵意见和建议，以便修订完善，使教材质量不断提升。

《中药新药研制与开发》编委会

2022 年 7 月

目　　录

第一章 绪 论

中医中药是我国人民创造的宝贵财富，以其独特的理论体系和临床疗效，在世界医药体系中独树一帜。随着我国经济的发展并加入世界贸易组织，我国医药事业面临着巨大的挑战，但也为我国中药新药的研制开发带来了前所未有的机遇。研究和开发中药新药已成为国内众多医药企业当今风险投资的热土和未来的立足之本。这一方面说明植物药作为治疗药品开始为国际社会广泛接受，另一方面说明我国中药研究的水平和地位也逐步得到提高。

对中药新药的研制开发是实现中医药现代化和国际化的重要途径和手段。在国际市场上，我国的中成药出口额所占比例甚小，大部分为日本、韩国等国家占有。因此在保持发扬中医药传统特色和优势的同时，充分利用现代科技手段和方法，研究开发符合市场需求的新一代中药新药，提高我国中药产品在国际市场上的竞争力，是目前中药新药开发中的重要研究内容之一。

在中药新药开发研究中，除了研究实施中药材生产质量管理规范（GAP）、中药和植物药提取生产质量管理规范（GEP）、药品生产质量管理规范（GMP）、药品非临床研究质量管理规范（GLP）、药品临床试验质量管理规范（GCP）等重要环节，加强与国际接轨之外，深入研究中医药自身的特点和优势，并据此研制特色新药，将是今后中药新药研发的趋势。

一、中药新药的概念

中药新药是指未曾在中国境内外上市销售的，在中医药理论指导下使用的药用物质及其制剂。中药新药必须按照国家的有关规定，经过认真的研究、制备，并经过国家药品监督管理局药品审评中心审评认可，由国家药品监督管理局批准发给新药证书及生产批准文号，才可投放市场销售使用。

中药新药研究要从临床实际需要出发，或者针对当前疑难病症寻找有效防治药物；或者针对常见病、多发病寻找疗效更好、毒性更小、作用长效的新制剂；或者改进工艺，降低成本，增强疗效；或者改变剂型，增加吸收，方便使用，提高稳定性；或者发掘利用新资源；或者在已知有效药物中提取、寻找活性强的有效成分或部位。总而言之，中药新药就是要围绕"安全、有效、可控"三个基本原则，突出一个"新"字，应尽量避免缺乏开拓性、创造性、科学性和先进性的低水平重复。

二、中药新药研究的特点

中药新药与化学药新药开发研究的首要区别是中药新药研制必须在中医药理论指导下进行，这是中药新药研制最基本也是最重要的特征；其次，中药经过上千年的使用，有丰富的文献资料，积累了许多宝贵的临床经验，这些都可供借鉴和参考；第三，中医重视并强调理、法、方、药，辨证施治的整体概念；第四，中药大多以复方配伍为主，成分复杂，目前难以某种成分说明其疗效作用；第五，中药新药质量受原药材质量的直接影响，原药材品种、产地、采集时间、加工炮制等对该药的有效物质和质量有着明显的影响；另外，中药制备工艺、剂型等对其疗效也有重要的影响。因此，中药新药研制必须根据上述特点，结合其制剂特点、注册分类要求，根据不同情况采取不同的研究方法。

三、中医药理论在中药新药研制开发中的地位

凡是在中医药理论体系指导下，用于防治疾病的药物，统称为中药。中药学的核心是药性理论，药性理论归属于中医药理论体系，反映的是中医药理论思维内容和规律。因此，如果离开了中医药理论体系，中药就不能称之为中药。中药复方是针对特定病症多味中药的有机组合，方中君、臣、佐、使明确，符合中药的药性理论及配伍。中药新药的研制开发必须以中医理论为指导，结合现代的病理学和药理学等，运用现代科学技术进行研究，才能使中药的研制更具有优势与特色。

从很大程度上讲，中药新药研制是借中医药理论指导之名，行植物药或天然药物开发之实。几乎所有的中药新药研究开发都声称是在中医药理论指导下，但主要的研究工作与中医药理论的结合不是很紧密，甚至是脱节的。在中药新药研究指南或技术要求中，提取工艺、质量标准、药理试验、临床试验等实质性研究的内容和方法，都是参照甚至是沿用西医西药或国际天然药物研究的模式和要求来制定的。在中药复方提取工艺研究中，多数中药提取路线的制定和工艺条件的筛选，往往是"惟有效成分论"，复方的优势和配伍关系常常难以得到有效的表达。这里所指的"有效成分"往往是单味药的与复方功效相同或相似的某些药效作用，如保肝药的复方药物，不管是君药还是臣药，不管是佐药还是使药，都是注重提取其中具有保肝降酶作用或与此作用直接关联的成分。但事实上，一个合理配伍的中药复方，各单味药应该各司其职，化学提取也应该是依方随证，而不应是简单地提取合并相同或相似功效的成分，否则，就失去了复方配伍的真正要义。

四、中药新药研制开发的机遇

随着社会文明及现代科技的高速发展，人类生存环境的改变，人类疾病谱也发生了重大变化，过去的传染性疾病迅速减少，各种慢性病的患病率不断增高。越来越多的消费者开始青睐天然药物，热衷传统疗法，回归自然已成为一种世界潮流。过去在西方市场倍受限制和歧视的中医药开始走俏了。目前，全球大约有1500个中医教学机构和3000家营销中医药产品的贸易公司遍布170个国家和地区。作为防治疾病的一种手段，中医药已被日本、韩国和东南亚各国广泛应用，欧美国家也逐步放宽了对中医药使用的限制，有的国家已将中医药纳入了保险范畴，并在法律上予以认可。日本的汉方药多可以通过医保报销，故汉方药销量一直走高。德国在欧洲是传统药年销售额最大的国家，达22亿。德国Sehwabe生产的银杏叶提取物制剂——tebonine（促进脑血管循环）年销售额超过1亿美元，银杏叶及其制剂仅在欧洲市场年销售额就达几亿美元。

我国的中药新药研究开发已走上科学化、规范化、标准化和法制化的轨道。截止2008年，我国已有1141种中药新药通过注册，其中一类占11.5%，二类占6.5%，三四类各占40%，五类占2%。2009-2015年获得批准临床的5类中药新药数量相对比较平稳，基本每年都能保持批准6~7件的水平。2021年，我国中药新药获批数量首次突破两位数，批准上市

中药新药达到了 12 个。随着中药新药研制水平的提高，新药取得了很高的经济效益。有专家预测，未来中药将成为全球性投资热点。国内外市场需求、我国经济的迅速发展、现代科技手段的应用都将促进我国中药产业形成新的经济增长点，这为我国中药事业的发展与创新带来前所未有的良好机遇。

五、中药新药研究现状

尽管我们中药发展存在很好的发展前景，但是我国中药新药研究的现状并不乐观。

1. 市场竞争力比较大　当前受到来自国外"洋中药"的巨大压力，在国际市场上，我国的中成药出口额所占比例甚小，大部分被日本、韩国等占有。因此，在保持发扬中医药传统特色和优势的同时，充分利用现代科技手段和方法，研制开发符合市场需求的新一代中药新药，提高我国中药产品在国际市场上的竞争力，是目前中药新药开发中的重要研究内容之一。

2. 中药新药研究中知识产权和专利保护不够　中药是中国的国宝，其知识产权无疑属于中国。我国使用中药已有几千年的历史，但对中药的知识产权保护却一直不够重视，缺乏有效保护中药知识产权的手段和方法，对知识产权保护的意识也不强，致使许多中药知识产权流失。近年来，欧美、日、韩等发达国家凭借他们的专利经验，利用知识产权为武器，加强了对中药的科研投入，并利用我国中医古籍和民族草药文献来寻找新药。此外，我国是中医药的发源地，中药的科研及市场具有明显的优势，中药的技术和产品理应具有我们的自主知识产权。因此，有必要开展中药领域专利战略研究，针对中药自身的发展需要，结合中药行业发展目标，确定相关的发展战略。

3. 中药新药研究人才欠缺　医药行业属于知识密集型产业，对人才及其素质要求很高。不仅要注意培养新药研发人员的科研水平，更要提高其决策水平、管理水平，只有这样，中药新药研发才有可能融入市场经济的洪流。培养和造就一支强大的科技队伍，是发展医药科技事业的大计，亦是"科教兴药"战略的关键。在医药科技攻关、技术引进、技术开发的实践中，应注意发挥老科技人员的作用，努力培养中青年优秀人才，创造条件，使中青年学术带头人脱颖而出。

4. 研究技术、设备落后　我国的研究技术及科研设备在一定程度上也落后于欧美国家。生产企业多但规模小，而且比较分散，产品科技含量低，缺乏与国际通用标准接轨的产品质量标准。科研经费投入不足，中药研究和生产中低水平重复严重，这些问题的存在严重制约了我国中药产品在国际市场上的竞争力。

5. 重基础，轻临床　在中药研制和审评中，重基础、轻临床现象较普遍，新药临床试验的中心地位未得到应有的重视。我国中药新药审批给人的感觉是"严进宽出"，即对新药临床前研究工作的要求一直较高，申请新药临床批文难，淘汰率高，一旦获得新药临床试验批文，临床试验风险较小，通过率高，一般都能获得新药证书。相反，国外如美国 FDA 则采取"宽进严出"的政策，即申请新药临床试验比较容易，而申请新药证书则很难，新药在各期临床试验过程中淘汰率都很高，真正体现"以疗效为宗旨"的新药研发旨意。由于"疗效"的中心地位未得到应有的重视，多年来，不少疗效平平或无治疗特色的中药新药纷纷获准上市。其中不少品种凭借铺天盖地般的广告宣传和非常规的营销手段，大肆充斥医药市场，取得非常可观的效益。但是，这些所谓的新药绝大多数是昙花一现，很快成为过眼烟云。

6. 中成药市场发展不平衡　治疗某些疾病的中成药市场处于过饱和状态，竞争极其激烈，而防治某些常见病、多发病的中成药又极其缺乏，造成热的太热，冷的太冷。剂型发展也不平衡，某些传统制剂剂型太多，而现代新制剂、新剂型又太少，研究和开发的力度不够。档次高的中药创新药少而又少，而中药改良型新药又太多，这一多一少就构成了目前中成药市场低水平重复格局。

六、中药新药研发的对策

面对中药新药研究中存在的种种问题，为了保护我们的宝贵财富，更是为了广大消费者的健康，应切切实实做好以下几点：

1. 加强天然产物活性成分及中药有效部位的研究　近年来，从天然产物中研究开发新药最引人瞩目的成果当算治疗卵巢癌的首选药物紫杉醇，于1992年批准上市。新中国成立以来，我国先后研制出70余种新药并广泛应用于临床，其中两个举世公认的具有划时代意义的小檗碱和青蒿素都是从我国常用中药中发掘出来的。2015年屠呦呦因从青蒿中发现治疗疟疾的青蒿素而成为我国首次获诺贝尔生理学或医学奖的科学家。中药有效部位的研究可为相关学科的渗透提供新的增长点和新领域，创造有中国特色的新医药学。确定复方有效部位，探讨有效部位的主次，建立复方量效关系，对有效部位中主要药效物质基础或者主要药效物质群的研究是中药复方化学研究的重点，也是探明中药复方配伍规律、药效作用机制的基础。只有这样，才能推出组方合理、工艺先进、高效安全、体现中医药特色的中药新药，推动中药走向世界。

2. 深入优势研究和疗效评价研究，扩大影响　方剂是在中医理论指导下，通过有机配伍而形成的特殊的药物整体，其独特的优势在于以多种有效组分为基础的，以多靶点、多途径、多层次为作用特点的整合调节作用。疾病一旦产生，其对机体产生的病理生理影响不是单一的，而是极其复杂的，涉及机体生命活动多个方面、多个环节。中药方剂是通过多组分作用在多靶点，融合拮抗、补充、整合、调节等多种功效而起到治疗作用，在防治疾病过程中就具有改善机体病理状况和调节机体生理功能的显著优势。加强这种优势研究，阐述其特点和机制，是提高中药市场竞争力的有效途径之一。

一种药物，其价值就在于能否治疗疾病，即临床疗效。只要具有明确的临床疗效，就有市场，临床疗效是说明问题的关键。中医药几千年来为中华民族的生存发展做出了巨大贡献，其临床疗效是肯定的。近几十年来，我们也开展了大量中医药的临床研究，但往往是低水平重复，没有统一的标准，缺乏科学性，虽然国家批准生产的中药新药已经很多，但几乎都得不到国际上的认可。因此，开展多中心、随机双盲、对照试验研究，提高临床研究的水平和科学性，也是中药新药开发研究的关键问题之一。开发中药新药的过程要符合国际规范，中药才具有国际竞争力，才能走向世界。

3. 加强中药新药的知识产权保护　从总体上来看，我国中医药知识产权意识还比较薄弱，致使许多宝贵的中药知识财富面临被攫取的危险。近几年，对于中医药产业知识产权保护虽然引起了重视，但相关的法律法规还不够完善，在如何操作及申请国外的知识产权保护方面还有很大欠缺。因此，要针对中药自身的特点和发展需要，研究中药知识产权保护的内容，制定和完善相关法规，强化知识产权保护意识，一方面要加强对原有名特优中成药知识产权的保护，另一方面在研制开发中药新药的过程中，注意研究其知识产权保护的相关内容，包括研究的技术、方法等都应受到法律的保护。开发的新药应该是具有自主知识产权的中药新药，有一系列的国内和国际专利，并形成技术壁垒，有效地保护中药品种和中药产业。

4. 加强现代新技术新方法在制剂工艺中的应用　加强微波萃取、超临界萃取、液滴逆流萃取、超声波萃取等和分离技术中的层离技术、大孔吸附技术、凝胶分子筛选技术、膜分离技术、超速离心技术等，以及干燥技术中的喷雾干燥、冷冻干燥等技术在中药新药研究中的应用。此外，尚有新辅料、固体分散技术和环糊精包合等技术的应用。

5. 培养创新型人才　为了中医药事业的发展，我们必须培养创新型的人才，培养他们的创新精神和创新能力。创新精神和创新能力是新时代对人才最主要的内涵要求，要加强教学体制改革，培养创新意识、激发创新行为、建立创新教育新模式。

七、中药新药研究与中药现代化

所谓中药现代化是指继承和发扬传统中医药的优势和特色，结合现代的科学技术方法和手段，研究开发符合国际通行的医药标准和规范，能够合法地以药品身份进入国际医药市场的中药产品。中药现代化主要涉及三个方面：第一，思想观念现代化。中药的现代化首先就应该强调指导思想的现代化，必须突破传统思想的束缚。第二，技术领域的现代化。要注重现代生物技术及转基因技术在中药领域的应用，加强对先进的符合 GMP 要求的生产工艺的研究，提出切合中药特点的质量控制体系，通过 GAP—GLP—GMP 体系，强化质量控制，力求实现质量稳定可控。第三，对已有临床疗效肯定的古方、复方进行二次改造，主要是利用现代制剂技术，推动落后传统工艺的改造，使之能被世人认可，与国际创新药接轨。

中药现代化应充分利用新技术、新方法，加强中药创新性的研究。创新可从以下几方面考虑：①新物质，即新的有效成分、有效部位、新的组方；②作用效果更新；③作用机制更新；④治疗范围新；⑤开发新剂型；⑥剂量要小。同时不可忽视名优中成药的二次开发。

中药开发是比较有优势的领域，是能带动整个医药产业关键性技术进步与创新的领域。我们应该对中药产业在医药产业中的战略地位有充分的认识，应当通过中药领域的率先性技术进步与创新，填补化学制药产业由仿制向创新型转变过程中出现的空白点。

八、中药新药评价

寻找并发现新药后，就要根据新药评价的内容逐一进行研究。根据我国新药审批办法规定的新药类别，确定该完成哪些内容的实验研究。新药评价内容一般可按学科和按审批办法的具体要求来分。

1. 药学评价　药学评价是新药评价的基础，它直接决定和影响着新药的安全、有效、优质、稳定。其主要内容有名称、结构、分子式、理化性质、合成路线和工艺、制剂处方和制作工艺、定性鉴别、含量测定、稳定性试验、质量标准和起草说明等。

2. 临床前药理学评价　临床前药理学评价是新药评价的核心之一，有效与否决定该药能否进入临床评价。其主要内容有：①主要药效学，一般要求用 2 种动物、2 种以上方法、2 个途径、3 个剂量、空白对照、阳性对照和模型对照等；②一般药理学，一般要求 2~3 个有效剂量、临床给药途径、至少观察对神经系统、心血管系统和呼吸系统的影响；③药代动力学，一般要求 3 个剂量，提供常规药动学参数、模室类型和分布排泄试验。

3. 临床前毒理学评价 临床前毒理学评价是新药评价的核心之一，毒性的大小直接决定和影响新药能否进入临床和进入临床后可能的风险与新药开发的前景。其主要内容有急性毒性、长期毒性、毒代动力学、特殊毒性、局部用药毒性、过敏试验、刺激性试验和药物依赖性试验。

4. 临床评价 临床评价是新药评价的关键，成功与否在此一举。临床无效或毒性太大不可能批准上市，疗效不明显或毒性大的新药也没有开发前景。其主要内容是临床疗效、毒性和不良反应观察，分Ⅰ～Ⅳ期临床研究：Ⅰ期临床研究主要是耐受性试验和药动学研究；Ⅱ期临床研究是随机双盲对照研究；Ⅲ期临床研究主要是扩大临床试验；Ⅳ期临床研究是继续扩大临床试验范围、特殊临床试验、补充临床试验和不良反应观察等。

综上所述，近年来中药新药研究成绩显著，问题突出，创新不够，低水平重复严重，政策法规、技术标准有待进一步修改、补充、完善，监督管理有待加强，增加投入、鼓励创新、提高质量、限制数量、抑制低水平重复，加强医药结合、多学科结合，采取各种对策才能更好地开展中药新药研究。

中药新药开发研究是一项庞大的系统工程，需要多个专业、部门的整体协作，需要多个学科的相互渗透与融合，在保持和发扬中医药特色与优势的同时，汲取现代科学理念，采用现代科学技术与方法，研制现代化的中药新药，这样的新药才符合社会生活发展的要求。机遇与挑战并存，一方面面临着国际医药市场的巨大压力，另一方面也唤醒了国家、医药学界乃至全社会对中医药行业的关注。如何利用对中医药文化领先独特的理解，加强中药新药的开发研制，在未来的中医药市场中独占鳌头，是应当深入思考的问题。

第二章 中药新药的申报

第一节 中药注册分类及申报资料

一、中药注册分类

根据国家市场监督管理总局于 2020 年 1 月 22 日公布并于 2020 年 7 月 1 日起施行的《药品注册管理办法》（局令第 27 号）以及国家药品监督管理局组织制定的《中药注册分类及申报资料要求》（2020 年第 68 号）的有关规定，中药注册按照中药创新药、中药改良型新药、古代经典名方中药复方制剂、同名同方药分为四类十个方面，前三类均属于中药新药。

中药是指在我国中医药理论指导下使用的药用物质及其制剂。

天然药物是指在现代医药理论指导下使用的天然药用物质及其制剂。天然药物参照中药注册分类。

其他情形，主要指境外已上市境内未上市的中药、天然药物制剂。

（一）中药创新药

指处方未在国家药品标准、药品注册标准及国家中医药主管部门发布的《古代经典名方目录》中收载，具有临床价值，且未在境外上市的中药新处方制剂。一般包含以下情形：

1. 中药复方制剂 系指由多味饮片、提取物等在中医药理论指导下组方而成的制剂。

2. 从单一植物、动物、矿物等物质中提取得到的提取物及其制剂

3. 新药材及其制剂 即未被国家药品标准、药品注册标准以及省、自治区、直辖市药材标准收载的药材及其制剂，以及具有上述标准药材的原动、植物新的药用部位及其制剂。

（二）中药改良型新药

指改变已上市中药的给药途径、剂型，且具有临床应用优势和特点，或增加功能主治等的制剂。一般包含以下情形：

1. 改变已上市中药给药途径的制剂 即不同给药途径或不同吸收部位之间相互改变的制剂。

2. 改变已上市中药剂型的制剂 即在给药途径不变的情况下改变剂型的制剂。

3. 中药增加功能主治

4. 改变已上市中药生产工艺或辅料等的制剂 指改变后会引起药用物质基础或药物吸收、利用明显改变的。

（三）古代经典名方中药复方制剂

古代经典名方是指符合《中华人民共和国中医药法》规定的，至今仍广泛应用、疗效确切、具有明显特色与优势的古代中医典籍所记载的方剂。古代经典名方中药复方制剂是指来源于古代经典名方的中药复方制剂。包含以下情形：

1. 按古代经典名方目录管理的中药复方制剂

2. 其他来源于古代经典名方的中药复方制剂　包括未按古代经典名方目录管理的古代经典名方中药复方制剂和基于古代经典名方加减化裁的中药复方制剂。

（四）同名同方药

指通用名称、处方、剂型、功能主治、用法及日用饮片量与已上市中药相同，且在安全性、有效性、质量可控性方面不低于该已上市中药的制剂。

二、中药注册申报资料要求

根据国家药品监督管理局组织制定的《中药注册分类及申报资料要求》（2020 年第 68号）的规定，该申报资料项目及要求适用于中药创新药、改良型新药、古代经典名方中药复方制剂以及同名同方药。申请人需要基于不同注册分类、不同申报阶段以及中药注册受理审查指南的要求提供相应资料。申报资料应按照项目编号提供，对应项目无相关信息或研究资料，项目编号和名称也应保留，可在项下注明"无相关研究内容"或"不适用"。如果申请人要求减免资料，应当充分说明理由。申报资料的撰写还应参考相关法规、技术要求及技术指导原则的相关规定。境外生产药品提供的境外药品管理机构证明文件及全部技术资料应当是中文翻译文本并附原文。

天然药物制剂申报资料项目按照本文件要求，技术要求按照天然药物研究技术要求。天然药物的用途以适应症表述。

境外已上市境内未上市的中药、天然药物制剂参照中药创新药提供相关研究资料。

下列为中药注册申报资料目录，详细内容及说明请扫描下方二维码查阅原文。

（一）行政文件和药品信息

1.0 说明函

1.1 目录

1.2 申请表

1.3 产品信息相关材料

1.3.1 说明书

1.3.2 包装标签

1.3.3 产品质量标准和生产工艺

1.3.4 古代经典名方关键信息

1.3.5 药品通用名称核准申请材料

1.3.6 检查相关信息（适用于上市许可申请）

1.3.7 产品相关证明性文件

1.3.8 其他产品信息相关材料

1.4 申请状态（如适用）

1.4.1 既往批准情况

1.4.2 申请调整临床试验方案、暂停或者终止临床试验

1.4.3 暂停后申请恢复临床试验

1.4.4 终止后重新申请临床试验

1.4.5 申请撤回尚未批准的药物临床试验申请、上市注册许可申请

1.4.6 申请上市注册审评期间变更

1.4.7 申请注销药品注册证书

1.5 加快上市注册程序申请（如适用）

1.5.1 加快上市注册程序申请

1.5.2 加快上市注册程序终止申请

1.5.3 其他加快注册程序申请

1.6 沟通交流会议（如适用）

1.6.1 会议申请

1.6.2 会议背景资料

1.6.3 会议相关信函、会议纪要以及答复

1.7 临床试验过程管理信息（如适用）

1.7.1 临床试验期间增加功能主治

1.7.2 临床试验方案变更、非临床或者药学的变化或者新发现等可能增加受试者安全性风险的

1.7.3 要求申办者调整临床试验方案、暂停或终止药物临床试验

1.8 药物警戒与风险管理（如适用）

1.8.1 研发期间安全性更新报告及附件

1.8.2 其他潜在的严重安全性风险信息

1.8.3 风险管理计划

1.9 上市后研究（如适用）

1.10 申请人/生产企业证明性文件

1.10.1 境内生产药品申请人/生产企业资质证明文件

1.10.2 境外生产药品申请人/生产企业资质证明文件

1.10.3 注册代理机构证明文件

1.11 小微企业证明文件（如适用）

（二）概要

2.1 品种概况

2.2 药学研究资料总结报告

2.2.1 药学主要研究结果总结

（1）临床试验期间补充完善的药学研究（适用于上市许可申请）

（2）处方药味及药材资源评估　（3）饮片炮制

（4）生产工艺

（5）质量标准

（6）稳定性研究

3.3.5.3 工艺描述

3.3.5.4 辅料、生产过程中所用材料

3.3.5.5 主要生产设备

3.3.5.6 关键步骤和中间体的控制

3.3.5.7 生产数据和工艺验证资料

3.3.6 试验用样品制备情况

3.3.6.1 毒理试验用样品

3.3.6.2 临床试验用药品（适用于上市许可申请）

（1）用于临床试验的试验药物

（2）安慰剂

3.3.7 "生产工艺" 资料（适用于上市许可申请）

3.3.8 参考文献

3.4 制剂质量与质量标准研究

3.4.1 化学成份研究

3.4.2 质量研究

3.4.3 质量标准

3.4.4 样品检验报告

3.4.5 参考文献

3.5 稳定性

3.5.1 稳定性总结

3.5.2 稳定性研究数据

3.5.3 直接接触药品的包装材料和容器的选择

3.5.4 上市后的稳定性研究方案及承诺（适用于上市许可申请）

3.5.5 参考文献

（四）药理毒理研究资料

4.1 药理学研究资料

4.1.1 主要药效学

4.1.2 次要药效学

4.1.3 安全药理学

4.1.4 药效学药物相互作用

4.2 药代动力学研究资料

4.2.1 分析方法及验证报告

4.2.2 吸收

4.2.3 分布（血浆蛋白结合率、组织分布等）

4.2.4 代谢（体外代谢、体内代谢、可能的代谢途径、药物代谢酶的诱导或抑制等）

4.2.5 排泄

4.2.6 药代动力学药物相互作用（非临床）

4.2.7 其他药代试验

4.3 毒理学研究资料

4.3.1 单次给药毒性试验

4.3.2 重复给药毒性试验

4.3.3 遗传毒性试验

4.3.4 致癌性试验

4.3.5 生殖毒性试验

4.3.6 制剂安全性试验（刺激性、溶血性、过敏性试验等）

4.3.7 其他毒性试验

（五）临床研究资料

5.1 中药创新药

5.1.1 处方组成符合中医药理论、具有人用经验的创新药

5.1.1.1 中医药理论

5.1.1.1.1 处方组成，功能、主治病证

5.1.1.1.2 中医药理论对主治病证的基本认识

5.1.1.1.3 拟定处方的中医药理论

5.1.1.1.4 处方合理性评价

5.1.1.1.5 处方安全性分析

5.1.1.1.6 和已有国家标准或药品注册标准的同类品种的比较

5.1.1.2 人用经验

5.1.1.2.1 证明性文件

5.1.1.2.2 既往临床应用情况概述

5.1.1.2.3 文献综述

5.1.1.2.4 既往临床应用总结报告

5.1.1.2.5 拟定主治概要、现有治疗手段、未解决的临床需求

5.1.1.2.6 人用经验对拟定功能主治的支持情况评价

5.1.1.3 临床试验

5.1.1.3.1 临床试验计划与方案及其附件

5.1.1.3.1.1 临床试验计划和方案

5.1.1.3.1.2 知情同意书样稿

5.1.1.3.1.3 研究者手册

5.1.1.3.1.4 统计分析计划

5.1.1.3.2 临床试验报告及其附件（完成临床试验后提交）

5.1.1.3.2.1 临床试验报告

5.1.1.3.2.2 病例报告表样稿、患者日志等

5.1.1.3.2.3 与临床试验主要有效性、安全性数据相关的关键标准操作规程

5.1.1.3.2.4 临床试验方案变更情况说明

5.1.1.3.2.5 伦理委员会批准件

5.1.1.3.2.6 统计分析计划

5.1.1.3.2.7 临床试验数据库电子文件

5.1.1.3.3 参考文献

5.1.1.4 临床价值评估

第二节　临床申报与审批

一、概述

临床试验，指以人体（患者或健康受试者）为对象的试验，意在发现或验证某种试验药物的临床医学、药理学以及其他药效学作用、不良反应，或者试验药物的吸收、分布、代谢和排泄，以确定药物的疗效与安全性的系统性试验。

《药品注册管理办法》第二十一条规定：药物临床试验分为Ⅰ期临床试验、Ⅱ期临床试验、Ⅲ期临床试验、Ⅳ期临床试验以及生物等效性试验。根据药物特点和研究目的，研究内容包括临床药理学研究、探索性临床试验、确证性临床试验和上市后研究。

《药品注册管理办法》第二十三条规定：申请人完成支持药物临床试验的药学、药理毒理学等研究后，提出药物临床试验申请的，应当按照申报资料要求提交相关研究资料。经形式审查，申报资料符合要求的，予以受理。药品审评中心应当组织药学、医学和其他技术人员对已受理的药物临床试验申请进行审评。对药物临床试验申请应当自受理之日起六十日内决定是否同意开展，并通过药品审评中心网站通知申请人审批结果；逾期未通知的，视为同意，申请人可以按照提交的方案开展药物临床试验。申请人获准开展药物临床试验的为药物临床试验申办者（以下简称申办者）。

《药品注册管理办法》第二十八条规定：申办者应当定期在药品审评中心网站提交研发期间安全性更新报告。研发期间安全性更新报告应当每年提交一次，于药物临床试验获准后每满一年后的两个月内提交。药品审评中心可以根据审查情况，要求申办者调整报告周期。

对于药物临床试验期间出现的可疑且非预期严重不良反应和其他潜在的严重安全性风险信息，申办者应当按照相关要求及时向药品审评中心报告。根据安全性风险严重程度，可以要求申办者采取调整药物临床试验方案、知情同意书、研究者手册等加强风险控制的措施，必要时可以要求申办者暂停或者终止药物临床试验。

研发期间安全性更新报告的具体要求由药品审评中心制定公布。

《药品注册管理办法》第三十一条规定：药物临床试验被责令暂停后，申办者拟继续开展药物临床试验的，应当在完成整改后提出恢复药物临床试验的补充申请，经审查同意后方可继续开展药物临床试验。药物临床试验暂停时间满三年且未申请并获准恢复药物临床试验的，该药物临床试验许可自行失效。药物临床试验终止后，拟继续开展药物临床试验的，应当重新提出药物临床试验申请。

《药品注册管理办法》第三十二条规定：药物临床试验应当在批准后三年内实施。药物临床试验申请自获准之日起，三年内未有受试者签署知情同意书的，该药物临床试验许可自行失效。仍需实施药物临床试验的，应当重新申请。

此外，《药物临床试验质量管理规范》第十六条规定：研究者和临床试验机构应当具备的资格和要求包括：（一）具有在临床试验机构的执业资格；具备临床试验所需的专业知识、培训经历和能力；能够根据申办者、伦理委员会和药品监督管理部门的要求提供最新的工作履历和相关资格文件。（二）熟悉申办者提供的试验方案、研究者手册、试验药物相关资料信息。（三）熟悉并遵守本规范和临床试验相关的法律法规。（四）保存一份由研究者签署的职责分工授权表。（五）研究者和临床试验机构应当接受申办者组织的监查和稽查，以及药品监督管理部门的检查。（六）研究者和临床试验机构授权个人或者单位承担临床试验相关的职责和功能，应当确保其具备相应资质，应当建立完整的程序以确保其执行临床试验相关职责和功能，产生可靠的数据。研究者和临床试验机构授权临床试验机构以外的单位承担试验相关的职责和功能应当获得申办者同意。

《药物临床试验质量管理规范》第十七条规定：研究者和临床试验机构应当具有完成临床试验所需的必要条件：（一）研究者在临床试验约定的期限内有按照试验方案入组足够数量受试者的能力。（二）研究者在临床试验约定的期限内有足够的时间实施和完成临床试验。（三）研究者在临床试验期间有权支配参与临床试验的人员，具有使用临床试验所需医疗设施的权限，正确、安全地实施临床试验。（四）研究者在临床试验期间确保所有参加临床试验的人员充分了解试验方案及试验用药品，明确各自在试验中的分工和职责，确保临床试验数据的真实、完整和准确。（五）研究者监管所有研究人员执行试验方案，并采取措施实施临床试验的质量管理。（六）临床试验机构应当设立相应的内部管理部门，承担临床试验的管理工作。

二、向国家药品监督管理局申报

根据《国家药监局关于药品注册网上申报的公告（2020 年 第 145 号）》的有关要求，药品注册申请人应当按照《药品业务应用系统企业操作指南》通过国家药品监督管理局网上办事大厅（https：//zwfw.nmpa.gov.cn/）完成用户注册及药品业务应用系统授权绑定操作，自 2021 年 1 月 1 日起可在网上办理药品注册业务。

根据《中药注册受理指南（试行）》规定，应按照《药品注册管理办法》及《中药注册分类及申报资料要求》的规定，提交符合要求的申报资料。申报资料的撰写还应参考相关法规、技术要求及技术指导原则的相关规定。

（一）申请表的整理

药品注册申请表、申报资料自查表、小型微型企业收费优惠申请表（如适用）与申报资料份数一致，其中至少一份为原件。填写应当准确、完整、规范，不得手写或涂改，并应符合填表说明的要求。

（二）申报资料的整理

2 套完整申请资料（至少 1 套为原件）+1 套综述资料（应包含行政文件和药品信息、概要），每套装入相应的申请表及目录。除《药品注册申请表》及检验机构出具的检验报告外，申报资料（含图谱）应逐个封面加盖申请人或注册代理机构公章，封面公章应加盖在文字处，整理规范详见《药品注册申报资料申报资料格式体例与整理规范》。

（三）药品注册现场核查（药物临床试验）

根据《药品注册核查要点与判定原则（药物临床试验）》规定，对研究过程中原始记录和数据进行核实、实地确认，经核查确认发现以下情形之一的，核查认定为"不通过"：

（1）编造或者无合理解释地修改受试者信息以及试验数据、试验记录、试验药物信息；

（2）以参比制剂替代试验制剂、以试验制剂替代参比制剂或者以市场购买药品替代自行研制的试验用药品，以及以其他方式使用虚假试验用药品；

（3）隐瞒试验数据，无合理解释地弃用试验数据，以其他方式违反试验方案选择性使用试验数据；

（4）瞒报可疑且非预期严重不良反应；

（5）瞒报试验方案禁用的合并药物；

（6）故意损毁、隐匿临床试验数据或者数据存储介质；

（7）关键研究活动、数据无法溯源；

（8）申报资料与原始记录不一致且影响结果评价；

（9）其他严重数据可靠性问题；

（10）拒绝、不配合核查，导致无法继续进行现场核查；

（11）法律法规规定的其他不应当通过的情形。

对研究过程中原始记录和数据进行核实、实地确认，未发现问题或发现的问题不构成以上不通过情形的，核查认定为"通过"。其中发现的问题对数据质量和可靠性可能有影响的，需审评重点关注。

（四）受理审查决定

1. 受理

（1）受理通知书：符合形式审查要求的，出具《受理通知书》一式两份，一份给申请人，一份存入资料。

（2）缴费通知书：需要缴费。

2. 补正 申报资料不齐全或者不符合法定形式的，应一次告知申请人需要补正的全部内容，出具《补正通知书》。

3. 不予受理 不符合要求的，出具《不予受理通知书》，并说明理由。

第三节 申请药品注册证书及药品批准文号

一、概述

新修订《药品管理法》实施之日起，批准上市的药品发给药品注册证书及附件，不再发给新药证书。

《药品注册管理办法》第三条规定：药品注册是指药品注册申请人（以下简称申请人）依照法定程序和相关要求提出药物临床试验、药品上市许可、再注册等申请以及补充申请，药品监督管理部门基于法律法规和现有科学认知进行安全性、有效性和质量可控性等审查，决定是否同意其申请的活动。

申请人取得药品注册证书后，为药品上市许可持有人（以下简称持有人）。

《药品注册管理办法》第五条规定：国家药品监督管理局主管全国药品注册管理工作，负责建立药品注册管理工作体系和制度，制定药品注册管理规范，依法组织药品注册审评审批以及相关的监督管理工作。国家药品监督管理局药品审评中心（以下简称药品审评中心）负责药物临床试验申请、药品上市许可申请、补充申请和境外生产药品再注册申请等的审评。中国食品药品检定研究院（以下简称中检院）、国家药典委员会（以下简称药典委）、国家药品监督管理局食品药品审核查验中心（以下简称药品核查中心）、国家药品监督管理局药品评价中心（以下简称药品评价中心）、国家药品监督管理局行政事项受理服务和投诉举报中心、国家药品监督管理局信息中心（以下简称信息中心）等药品专业技术机构，承担依法实施药品注册管理所需的药品注册检验、通用名称核准、核查、监测与评价、制证送达以及相应的信息化建设与管理等相关工作。

《药品注册管理办法》第十二条规定：药品注册证书有效期为五年，药品注册证书有效期内持有人应当持续保证上市药品的安全性、有效性和质量可控性，并在有效期届满前六个月申请药品再注册。

《药品注册管理办法》第三十九条规定：综合审评结论通过的，批准药品上市，发给药品注册证书。综合审评结论不通过的，作出不予批准决定。药品注册证书载明药品批准文号、持有人、生产企业等信息。非处方药的药品注册证书还应当注明非处方药类别。经核准的药品生产工艺、质量标准、说明书和标签作为药品注册证书的附件一并发给申请人，必要时还应当附药品上市后研究要求。上述信息纳入药品品种档案，并根据上市后变更情况及时更新。药品批准上市后，持有人应当按照国家药品监督管理局核准的生产工艺和质量标准生产药品，并按照药品生产质量管理规范要求进行细化和实施。

《药品注册管理办法》第一百二十三条规定：境内生产药品批准文号格式为：国药准字 H（Z、S）+四位年号+四位顺序号。中国香港、澳门和台湾地区生产药品批准文号格式为：国药准字 H（Z、S）C+四位年号+四位顺序号。境外生产药品批准文号格式为：国药准字 H（Z、S）J+四位年号+四位顺序号。其中，H 代表化学药，Z 代表中药，S 代表生物制品。药品批准文号，不因上市后的注册事项的变更而改变。中药另有规定的从其规定。

二、向国家药品监督管理局申报

根据《国家药监局关于药品注册网上申报的公告（2020 年 第 145 号）》的有关要求，药品注册申请人应当按照《药品业务应用系统企业操作指南》通过国家药品监督管理局网上办事大厅（https：//zwfw.nmpa.gov.cn/）完成用户注册及药品业务应用系统授权绑定操作，自 2021 年 1 月 1 日起可在网上办理药品注册业务。

根据《中药注册受理指南（试行）》规定，应按照《药品注册管理办法》及《中药注册分类及申报资料要求》的规定，提交符合要求的申报资料。申报资料的格式、目录及项目编号不能改变，对应项目无相关信息或研究资料，项目编号和名称也应保留，可在项下注明"无相关研究内容"或"不适用"。申报资料的撰写还应参考相关法规、技术要求及技术指导原则的相关规定。

（一）申请表的整理

药品注册申请表、申报资料自查表、小型微型企业收费优惠申请表（如适用）与申报资料份数一致，其中至少一份为原件。填写应当准确、完整、规范，不得手写或涂改，并应符合填表说明的要求。

（二）申报资料的整理

2 套完整申请资料（至少 1 套为原件）+1 套综述资料（应包含行政文件和药品信息、概要），每套装入相应的申请表及目录。除《药品注册申请表》及检验机构出具的检验报告外，申报资料（含图谱）应逐个封面加盖申请人或注册代理机构公章，封面公章应加盖在文字处，整理规范详见《药品注册申报资料申报资料格式体例与整理规范》。

（三）受理审查决定

1. 受理

（1）受理通知书：符合形式审查要求的，出具《受理通知书》一式两份，一份给申请人，一份存入资料。

（2）缴费通知书：需要缴费。

2. 补正　申报资料不齐全或者不符合法定形式的，应一次告知申请人需要补正的全部内容，出具《补正通知书》。

3. 不予受理　不符合要求的，出具《不予受理通知书》，并说明理由。

第四节　新药的补充申请

一、概述

补充申请系指新药申请、仿制药申请或者进口药申请经批准后，改变、增加或取消原批准事项或者内容的注册申请。国家药品监督管理局药品审评中心（以下简称药品审评中心）负责补充申请的审评。

《药品注册管理办法》第十一条规定：变更原药品注册批准证明文件及其附件所载明的事项或者内容的，申请人应当按照规定，参照相关技术指导原则，对药品变更进行充分研究和验证，充分评估变更可能对药品安全性、有效性和质量可控性的影响，按照变更程序提出补充申请、备案或者报告。

《药品注册管理办法》第二十九条规定：药物临床试验期间，发生药物临床试验方案变更、非临床或者药学的变化或者有新发现的，申办者应当按照规定，参照相关技术指导原则，充分评估对受试者安全的影响。申办者评估认为不影响受试者安全的，可以直接实施并在研发期间安全性更新报告中报告。可能增加受试者安全性风险的，应当提出补充申请。对补充申请应当自受理之日起六十日内决定是否同意，并通过药品审评中心网站通知申请人审批结果；逾期未通知的，视为同意。申办者发生变更的，由变更后的申办者承担药物临床试验的相关责任和义务。

《药品注册管理办法》第七十六条规定：持有人应当主动开展药品上市后研究，对药品的安全性、有效性和质量可控性进行进一步确证，加强对已上市药品的持续管理。药品注册证书及附件要求持有人在药品上市后开展相关研究工作的，持有人应当在规定时限内完成并按照要求提出补充申请、备案或者报告。药品批准上市后，持有人应当持续开展药品安全性和有效性研究，根据有关数据及时备案或者提出修订说明书的补充申请，不断更新完善说明书和标签。药品监督管理部门依职责可以根据药品不良反应监测和药品上市后评价结果等，要求持有人对说明书和标签进行修订。

《药品注册管理办法》第七十八条规定：以下变更，持有人应当以补充申请方式申报，经批准后实施：（一）药品生产过程中的重大变更；（二）药品说明书中涉及有效性内容以及增加安全性风险的其他内容的变更；（三）持有人转让药品上市许可；（四）国家药品监督管理局规定需要审批的其他变更。

《药品注册管理办法》第八十一条规定：药品上市后提出的补充申请，需要核查、检验的，参照本办法有关药品注册核查、检验程序进行。

《药品注册管理办法》第八十八条规定：药物临床试验申请、药物临床试验期间的补充申请，在审评期间，不得补充新的技术资料；如需要开展新的研究，申请人可以在撤回后重新提出申请。

二、补充申请申报资料项目及要求

根据《已上市中药变更事项及申报资料要求》规定，补充申请申报资料项目及要求如下：

药品上市许可持有人应根据所申请事项，按以下编号及顺序提交申报资料，不适用的项目应注明不适用并说明理由。报告事项按照国家药品监督管理部门公布的有关报告类的相关规定执行。

（一）药品注册证书及其附件的复印件

包括申报药品历次获得的批准文件，应能够清晰了解该品种完整的历史演变过程和目前状况。如药品注册证书、补充申请批准通知书（批件）、药品标准制修订件等。附件包括上述批件的附件，如药品的质量标准、生产工艺、说明书、标签及其他附件。

（二）证明性文件

（1）境内持有人及境内生产企业的《药品生产许可证》及其变更记录页、营业执照。

（2）境外持有人指定中国境内的企业法人办理相关药品注册事项的，应当提供委托文书、公证文书及其中文译文，以及注册代理机构的营业执照复印件。境外生产药品注册代理机构发生变更的，应提供境外持有人解除原委托代理注册关系的文书、公证文书及其中文译文。

（3）境外已上市药品应当提交境外上市国家或者地区药品管理机构出具的允许药品变更的证明文件及其公证认证文件、中文译文。具体格式要求参见中药相关受理审查指南。除涉及药品上市许可持有人、药品规格、生产企业及生产场地的变更外，境外上市国家或者地区药品管理机构不能出具有关证明文件的，可以依据当地法律法规的规定做出说明。

（三）检查相关信息

包括药品研制情况信息表、药品生产情况信息表、现场主文件清单、药品注册临床试验研究信息表、临床试验信息表、质量标准、生产工艺、标准复核意见及样品检验报告。

（四）立题目的和依据

需要详细说明药品变更的目的和依据。

（五）修订的药品说明书样稿，并附详细修订说明

包含国家药品监督管理部门批准上市以来历次变更说明书的情况说明，现行最新版说明书样稿。

（六）修订的药品标签样稿，并附详细修订说明

（七）药学研究资料

按照国家药品监督管理部门公布的已上市中药药学变更相关技术指导原则开展研究，根据相关技术指导原则对各类变更事项的具体要求，分别提供部分或全部药学研究试验资料和必要的原注册申请相关资料。

（八）药理毒理研究资料

根据变更事项的类别，提供相应的药理毒理试验资料和/或文献资料。

（九）临床研究资料

根据临床相关变更事项的类别，提供以下临床研究资料和/或文献资料。

变更事项需临床试验数据提供支持依据的，应先申请临床试验，提供拟进行临床试验的计划和方案。

拟同时申请减免临床试验的，需要提供既往开展的循证等级较高、质量较好的临床研究资料（如有，需提供完整的临床研究总结报告），支持申请事项的相关国内外文献资料，其他支持性证据及相关证明性文件。

（十）产品安全性相关资料综述

产品安全性相关资料包括上市后安全性研究及相关文献资料，国家不良反应监测中心反馈的不良反应数据，企业自发收集到的不良反应数据，相关临床研究、临床应用、文献报道等，以及境内外各种渠道收集到的关于本品不良反应的详细情况等。

产品安全性相关资料综述，指根据变更内容对以上安全性相关资料进行总结，为变更提供支持性证据。

三、相关申请事项说明

对于同时申报多种变更情形的，一般应按最高技术要求的情形进行研究、申报，且需要同时满足所有申请事项所需条件。如，增加功能主治的同时变更适用人群范围或用法用量者，需要按改良型新药申请注册；增加适用人群范围的同时增加使用剂量或疗程者，一般应按新药的要求进行非临床安全性试验和临床试验。不同申报事项的申报资料需完整。

第五节　中药新药的知识产权保护

中药在中国虽然已经有数千年的历史，拥有浩瀚的医学典籍等传统医药遗产，但我们在中药领域的知识产权保护是非常脆弱的，尤其是我国对中药的保护脱离于国际现行的知识产权制度之外。《中华人民共和国药典》（一部）和部颁《药品质量标准》和《地方药品标准》中公布了不少的中成药品，而这些中成药品由于种种原因在公布前都没有申请专利保护，所以这些中药品种都丧失了自主知识产权。

中药天然药物知识产权保护有如下特点：

1. 中药技术诀窍保护　中药领域中的"祖传秘方"保护形式属专有技术保护或技术诀窍保护。由于中药自身的复杂性，只要不泄密，这种保护的时间就没有限制，可以保护到几百年。例如，"云南白药"的保护。但是，现代的新药研究与开发过程和注册管理制度必须要求在申报资料中清楚地写明处方、制法、工艺参数等，这就使得这种技术诀窍保护方式受到威胁，极易泄密。另外，专利制度中规定如果有相同药物获得专利保护后，其他"技术诀窍"保护的产品只有保持原有生产规模的权利，扩大生产规模的权利则被专利权人所拥有。这种规定，使得"技术诀窍"的保护受到另外一种威胁。

因此，中药现代企业，除了技术诀窍保护方式以外，还需采用其他保护方式，其中主要的就是专利保护。

2. 中药有效成分专利保护　中药有效成分可认为是单体化合物，其专利保护较为简单，类似于化学药专利保护。《专利审查指南》规定："如果是首次从自然界分离或提取出来的物质，其结构、形态或者其他物理化学参数是现有技术中不曾认识的，并能被确切地表征，且在产业上有利用价值，则该物质本身以及取得该物质的方法均可依法被授予专利权"。中药有效成分结构明确，通常用结构定义。

3. 中药复方、提取物专利保护　中药复方（组合物）制剂发明点在组成（即配方）上，以多种中药材为原料，按一定的制剂工艺生产。常见以下几种情况：①新复方制剂，发明点在于原料各组分之间的配伍关系以及它们之间的用量配比，此时权利要求的特征部分可以用原料特征加方法特征进行限定保护；②已知产品的新剂型，其发明点在于新工艺生产出效果更好的新剂型，权利要求的特征部分可仅用方法特征，即制备工艺进行定义；③中西药复方制剂，与前面新复方制剂类似，权利要求的特征部分也是用原料药特征加方法特征进行限定。中药复方专利权利特征越多保护范围越小，中药味数越少保护范围越大。当然专利对大范围的权利要求也是有限制规定的，即专利的新颖性和创造性。如何把握好保护范围与获得批准之间的矛盾，这就需要专利撰写分析、评估和把握。

中药提取物也是组合物，其成分结构不明确，难于用产品的组分和含量描述，所以权利要求的特征部分应采用原料和生产工艺（制备方法）进行定义，生产工艺应包括生产步骤、生产条件、参数等。在中药新药中的有效部位，实际是指单一有效成分及其比例均不明确且含量不低于50%的混合物，也只能用制备方法、工艺加以描述定义。实际操作中，对单味药的有效成分经常采用用途专利加以间接保护，将有效成分的提取方法作为诀窍加以保护。如果从有效部位中分离有效成分的专利保护在前，含有该有效成分专利将受到前者的制约；相反，如果有效部位的专利在前，有效成分的专利在后就不构成侵权。

4. 中药用途专利保护　中药的医疗用途主要包括已知中药品种或中药材的第二用途的开发。在中药新药中包括了三类中药材，即"新发现的药材及其制剂、新的中药材代用品、药材新的药用部位及其制剂"。虽然专利法规定"动物和植物品种不予保护"，并且中药材一般都是动植物品种，但是我们可以通过保护中药材的新用途或第二医疗用途来间接保护新发现的药材和药材新的药用部位。较为多见的有以下几种类型：①已知中药材的新用途。例如，何首乌防治骨质疏松症的新用途，权利要求可撰写为"何首乌在制备防治骨质疏松症药物中的应用"。②新的药用部位的用途。例如，红景天总鞣质在制备治疗老年性痴呆药物中的应用。③已知复方的新用途。④新复方的用途。

需要特别强调的是，如果一种中药的某一用途是已知的，而之后又从该中药中提取了一种有效部位。该有效部位的这种用途也是可以得到专利保护的，当然，前提是有效部位的效果要好于前者。

第三章　选题与立项

第一节　中药新药选题

选题，它是科研人员在各自的研究领域内，选择研究课题的创造性思维活动。研究课题可以是理论创新，可以是方法探索，也可以是创造一个新的物质，新理论、新方法、新材料和新设备，其都是创新研究课题的目标物。中药新药选题的目标是选择创造一个新的物质，它可以是全新的，也可以是形式上、使用方法上或使用目的上的创新。

选题是整个科研活动的先决条件。选题得当与否，往往是新药开发能否成功的关键。它也直接影响着产品开发的前景、企业的经济效益和社会效益。

一、中药新药选题的原则

1. 以中医药理论为指导　中药复方是针对特定病症多味中药的有机组合，处方组成应符合中医"理法方药"的原则，方中君、臣、佐、使关系应明确。中药处方中所用的每味中药都有它确切的性味、归经及主治病症，但每味药物所含成分众多，所呈现的作用是多向性的，不少药物还有明显的毒性作用和不良反应，药物配伍、用量等的不当都会影响药物的疗效甚至加重病情。因此中药新药选题必须以中医药理论为指导，结合现代的病理学和药理学等，运用现代科学技术，以不同疾病的病症为研究对象，进行综合研究。

2. 创新性　没有创新，就不会有医药产业巨大的经济效益。我国有着独特的中药资源和中医传统优势，因此，要重视和加强天然药物的研究，同时要加强相关基础研究，以增强我国药物研发源头创新能力。在中药新药的研制开发中，要努力提升组方、剂型、工艺、质量标准、药效等方面的创新性，使研究的结果成为前人未获得过的成就。组方要有特色，不应抄袭仿制或对现有方药加加减减，低水平重复。尤其是古代经典名方中药复方制剂的研究，应选择临床有效，既强调以中医药理论为指导，又注意结合古今临床经验，使处方合理新颖。除此之外，还应在新技术、新设备或新辅料的应用等方面开拓发展、有所创新。

3. 可行性　研发项目选择必须要求先进性，但技术的先进性，还必须同可行性相结合。人们对待研发项目，往往只要求技术方面的先进性，而不考虑其实际研究的可行性，即只重视技术因素，不重视非技术因素。全面的评价与论证，既要重视技术、经济因素，又要周密考虑非技术、非经济方面的因素，即要全面考核与项目有关的各方面信息，如市场需求、生产供给、技术信息、政策信息、自然资源与经济社会基础条件等信息，也要考虑项目的市场竞争能力和发展潜力等，这是研发项目进行选择与评价的一项十分重要的原则。因此要从企业当时所处的环境出发，从现有的技术条件、资源条件、科技力量与研发能力出发，从战略定位、研究价值、技术能力、财力资源等方面充分做好可行性论证。

4. 经济效益　药品虽为一种特殊商品，但仍具有商品的一般特征。一个新的中药药品能否在临床被广泛应用，是否具有一定的社会竞争力，除其疗效外，还要看它的价格定位。如果产品价格过分昂贵，一般患者无法承受，那么这个产品就失去了社会竞争力。所以中药的研制开发还要在同类产品竞争、专利保护、市场定价等多方面进行论证，从而综合地评价新制剂的研究开发能否带来一定的社会效益和经济效益。

二、中药新药选题的方向

研究并确定中药新药开发的具体选题范围，是中药新药进行选方的基础与依据。我们应研制实用性强、安全、有效的新药，以取得良好的社会效益和经济效益。中药新药选题应及时充分了解国内外市场信息，以市场需求来确定中药选题方向。选题要充分发挥中药优势，将疗效放在首位，并考虑其是否能通过严格的临床研究。

1. 充分利用中药的优势，开展创新药物的研究开发　随着全球天然药物潮流的兴起，植物药与传统医药取得了前所未有的发展机遇，我们要充分利用我国传统医药的优势、资源优势、生物多样性、民间使用基础等，吸收国外先进的技术及研发经验，加快我国中药、天然药物的开发，抢占市场份额。

2. 应用现代科学技术，研究开发有中医药特色的新药　随着人民生活质量的提高，中药新药研究应顺应人们对高质量生活方式的追求，满足人们个性化和多样化的消费需求，解决人类疾病谱改变所产生的新问题，发挥其自身特色和优势，吸收当代科技的最新成果，开发研制出有中药特色的新药。

3. 瞄准疑难病症选题攻关　随着科技的发展、经济的繁荣、体力劳动强度的减轻、生活环境的改变，人类接触的诸如心脑血管疾病和恶性肿瘤等疑难病症增多。对此，采用着重调整患者整体功能，扶正祛邪，增强机体抵抗力，对防治疑难病症有独到之处的中药值得重视。这类药研制的难度虽大，但如选题恰当，组方合理，工艺先进，剂型适宜，一般有较好的经济效益和社会效益。

三、中药新药选题的途径

中药新药选题应以临床实践基础坚实、疗效可靠为前提，还必须具有特殊性和新颖性。中医药发展至今，在长期医疗实践中总结出许多名方、验方，并通过实践得到了验证，有的已被开发为成药，但相当一部分还有待进一步研究开发。许多名老中医的经验方，民间的一些单方、秘方，以及具有长期临床经验的医生在实践中所发现的疗效独特的处方等，都可以作为中药新药的选题来源。

1. 传统古方、经方　从古代医籍中选择处方是比较常见的新药处方来源形式。古代方剂甚多，有的疗效并不很显著，而有些方剂确实有效。引用古代医籍中原方，药味剂量不变，或对其略为加减。这类古方虽为经典处方，其主治功能不一定很明确，可运用现代药理、化学方法拆方研究，结合临床使用的经验，确定其主治功能。通过改进给药途径和剂型、完善质量标准、增加适应证等，能研制出疗效更好的"古为今用"的新药。如治疗冠心病的苏冰滴丸就是由宋代古方苏合香等 15 味药组成的苏合香丸，通过对组方中有效成分的拆分研究，精心试验、选用，由 15 味药减为 6 味药，进而最后成为 2 味药。剂量也由每次 3g 减为 0.15g，而且比原方起效更快，疗效更好。

2. 验方、秘方、少数民族药方　中医药是我国千百年来防治疾病的主要手段，它不仅历史悠久，而且群众基础广泛。各族人民在长期防病治病的过程中积累了许多丰富的医学经验和有效的验方、秘方，它们对临床上许多疑难杂症往往功效明显。这些处方往往针对性很强，用药也有其独特之处，用于制剂研究的临床基础较好，成功的概率高。但应对处方来源进行考证与审核，凡来源可靠、组方合理、有临床基础、能用中医理论完全阐述组方的，可作为选方依据。有的民间验方、祖传秘方对疾病治疗效果好，但不良反应也大，甚至危及生命，需要通过拆方研究，反复实验分析，保留原药效成分，除去有毒、有害作用成分，以确保用药安全。此外，由于种种原因，潜力很大的众多少数民族所用药物迄今为止未被深入研究和开发，因此，值得广大药物科技工作者在选择研究课题时予以足够的重视。

3. 从已有中成药中选题　由于传统散剂、丸剂制备工艺粗糙、服用量大，已不太适应患者的要求，可以将传统的中成药进行剂型和工艺改进。对目前市场上畅销且疗效肯定的制剂，宜采用现代科学技术方法，深入分析研究，找出其中的有效成分，除去无生物活性成分，开发出剂量小、疗效好的新药。这方面有许多成功的例子，如将安宫牛黄丸制成速效制剂清开灵注射液，将六神丸制成高效制剂速效救心丸等。在完善质量标准、增加适应证方面也有许多课题可做。此外，还可以在挖掘新的药用资源、新的药用辅料及其应用等方面，开拓思路，选择课题。

4. 采用科技成果获奖项目的处方　目前，从国家到地方各级临床、科研单位都有很多中医中药的科研课题，这些课题在进行理论研究、机制探讨时，大多以中医药为依托，以此来反证某一中医理论或借此来说明某一病证的实质，由此而衍生了许多处方。这些处方往往是为了配合课题的需要，说明中医理论深层次的问题，所以在对某病证有深入认识的基础上，通常可达到分子水平。有的处方经药化、药效、毒理、制剂研究与临床试用，其功能主治明确，具有较高研究开发价值。可从中选择市场需求量大，开发前景好的处方，研究改进原有生产工艺或剂型，开发出用药剂量较小、疗效好的中药新制剂。这些处方的拟定还结合了临床实践，或经过药物筛选而组成，在药学、医学方面的研究一般都较为全面、深入，有着相当的临床和实验研究基础，故依此作为处方来源。

5. 医院制剂　医院中药制剂是来源于临床医疗，并经过反复辨证论治进行总结归纳后形成的制剂，一般是针对临床上的常见病、多发病或疑难病症，由中医名医或集体拟定的处方，经过临床长期使用，反复修改最后确定的。医院中药制剂是继承和创新的重要物质载体，是中药新制剂开发的一个重要平台。若从中筛选出安全性强、疗效可靠、质量稳定的中药制剂，应用现代制剂技术，进行剂型合理性和制备工艺的研究，建立有效的质控标准，并在此基础上进一步开发研制新药，将可缩短研究周期，避免或少走弯路，为中药新药开发提供一条特有的捷径。医院制剂这类处方往往选题非常明确，功能主治和适应证也比较确定，并且有着较好的实践基础，所以也可以作为开发中药新药的处方来源。同时，该处方已有比较成熟的制剂工艺，也为新药开发提供了参考和方便。

总之，选题时要遵循中医药整体理论，突出中医药特色，与临床实践相结合，应用现代科学技术进行。中成药是中医长期临床实践过程中形成的固定有效方，是依据中医药系统理论，充分考虑到中药功效与药性归经，并使之体现君、臣、佐、使的组方原则，有针对性治疗某种疾病而设计的处方。为此，选方时，应充分注意原方功效主治与要开发的新药主治内容是否相符，在确切掌握古方、验方、秘方中对加工炮制、药味、剂量等规定基础上，努力探索割舍或添加药物达到提高疗效的目的。

第二节 研究方案的设计

当研究人员根据信息，拟定了研究课题后，应该设计一个完整的研究方案，或结合课题计划任务书或合同书，按规定的目标要求将技术途径、方法和步骤以书面的形式表达出来。

一、研究方案的作用

研究方案是对拟定课题的构思、设想、意图和拟定采用的技术路线、实验方法、步骤和最终目标的书面表达。为了方便对项目的论证，指导研究工作的顺利进行，编制一个恰如其分、切实可行的研究方案是很有必要的。一个好的研究方案，可以起到如下作用。

1. 增强项目预见性、减少风险性 研究方案的设计工作实际上是调查研究的过程、周密构思的过程，也是成熟研究工作计划形成的过程。研究选题选题设计时，首先要进行调查研究，要根据临床与市场的需要进行选题，避免选题的重复；充分了解所选课题中各药物成分已有的研究基础、研究方法的技术水平、国家对新药研究的要求等，以便决定所立项目研究水平的起点。不宜选立研究基础差，研究工作难度大、经费又不能保证的项目，应尽量把风险排除在方案形成之前，增加项目成功的可能性。

2. 保证研究的质量 要能研究出疗效好、不良反应小、科技含量高的新药或新制剂，有赖于实验之前先设计出一个好的方案。设计方案是制订全面系统的总体研究方案和各部分具体的试验实施方案。首先，研究项目齐全，药物的成分或处方、工艺、质量标准、稳定性、药效、安全性试验和临床试验都必须有，最后才能形成完整的申报资料。此外，每个新药的科学性、合理性、可行性、安全性、有效性都是由实验数据证明而来的，所以设计方案时对必需的指标、数据都要一一做出要求，以便实验室如实工作，做好记录，最后方可进行统计。

3. 提高研究水平 研究方案的设计，要进行大量的调查研究。调查研究可以扩大研究者的视野，提高研究者的知识水平，避免新药研究的盲目性和随意性。研究方案可以有意地做一些高水平的研究工作，尽可能提高中药研制的制剂水平和质量控制方法，确保中药新药的疗效、安全性、稳定性。

4. 降低科研成本 由于研究方案是在周密调查研究和反复思考后形成的，再经专家论证，提出意见并修改完善，更增加了方案的科学性、合理性和可行性，项目成功可能性大。照这样的方案进行试验研究一定能节省人力、物力、财力和时间，降低科研成本，收到事半功倍的效果。

二、研究方案的内容

研究方案的内容主要包括以下几点。

1. 研究内容与技术路线 研究内容是研究方案的主体与核心。应阐明将采用的理论、技术方法及其理论依据、拟解决的技术关键。新药的研究内容应包括基础研究、申报临床与临床试验、申报生产等步骤，基础研究和临床试验是研究方案的重点。新药的基础研究应重点阐述在试验内容或方法方面的创新性和先进性。技术路线是指按照研究内容所要采用的技术措施和试验方法。

2. 项目的科学依据和预期目的 项目的科学依据包含两方面内容：一是该项目研究的必要性；二是该研究的理论依据。应该说明该研究领域现状、以往研究情况、已达到的水平及尚存的问题等，提出该研究目的及将采用什么理论和方法，说明该理论和方法的新颖性、先进性和可行性。

预期目的系指预期项目完成后可达到的水平、预期产生的社会效益和经济效益。项目的科学依据和预期目的，实际上是该项目设计者经前期对文献资料的查阅、整理和综合利用，既能简要综述该研究项目的以往进展情况和前沿研究水平，又要提出足够的科学论据，证明继续研究的必要性，提出研究方向和目标。

研究项目的科学依据及预期目的是研究方案能否成立的关键问题。这个问题明确了，项目才能成立。无论申报课题，还是合作项目，均应阐明该项研究的科学依据和预期目的。

3. 人员分工与工作进度 人员分工就是责任落实，它是项目落实的有效形式。工作进度体现工作的时限性，工作时限性有两层含义，一是反映工作的效率，确保工作在计划的时间内有序地进行；二是体现时间效益。人员分工和工作进度这两项内容，可用一张表格来描述。这张表格的表头可设计成：任务名称、主要工作内容、责任人、起止时间和考核人五个栏目。然后按研究内容的先后顺序一层一层展开。要注意，工作计划是要用的，不是给人看的，切记合理可行。

4. 经费预算 项目的经费预算是对项目所需费用进行划分和安排。其项目一般包括：实验材料消耗费、动力消耗费、仪器设备及其折旧费、实验室改装费、项目协作费、评审费、调研费、办公费和人员工资等。经费安排要细致思考，不要漏项，并设不可预见费专项。不合理的经费预算，要么导致浪费，要么因经费不足导致研究水平降低，甚至使项目难以完成。

三、项目的论证

项目的论证就是要在众多的潜在项目中通过评价、对比、分析，做出取舍选择。通常称其为项目的可行性论证。新药选题的论证要紧紧围绕着科学性、创新性、效益性和可行性四个方面进行分析评价，对课题在科学上和技术上是否可行进行分析，调研国内外该项目的进展情况，对项目的经济、社会效益进行分析，对进行该项目的客观可能性进行分析。

第三节　中药新药立项

立项也称立题，是审定确立课题的过程。在信息研究、资料调研、选题、预试验后设计的研究方案，经过可行论证后，还必须经过申请（或申报）、审批后才算确立，即立题。

课题的来源是多样的，大型课题多数来自各级基金会，一般课题多数为横向联合的课题。由于课题的来源不同，立题的方式略有不同。在此着重介绍一般课题的申报和立题程序。

一、科学基金简介

1. 国家自然科学基金委员会 1982 年成立，由国家财政每年拨款数千万至几亿元作为基金费，该基金会根据国家科技工作的方针和科技发展规划，制定和发布基础研究和部分应用研究的项目指南，受理课题申请，组织同行专家评议，择优支持。国家自然科学基金委员会每年颁发《科学基金项目指南》（简称《项目指南》），指导申请基金，使科技工作者了解国家自然科学基金的资助方针、范围、学科政策、历年资助情况等。该《项目指南》还设基金申请项目分类目录，以便申请者填报项目所属学科及代码时查阅。《项目指南》附录部分编入一些背景材料、参考资料，如国家自然科学基金委员会的机构总表、国家重点实验室介绍等。

2. 教育部等部委系统博士学科点专项科研基金 是教育部系统对高等学校所设的科学基金，另有博士后科学基金等，经费也来自国家财政，以鼓励高校科学研究。此外，还有非教育部系统留学归国人员科学基金、国家自然科学基金委员会分设的青年科学基金、卫生部青年科学研究基金等。

3. 国家中医药管理局科研基金 国家中医药管理局采取科研基金和政策性拨款并行制度，实行公开招标，对于中医科研计划课题予以资助，并根据中标课题的性质，采取无偿和有偿合同两种形式拨款。且对于青年研究人员也予以一定的拨款支持。

4. 省、自治区、直辖市科学基金 各省、自治区、直辖市设立资助的科学研究基金。

5. 高等院校科研基金 高等院校也纷纷设立校内科研基金，用以支持科学研究工作。

6. 名（个）人基金及其他团体兴办的基金 如中华癌症研究基金会、王安中国研究奖助金、中华医学基金会等，经费来源于个人或团体的捐赠。其中"名人基金"系根据捐赠者的愿望选定的某一特定事业，以达到鼓励和促进此事业发展的目的。"名人基金"一般由某些科学家和管理者组成管理机构对其实行管理，开展基金增值、资金资助据捐赠者的愿望选定的某一特定事业，以达到鼓励和促进此事业发展的目的。

中药新药的研究课题多来自于国家、部（局）级课题，研究者也可从其他渠道争取经费或得到启动资金后申报部委级课题。目前，国家鼓励产学研结合，充分利用高校和科研机构的人才、技术、实验条件等资源优势，利用企业的经济实力，共同开发新药。

二、课题的申报

为了适应科学基金制、招标制，研究者应该掌握科研方向，提高标书质量，为此，各单位科研管理部门还应严格把关。实践证明，凡认真进行立题论证、标书写得好的课题容易中标。立题论证是该单位同行专家初级论证，一般以开题报告或函审、评审会等形式进行，由单位筛选出具有先进性、科学性和可行性的课题统一申报。申报课题少不了撰写开题报告或标书，药学工作者应掌握其撰写特点，提高申报中标率。

1. 开题报告的撰写 开题报告是申报研究课题的形式之一。开题报告的主要内容包括：说明课题来源、其科学意义和应用价值；阐明国内外研究进展概况；论证该研究起点的先进性；提出总体设计方案；论证技术路线及技术、条件的可行性。同时，应对人员、经费及协作形式等做简要说明。开题报告论证，一般由各单位自行组织进行，由研究者提供综合评价的内容，以便于同行评议。以函审、会议评议的方式对研究课题进行初审。

2. 标书的撰写 标书，又称计划任务书。填写之前，应先查阅或查询有关规定，特别是参阅《项目指南》，按照规定的格式内容，逐条填写。填写部（局）级以上计划课题标书，一般均应以打印形式，表达要明确、文字严谨、实事求是、恰如其分。现以国家自然科学基金申请书（样式附后）为例，说明如下。

（1）简表和申请项目经费预算表（参见国家自然科学基金申请书）。

（2）正文，是标书的主干部分、核心内容。包括以下几个方面。

1）该研究项目的科学依据：包括科学意义和应用前景，国内外研究概况、水平和发展趋势、学术思想、立论根据、特色或创新之处、主要参考文献目录和出处。

2）研究内容和预期成果：说明项目的具体研究内容和重点解决的科学问题，预期成果和提供的形式。如系理论成果，应写明在理论上解决哪些问题及其科学价值，如为应用性成果或基础性资料，应写明其应用的可能性及效益。

3）拟采取的研究方法和技术路线：包括研究工作的总体安排和进度，理论分析、计算、实验方法和步骤及其可行性论证，可能遇到的问题和解决办法。

4）实现该项目预期目标已具备的条件：包括过去的研究工作基础，现有的主要仪器设备、研究技术人员及协作条件等。

5）申请者和项目组主要成员业务简历：主要学历和研究工作简历，近期发表的与该项目有关的主要论著目录和科研成果名称，并注明出处及获奖情况。

（3）单位、推荐人意见：推荐意见栏要说明项目的意义和取得成果的可能性，申请者和项目组成员的学术水平及研究能力、现有工作条件等。由申请者所在单位学术委员会对该项目意义、研究方案、申请者和项目组主要成员的素质与水平签署具体意见，然后由申请者所在单位领导签署审查意见。如是否同意学术委员会意见，经费预算是否合理，基本条件是否具备等。并要有领导签章、单位盖印公章。

3. 申报课题　申报课题一般应注意如下问题。

（1）利用《项目指南》，正确选择研究项目。《项目指南》一般均指出了当前重点发展和资助的研究范围、领域和某些定向研究课题。申报时，应结合自己所从事的学科领域和涉及科学范围，并根据《项目指南》所附的学科分类代码，填写学科代码。

（2）按标书、正文等具体要求，实事求是地逐条认真填写。表达要清楚、明确，文字严谨。

（3）研究项目学术思想应新颖，立论根据充分，研究内容和目标明确具体，研究方法和技术路线应先进、合理、可行，在近期内可望得到效益。

（4）申请者和合作者应具备相应的研究能力，研究工作有一定积累，基本工作条件和工作时间有可行保证。

（5）经费预算实事求是，根据充分。

当项目申报后，经基金会评审、批准后，项目申请者应对研究项目全权负责，并按研究计划按时完成。每年应向基金会报告研究工作进展，项目完成后，按时交出科研成果和工作总结报告。

三、课题的确立

课题经过申请（或申报）、批准后才算确立，即立项。由于课题的来源不同，立题的方式略有不同，新药开发多为企业自选项目，论证通过后，企业主管领导批准并通过必要的行业管理程序，即立项。国家项目和基金项目，一般按项目招标、投标、议（评）标的程序，若中标，即立项。确立的项目都有规范的编号，纳入规范的课题管理程序，并实行课题负责人负责制。课题负责人应对研究项目全权负责，并按研究计划按时完成。应定时按期向单位或基金会报告研究工作进展，项目完成后，按时交出科研成果和工作总结报告。

第四章 中药新药研究中的统计分析

统计学（statistics）是研究随机现象数量规律性的应用数学，是从随机现象数据中提取信息、知识的一门科学与艺术，是一门方法性学科。这种在一定条件下结果不能精确预测的现象被称为随机现象，随机现象的结果是随机事件。随机现象虽然有不确定性的一面，但大量重复试验后仍可发现其规律性。

在实际研究中由于往往限于财力、人力等各种原因不愿意或不能做大量重复试验。统计的作用就是以尽量少的重复观察或试验获取足够的信息量，有效地利用有限的资料，尽可能得到精确而可靠的结论，揭示随机现象的规律性。在新药研究中，无论是在研究设计阶段、资料整理阶段、资料分析阶段，还是在结果表达与解释及报告撰写等阶段都涉及统计问题。

因此，统计学在新药研究中具有不可或缺的地位和作用，能帮助新药研究的设计既合理又有效，还能最大限度地控制试验误差，提高试验质量，对试验结果进行科学合理的分析，在保证试验结果科学、可信的同时，尽可能做到高效、快速、经济。

第一节 实 验 设 计

实验设计（experiment design）是指研究人员对实验因素做合理、有效的安排，最大限度地减少实验误差，使实验研究达到高效、快速和经济的目的。新药研究的结果受到许多因素的影响，因而需要对整个研究工作进行合理设计。在试验之前需严格遵循统计模型的要求进行设计，才能保证通过统计分析得到可靠的科学结论。实验设计的基本构成包括三个基本要素和三个基本原则。

一、实验设计的三要素

实验设计研究包括三个基本组成部分，即受试对象（subject）、处理因素（treatment）和实验效应（experimental effect）。例如，用某种降压药治疗高血压患者，观察其血压值的变化。这里的降压药即为处理因素，高血压患者即为受试对象，血压即为实验效应。三个基本要素是相互联系的。因此，任何实验研究在设计时，首先应明确这三个要素，再据此制订详细的研究计划。

（一）受试对象

受试对象是指在实验研究中研究人员所要观察的客体，即处理因素应用的对象。以动物为受试对象时，就按照实验目的、要求的不同选择不同种属、品系的动物，总的原则是：该动物对施加的处理因素敏感、特异、经济与易得；以人为受试对象时，受试对象可分为患者或健康人。病例选择最基本的要求是正确诊断、正确分期，以及对病情的正确判断。对健康人的选择，这里的"健康人"并非以"完全健康"为条件。只要不存在可能影响处理因素效应的"混杂"因素即可。

（二）处理因素

研究者根据研究目的欲施加或观察的，能作用于受试对象并引起直接或间接效应的因素，称为处理因素。如给予某种降血糖药。处理因素在实验设计阶段要认真考虑，仔细分析，尤其是处理因素的剂量及水平数应该通过预试验或据以往经验有一定的了解和把握。

（三）实验效应

实验效应是在处理因素作用下，受试对象的反应或结局，它通过观察指标来体现。这些指标可以是主观的，也可以是客观的。如果指标选择不当，未能准确反映处理因素的作用，获得的研究结果就缺乏科学性，因此选择恰当的观察指标是关系研究成败的重要环节。选择观察指标时，应当注意以下几点。

1. 客观性　是指能够借助各种检测手段及方法所观测记录的指标，如血压、红细胞数、心电图、药物的含量等。

2. 精确性　包括准确度和精密度两层含义。准确度是指观察值与真实值的接近程度，主要受系统误差的影响。精密度指相同条件下对同一对象的同一指标进行重复观察时，观察值与其均数的接近程度，主要受随机因素的影响。精密度越高，说明重复的测量值越接近，检测设备或手段的稳定性越好。

3. 灵敏性　指标的灵敏度反映其检出真阳性的能力，灵敏度高的指标能将处理因素的效应更好地显示出来。

4. 特异性　是指检测指标的排它性，是观察指标对某种特殊实验效应及结果的反映能力。特异性越强，观察指标反映某种实验效应的能力越强。

总之，所确定的指标应当灵敏而准确地反映处理因素的效应，经过观察指标的比较分析，能够较为圆满地回答研究假设所提出的问题。另外不应列入与研究目的无关的指标，否则将会冲淡主题，影响研究结果。

二、实验设计的原则

实验设计应能较好地控制随机误差，避免或减少非随机误差，以较少的样本量取得较多而可靠的信息，达到经济、高效的目的。为此，新药研究的实验设计必须遵循对照、盲法、重复、随机化的原则。

（一）对照原则

1. 设置对照组的必要性　对照是指在实验研究中使受试对象的处理因素和非处理因素实验效应的差异有一个科学的对比。只有设立了对照组，才能消除非处理因素对实验结果的影响，把处理因素的效应充分显露出来，这是控制系统误差的措施。采用处理因素之前，实验组与对照组之间要具有均衡性，即对照组除处理因素与实验组不同外，其他各种条件及因素应基本一致。

2. 对照的类型　对照有多种形式，可根据实验的目的和内容进行选择。

（1）空白对照：指不给予任何处理的对照，可忽略安慰剂效应，直接比较处理组和非处理组的客观结果，也称作无治疗对照。空白对照主要用于观察实验结果是否属于正常状态。

（2）溶剂、赋形剂对照或临床安慰剂对照：是指一种无药理作用的假药，其与治疗药物在外观、剂型等方面不能被受试对象所识别。

（3）阳性对照：采用已知的有效药物作为对照。阳性对照药物必须是疗效肯定、医药界公认、最有权威、药典中收载的药物，此外，阳性对照原则上应选用已知的对所研究的适应证最为有效和安全的药物。阳性对照药物和受试药物的剂型最好相同，药理作用相似，用药剂量相当，如果所研究的是复方制剂，则受试药物和阳性对照药的药理作用应当接近。如果阳性对照药物和受试药物在外观上有所差异，而且这种差异无法克服，为了保证双盲的原则常采用双模拟技巧，即在试验准备阶段中，将受试药物和阳性对照药物都制作安慰剂，每位受试都服用两种药物，其中一种为受试药物，另一种为安慰剂。

（4）标准对照：是指以公认或习惯的标准方法、标准值或正常值作为对照。这些对照值或标准值一般是多个地区多年累积的经验结果，具有参考价值和意义。

（5）剂量-反应对照：是指将受试药物设计成几个剂量，受试者随机分入各个剂量组，进行试验并观察结果的方法，主要用于研究剂量和疗效或者不良反应间的关系。剂量-反应对照有助于回答给药方案中采用的剂量是否合适，从而获得最优剂量。当两个剂量组的疗效具有统计学差异时，应选用疗效较好的剂量，如果没有统计学差异，应选用较低剂量。

（6）模型对照：临床前药效学实验中需要制备动物疾病模型，为证明模型的可靠性，需设置模型或手术对照组。

（7）自身对照：是指对照组和实验组在同一个受试对象身上进行，如身体对称部位或实验前后两阶段分别接受不同的处理，一个为对照，一个为实验，比较其差异。

（8）相互对照：是指不必专门设置对照组，而以各种实验组之间互为对照，比较各处理因素实验效应的相对大小及作用。

（二）盲法原则

对于受试者所实施的处理因素，研究者包括资料分析者和（或）受试者并不知道，即为盲法。

1. 盲法的重要性　盲法是避免来自研究者或受试者的主观因素所导致的偏倚的最有效手段。对于凭主观判断有效性和安全性的计分指标或半定量指标（如病理学描述），原则上应采用盲法。另外，对于试验周期较长的试验，常习惯性偏爱治疗组动物（如膳食和照顾态度不均衡），长期积累可能会造成明显效应，采用盲法则可抵消这种影响。

2. 盲法的种类　盲法分为开放、单盲和双盲3种情况。

（1）开放：这是一种不设盲的试验方法，参与试验的所有人，包括受试对象、研究者、医护工作者、检查员、数据管理人员和统计分析工作者都知道受试对象接受的是何种处理。在开放试验中，由于所有人都知道盲底，故主观因素的影响比较大，试验结果的偏倚也相应较大。因此，只有在无法设盲的情况下才会进行开放试验。为了将偏倚尽可能地缩小，研究者与参与评价疗效和安全性的医护工作者最好不同，使参与评价的人员在评判过程中处于盲态。

（2）单盲：这是一种规定受试对象不知道处理因素的试验，而研究者、医护工作者、监察员、数据管理和统计分析工作者可以知道盲底，即除了受试对象不知道自己接受何种处理，其他参与试验的人员都知道。单盲消除了受试对象心理因素的主观影响，能够客观地反映药物的疗效和安全性。在实际工作中，参与药物疗效和安全性评价的医护工作者往往就是研究者本人，研究者能直接了解药物的作用，但同时，也容易造成研究者对药物作用产生主观偏倚。因此，参与疗效观察和进行统计分析的人员应该持有客观的态度。

（3）双盲：指试验中受试对象、研究者、参与药物疗效和安全性评价的医护工作者、监察员、数据管理人员及统计分析人员都不知道治疗分配程序，即不知道某一受试者接受哪种处理。

（三）重复原则

重复是指在相同实验条件下进行多次研究或多次观察，以提高实验的可靠性与科学性。重复表现为两个含义：其一是样本含量的大小；其二是同一试验重复次数的多少，两者的本质是相同的。

一般而言，样本量越大、重复观察次数越多，越能反映变异的客观真实性，从样本计算出的频率或平均数越接近总体参数。但无限的增大样本量或观察次数无疑会加大试验规模，延长时间，浪费人力物力，而且难以控制试验质量，造成试验结果的可靠性差，因此也是不可取的。统计设计的任务之一就是正确估计样本量，既要使统计学结论达到一定的可信度，又不至于造成不必要的浪费。

（四）随机化原则

随机化是指总体中的每一个个体都有均等的机会被抽取或被分配到实验组及对照组中去。使用随机化方法可以消除在抽样及分组过程中，由于研究人员对受试对象主观意愿的选择而造成实验效应的误差，这种误差主要是因为受试对象被抽取的机会不均等而产生的。随机化原则可用于由总体中随机抽取一个或若干个样本，也可用于将受试对象机会均等地分配到实验组和对照组中去，也包括对各种实验样品的抽样及分组的随机化。

随机化分组的方法很多，抽签法、抛硬币或掷骰子法等都是常用最简单的随机化方法。在新药研究试验中随机化一般是通过随机数字法实现的。获得随机数的方法一般有两种，即随机数字表和计算机的随机数发生器。

三、实验设计的基本内容

从统计学角度来讲，研究设计的基本内容包括：建立假说，确定设计类型，确定研究总体及样本，拟定观察指标及测量方法，资料的可靠性及质量控制，数据的管理及统计分析计划等。

1. 建立假设　实际上是选题和立题的过程，研究者根据专业知识、经验及文献，对该领域某问题提出理论假设。整个研究设计就是围绕如何验证假说而进行的。研究中要正确对待主要研究问题和次要研究问题。主要问题就是该次研究要解决的问题，次要问题是进一步补充和完善该次研究的结果，或为下一个研究提供立题依据。

2. 确定试验设计的类型　研究者在试验设计时，需要根据研究目的、现有的资源（如人力、物力、财力等）和时间要求等选择合理的设计类型，一般来说，从科学论证强度来看，前瞻性研究比回顾性研究好，随机对照研究比非随机对照研究好，纵向研究比横断面研究好，采取区组控制的设计比完全随机的设计好。

3. 确定研究对象的范围和数量 研究对象的范围就是研究总体。统计学中要求研究总体具有同质性，对临床试验来说还要考虑伦理问题，因此，研究者在计划中要明确研究对象的范围。

在临床试验中，除了对受试对象确定适应症外，还要严格规定纳入标准和排除标准。确定研究对象的数量就是估计样本量，不同的研究设计可用各自样本含量计算公式来估算，也可采用专门的软件来估算。

四、常用实验设计方案

研究者可根据研究目的、处理因素的多少，并结合专业要求选择适合的设计方案。若考察单个处理因素的效应，可选用完全随机设计、配对设计、交叉设计和随机区组设计；若考察多个处理因素的效应，可考虑析因设计等方案。

（一）完全随机设计

完全随机设计又称单因素设计，是最为常见的一种考察单因素两水平或多水平效应的实验设计方法。它是采用完全随机分组的方法将同质的受试对象分配到各处理组，观察其实验效应。该设计的特点是方便简单，易于实施，出现缺失数据时仍可进行统计分析；但只能分析一个因素的作用，效率相对较低。如果只有两个分组时，可用 t 检验或单因素方差分析处理资料。如果组数大于等于 3 时，可用单因素方差分析处理资料。

实例 4-1　随机化对 15 只小鼠进行分组

设有小鼠 15 只，试用随机数字表将它们分成三组。

分组方法及步骤如下。

（1）将 15 只小鼠任意编号为 1~15 号。

（2）抄随机数，然后在随机数字表内随意定一行，例如，从随机数字表中第 5 行第一个数字开始，横向依次抄录 15 个两位的随机数字。

（3）随机数编号，按随机数由小到大编秩。若遇到相同随机数，按其出现的先后顺序，先出现的为小。

（4）归组，秩次为 1~5 分入 A 组、6~10 分入 B 组、11~15 分入 C 组。结果见表 4-1。

表 4-1　15 只小鼠随机化分组情况

动物编号	1	2	3	4	5	6	7	8	9	10	11	12	13	14	15
随机数字	03	28	28	26	08	73	37	31	04	05	69	30	16	09	05
秩次	1	9	10	8	5	15	13	12	2	3	14	11	7	6	4
归组	A	B	B	B	A	C	C	C	A	A	C	C	B	B	A

最后分组结果：1，5，9，10，15 号小鼠分到 A 组；2，3，4，13，14 号小鼠分到 B 组；6，7，8，11，12 号小鼠分到 C 组。

（二）配对设计

配对设计是将受试对象按一定条件配成对子，再将每对中的两个受试对象随机分配到不同处理组。据以配对的因素应为可能影响实验结果的主要混杂因素。在动物实验中，常将窝别、性别、体重等作为配对因素；在临床试验中，常将病情、性别、年龄等作为配对因素。

配对设计主要有以下几种类型。

（1）将两个条件相同或相近的受试对象按1：1配成对子，然后对每对中的个体随机分组，再施加处理因素观察效应。如欲研究国产禽流感疫苗在家禽体内的免疫效果，将同品种的对按性别相同，月龄、体重相近配成对子；将每个对子中的鸡随机分配到两处理组，分别注射国产禽流感疫苗和进口禽流感疫苗。

（2）同一受试对象（人或标本）的两个部分配成对子，分别随机地接受两种不同的处理。

（3）自身前后配对，即同一受试对象，接受某种处理之前和接受该处理之后视为配对。若仅观察一组，则要求在处理因素施加前后，重要的非处理因素（如气候、饮食、心理状态等）要相同，但常常难于做到，故存在一定缺陷，不提倡单独使用。

配对设计和完全随机设计相比，其优点在于可增强处理组间的均衡性、实验效率较高；其缺点在于配对条件不易严格控制，当配对失败或配对欠佳时，反而会降低效率。配对的过程还可能将实验时间延长。

实例 4-2　配对设计对 16 只新西兰兔进行分组

若有 16 只新西兰兔，已按性别相同，年龄、体重相近等要求配成 8 对，试将这 8 对兔子随机分至甲乙两组之中。

先将这 16 只新西兰兔编号，第一对兔子中的第一只编为 1.1，第二只编为 1.2，其他依此类推；再从数字随机表中任意指定一行，例如，从第 2 行，横向抄录 8 个两位的随机数字于兔子编号下方；第三步为对随机数进行编秩，并规定随机数秩次遇偶数取甲乙顺序，遇奇数取乙甲顺序。结果列入表 4-2 中。

表 4-2　8 对新西兰兔随机分入甲乙两组

兔子编号	随机数字	秩次	归组
1.1	19	2	甲
1.2			乙
2.1	36	4	甲
2.2			乙
3.1	27	3	乙
3.2			甲
4.1	59	6	甲
4.2			乙
5.1	46	5	乙
5.2			甲

续表

兔子编号	随机数字	秩次	归组
6.1	13	1	乙
6.2			甲
7.1	79	7	乙
7.2			甲
8.1	93	8	甲
8.2			乙

这样两组兔子的分组情况如下：甲组：1.1、2.1、3.2、4.1、5.2、6.2、7.2、8.1；乙组：1.2、2.2、3.1、4.2、5.1、6.1、7.1、8.2。

（三）交叉设计

交叉设计是一种特殊的自身对照设计，它按事先设计好的实验次序，在各个时期对受试对象先后实施各种处理，以比较各处理组间的差异。受试对象可以采用完全随机化或分层随机化的方法来安排。例如，设有两种处理 A 和 B，首先将受试对象随机分为两组，再按随机分配的方确定一组受试对象在第 Ⅰ 阶段接受 A 处理，第 Ⅱ 阶段接受 B 处理，实验顺序为 AB；另一组受试对象在第 Ⅰ 阶段接受 B 处理，第 Ⅱ 阶段接受 A 处理，实验顺序为 BA。两种处理因素在整个实验过程中"交叉"进行。这里处理因素（A、B）和时间因素（阶段Ⅰ、Ⅱ）均为两个水平，所以称为 2×2 交叉设计，它是交叉设计中最为简单的形式。

交叉设计的优点在于，第一，节约样本含量，试验效率高；第二，可以均衡因施加处理因素的时间顺序不同及个体差异对实验效应的影响；第三，每个受试对象均可接受多种处理因素。

实例 4-3　交叉设计为 10 对患者进行分组

将已配对子的 10 对患者（共计 20 例）按交叉设计要求进行 A、B 两种处理方式的随机分配。

分组方法及步骤如下。

（1）将 10 对患者任意编为 1~10 号，再将每对患者依次编号为 1.1、1.2，2.1、2.2 依此类推。

（2）从随机数字表中任意一行，如第 21 行最左端开始横向连续取 20 个两位数。事先规定，每对中，随机数较小者序号为 1，患者先 A 后 B；随机数较大者序号为 2，患者先 B 后 A。如果随机数相同，则先出现的为小。分配结果见表 4-3。

表 4-3　按交叉设计的要求将 10 对患者进行分组

受试者号	1.1	2.1	3.1	4.1	5.1	6.1	7.1	8.1	9.1	10.1
	1.2	2.2	3.2	4.2	5.2	6.2	7.2	8.2	9.2	10.2
随机数字	53	09	72	41	79	47	00	35	31	51
	44	42	00	86	68	22	20	55	51	00

										续表
受试	1.1	2.1	3.1	4.1	5.1	6.1	7.1	8.1	9.1	10.1
者号	1.2	2.2	3.2	4.2	5.2	6.2	7.2	8.2	9.2	10.2
序号	2	1	2	1	2	2	1	1	1	2
	1	2	1	2	1	1	2	2	2	1
用药顺序	BA	AB	BA	AB	BA	BA	AB	AB	AB	BA
	AB	BA	AB	BA	AB	AB	BA	BA	BA	AB

注意："先 A 后 B" 是指试验开始的第一阶段，先对相应患者使用 A 处理因素；在试验第二阶段对该患者使用 B 处理因素。"先 B 后 A" 则与此相反。

(四) 随机区组设计

随机区组设计又称单位组设计、配伍组设计。它实际上是 1∶1 配对设计的扩展，通常是将受试对象按性质（如动物的性别、体重，患者的病情、性别、年龄等非处理因素）相同或相近分为 b 个区组(或称单位组、配伍组)，再将每个区组中的 k 个受试对象随机分配到 k 个处理组。设计时应遵循"区组间差别越大越好，区组内差别越小越好"的原则。

随机区组设计的特点：①进一步提高了处理组的均衡性及可比性；②可控制一般设计中的混杂性偏倚；③节约样本含量，提高试验效率；④可同时分析区组间和处理因素间的作用，且两因素应相互独立，无交互作用；⑤每一区组中受试对象的个数即为处理级数，每一处理组中受试对象的个数即为区组数；⑥可用双因素方差分析方法处理数据。

实例 4-4　随机区组设计对 16 只实验动物进行分组

研究人员在进行科学研究时，要观察 2 个因素的作用。欲用 16 只动物分为四个区组和四个处理组。

设计及分组方法和步骤如下。

（1）该设计可采用随机区组设计方案。分析的两个因素的作用可分别列为区组因素和处理组因素。两因素服从正态分布、方差齐性且相互独立。

（2）取同一品系的动物 16 只。其中每一区组取同一窝出生的动物 4 只。四个区组即为四个不同窝别的动物。

（3）将每一区组的 4 只动物分别顺序编号为 1~4 号，5~8 号，9~12 号，13~16 号，接受 A、B、C、D 四种处理方式(表 4-4)。

（4）查随机数字表，任意指定一行，如第 36 行最左端开始横向连续取 16 个两位数字。再将每一区组内的四个随机数字由小到大排序。事先规定：序号 1、2、3、4 分别对应 A、B、C、D 四个处理组。最后分组见表 4-5。

表 4-4　按随机区组设计要求对 16 只动物进行分组

区组编号	一				二				三				四			
动物编号	1	2	3	4	5	6	7	8	9	10	11	12	13	14	15	16
随机数	04	31	17	21	56	33	73	99	19	87	26	72	39	27	67	53
序号	1	4	2	3	2	1	3	4	1	4	2	3	2	1	4	3
组别	A	D	B	C	B	A	C	D	A	D	B	C	B	A	D	C

表 4-5　16 只动物的分组结果

区组	处理组			
	A	B	C	D
一	1	3	4	2
二	6	5	7	8
三	9	11	12	10
四	14	13	16	15

（五）析因设计

析因设计，又称为全因子实验设计，是将两个或多个处理因素的各水平进行组合，对各种可能的组合都进行实验，从而探讨各处理因素的主效应及各处理因素间的交互作用。所谓交互作用是指两个或多个处理因素间的效应互不独立，当某一因素取不同水平时，另一个或多个因素的效应相应地发生变化。一般认为，两因素间的交互作用为一阶交互作用，三因素间交互作用为二阶交互作用，依此类推。

析因设计中用数字方式表达不同的因素数和水平数。最简单的析因设计为 2×2（或 2^2）析因设计。其意义是试验中共有 2 个因素，每个因素各有两个水平。数字表达式中的指数表示因素个数，底数表示每个因素的水平数。

析因设计有如下特点：实验中涉及的实验因素的个数不少于 2 个，实验中的实验条件是全部实验因素水平的全面组合，在每个实验条件下至少要做两次独立重复实验，各实验因素同时施加且地位平等。

当实验因素的个数不少于 2 个且因素间的各阶交互作用不可忽视时，在研究者的时间、人力、经费等允许的情况下，应选用此设计。一般来说当实验因素的个数>6 时，不宜选用此设计。

实例 4-5　黄芪有效部位干预失血性贫血模型小鼠的效应机制研究

以外周血红蛋白（Hb）浓度、红细胞（RBC）计数、血细胞比容（Hct）、造血因子等为指标，选取黄芪 3 个主要有效部位作为研究因素，即 A 黄芪黄酮，B 黄芪多糖，C 黄芪皂苷，每个因素各取 2 个水平（1 不用、2 用），将 3 个因素不同水平交叉组合，共得到 8 个实验组（即 8 个实验方案），见表 4-6。

表 4-6　2^3 析因设计及实验方案

因素 A	因素 B	因素 C	
		C_1	C_2
A_1	B_1	$A_1B_1C_1$	$A_1B_1C_2$
	B_2	$A_1B_2C_1$	$A_1B_2C_2$
A_2	B_1	$A_2B_1C_1$	$A_2B_1C_2$
	B_2	$A_2B_2C_1$	$A_2B_2C_2$

对失血性贫血模型小鼠外周 Hb，RBC，Hct 的影响见表 4-7。应用 SPSS 19.0 进行数据分析，组间比较采用单因素方差分析加两两比较（LSD 法）；分析各实验因素的主效应及因素间的交互作用采用析因设计方差分析，结果见表 4-8。

表 4-7　失血性贫血模型小鼠外周血 Hb，RBC，Hct 的测定（$n=12$）

组别	剂量（g/kg）	Hb（g/L）	RBC（$\times10^{12}$/L）	Hct（%）
正常	–	13.85±1.42[*]	9.96±0.95[*]	57.37±6.43[*]
模型	–	8.22±0.84	5.60±0.51	33.00±3.43
黄芪皂苷	0.166	12.63±1.08[*]	8.41±0.60[*]	49.72±3.79[*]
黄芪多糖	0.445	13.02±1.19[*]	8.77±0.91[*]	49.10±5.59[*]
黄芪多糖+黄芪皂苷	0.611	14.13±1.28[*]	9.19±0.99[*]	52.30±5.17[*]
黄芪黄酮	0.069	12.79±1.04[*]	8.69±0.61[*]	50.35±4.40[*]
黄芪黄酮+黄芪皂苷	0.235	13.38±0.86[*]	8.81±0.79[*]	49.85±3.89[*]
黄芪黄酮+黄芪多糖	0.514	13.36±1.25[*]	8.67±0.59[*]	48.93±5.50[*]
黄芪黄酮+黄芪多糖+黄芪皂苷	0.680	13.68±1.16[*]	9.02±0.82[*]	50.98±4.29[*]

注：与模型组比较 [*] $P<0.01$

表 4-8　血常规指标析因设计方差分析

因素	P		
	Hb	RBC	Hct
黄芪黄酮（A）	0.000[*]	0.000[*]	0.000[*]
黄芪多糖（B）	0.000[*]	0.000[*]	0.000[*]
黄芪皂苷（C）	0.006[*]	0.000[*]	0.000[*]
黄芪黄酮+黄芪多糖（A+B）	0.000[*]	0.000[*]	0.001[*]
黄芪黄酮+黄芪皂苷（A+C）	0.000[*]	0.000[*]	0.000[*]
黄芪多糖+黄芪皂苷（B+C）	0.001[*]	0.001[*]	0.005[*]
黄芪黄酮+黄芪多糖+黄芪皂苷（A+B+C）	0.001[*]	0.000[*]	0.000[*]

注：与模型组比较 [*] $P<0.01$

造模前各组小鼠外周血 Hb，RBC 均无统计学差异。与正常组比较，模型组小鼠 3 项外周血常规指标均明显下降，差异均有统计学意义（$P<0.01$）。方差分析结果表明，黄芪黄酮、黄芪多糖、黄芪皂苷对外周血常规指标 Hb、RBC、Hct 均有影响；黄芪黄酮与黄芪多糖、

黄芪黄酮与黄芪皂苷、黄芪多糖与黄芪皂苷的一级交互作用均有统计学意义。比较不同组合下的均值可以得出结论：单用黄芪多糖比黄芪黄酮与黄芪多糖合用效果好；黄芪黄酮与黄芪皂苷合用、黄芪多糖与黄芪皂苷合用效果均优于单一用药；黄芪黄酮与黄芪多糖、黄芪皂苷的二级交互作用有统计学意义，3种药物联合使用，效果不如黄芪多糖与黄芪皂苷的组合。

（六）正交设计

正交实验设计是利用正交表来安排与分析多因素实验的一种设计方法，它是由实验因素的全部水平组合中，挑选出最有代表性的点做试验，挑选的点在其范围内具有"均匀分散"和"整齐可比"的特点。"均匀分散"是指试验点均衡地分布在试验范围内，每个试验点有充分的代表性；"整齐可比"是指试验结果分析方便，易于分析各个因素对目标函数的影响。

正交设计属于析因设计的部分实施，在可以应用析因设计的实验研究中，若高阶或部分低阶交互作用可以忽略不计时，且因实验条件所限希望减少实验次数时，可采用正交设计以达到减少实验次数的目的。

采用正交试验法应首先根据试验本身需筛选的因素、水平，选择好正交表头和相应的正交表。筛选的因素、水平应该根据专业知识、单因素试验或相关参考文献来确定。进行表头设计时，为了避免混杂，应先安排有交互作用的因素，且应遵循不混杂的原则，即不同的因素不能占用相同的列。

正交表是已经制好的统计用表，专供正交实验设计使用。正交表用 $L_n(t^q)$ 表示。其中 L 表示正交设计，t 表示水平数，q 表示因素数，n 表示试验次数。因素一般用 A、B、C 等表示，水平数一般用 1、2、3 等表示。

正交试验设计法的基本步骤：①根据研究目的，选定因素（包括交互作用）及水平；②选择合适的正交表，并进行表头设计；③按选定的正交表设计试验方案；④进行试验并记录结果；⑤对试验结果的计算分析。

正交表中不安排因素的列称为空白列，如果用方差分析作结果分析，至少要有一列空白列以估计误差，所以，在表头设计时，至少都要留一列作为空白列。如果每列都安排因素，且没有重复试验，分析者常常把差异最小的因素作为误差列，有时会导致分析效率降低，甚至出现与实际情况相违的结论，为避免该情况发生，建议每个方案至少重复一次试验。

实例 4-6　正交试验法优选山黄口腔贴片的处方

以山黄口腔贴片黏附力和释药速率为考察指标，选取三个因素：淀粉与 MCC 的比例、HPMC 型号、HPMC 用量，采用 $L_9(3^4)$ 进行正交实验。按综合评分法，以最优结果为 100 分，按公式计算综合得分作为综合指标筛选处方：综合分＝黏附力得分×0.6＋释药得分×0.4。实验设计及结果见表 4-9 与表 4-10。

表 4-9　因素水平表

水平	因素		
	淀粉：MCC（A）	HPMC 型号（B）	HPMC 用量（%）（C）
1	4：1	K4M CR	10
2	3：2	K15M CR	15
3	2：3	K100M CR	20

表 4-10　正交试验安排及结果

试验号	因素			黏附力（g/cm²）	释药速率（mm/h）	总评分
	A	B	C			
1	1	1	1	1.560	2.53	60.0
2	1	2	2	3.366	2.29	79.3
3	1	3	3	4.689	1.47	83.2
4	2	1	2	4.173	2.26	89.1
5	2	2	3	4.147	1.54	77.4
6	2	3	1	1.745	2.29	58.5
7	3	1	3	2.212	2.26	64.0
8	3	2	1	1.849	2.30	60.0
9	3	3	2	2.563	1.74	60.3
平均 K_1	74.16	71.03	59.50			
平均 K_2	75.00	72.23	76.23			
平均 K_3	61.43	67.33	74.86			
R	13.57	4.90	16.73			

直观分析法：从表 4-10 可以知道，因素的极差大小顺序为 $R_3>R_1>R_2$，即各因素对贴片黏附力和释药速率的综合影响顺序为 C>A>B。再根据各水平的结果比较，从综合得分最高的实验得到口腔黏附片的最佳配方为 $A_2B_2C_2$，即淀粉与 MCC 的比例为 3：2，HPMC（K15M CR）作为黏附剂，用量为 15%。

方差分析法：应用 SAS 软件直接进行方差分析，结果见表 4-11。结果显示，A、B、C 3 个因素对贴片黏附力和释药速率的综合影响的 P 分别为 0.407 2、0.858 9、0.315 0，都远大于 0.05，说明每个因素的不同水平之间试验结果无显著差异，从而说明上述直观分析的结论是不可靠的。因此，正交试验的数据必须进行方差分析才能进一步证明直观分析的可靠性，单纯按直观下结论是不够的。

本例中，空白列的平方和比其他因素单独所占列的平方和还要大，则需要认真检查试验设计是否合理，是否有混杂因素。

表 4-11　数据方差分析结果

方差来源	自由度	平方和	均方	F	P
A	2	346.89	173.44	1.46	0.4072
B	2	39.14	19.57	0.16	0.8589

续表

方差来源	自由度	平方和	均方	F	P
C	2	518.01	259.00	2.17	0.3150
误差	2	238.25	119.12		
总和	8	1142.28			

（七）均匀设计

均匀设计是基于数论方法（或伪蒙特卡罗方法）推导出来的一种实验设计方法。它是让试验点在其试验范围内充分地"均匀分散"，每一个试验点都有更好的代表性，从而试验点的数目大幅度减少，且因素的水平可以适当调整，避免高档次水平或低档次水平相遇，故它在寻找最佳实验条件、最佳配比等方面是最强有力的工具。均匀设计与正交设计不同之处在于不考虑数据整齐可比性，而是考虑试验点在试验范围内充分均衡分散，就可以从全面试验中挑选出更少的试验点为代表进行试验，得到的结果仍能反映该分析体系的主要特征，所以均匀设计定量资料不能像正交设计那样可以采用相应的方差分析处理资料，而需要借助多重回归分析的方法来分析数据。

均匀设计与正交设计一样，也需要按照规范化的表格（均匀设计表）设计试验。不同的是，均匀设计还有使用表，设计试验时必须将均匀设计表和它的使用表联合应用。均匀设计表用 $U_n(q^m)$ 表示，U 表示均匀设计，q 表示因素的水平数，m 表示最多可安排的因素数（列数），n 表示试验次数（行数），这里 $n = q$，即试验次数与所取水平数相等。均匀设计每因素、每水平只做一次实验，即行数等于水平数，列数是可安排的最大因素数，一般行数 $(n) = $ 列数 $(m) + 1$。

实例4-7　均匀设计优化川参方直接压片的工艺及处方

采用均匀设计的方法考察压片压力 (A)、压片速度 (B)、粉体粒径 (C)、粉体含水量 (D)、润滑剂用量 $(E$，润滑剂影响压力的传递及对片剂外观的改善）5 个因素对片剂质量的影响，每个因素 3 个水平，使用 U_9 (9^5) 均匀设计表安排试验，采用总评"归一值"（overall desirability, OD）法对数据进行处理，用数学方法将片剂质量评价的各个指标综合起来，以 OD 值表达整体效应。因素与水平见表4-12，试验结果见表4-13。

表4-12　均匀设计因素水平表

试验号	A (kg)	B (r/min)	C (μm)	D (%)	E (%)
1	1355	11	115	2.5	1.5
2	1355	9	85	3.5	1.5
3	1355	9	185	4.5	1.0
4	1064	7	85	4.5	1.0
5	1064	11	185	2.5	1.0
6	1064	11	115	3.5	0.5

续表

试验号	A (kg)	B (r/min)	C (μm)	D (%)	E (%)
7	774	9	185	3.5	0.5
8	774	7	115	4.5	0.5
9	774	7	85	2.5	1.5

表 4-13　试验结果

试验号	抗张强度（MPa）	崩解时限（min）	片质量差异（%）	OD 值
1	1.27	14.3	1.030	0.52
2	1.63	17.5	0.566	0.56
3	1.70	18.0	0.788	0.48
4	0.86	15.5	0.677	0.45
5	0.70	13.0	0.691	0.43
6	0.62	12.5	0.626	0.37
7	0.51	15.5	0.806	0.14
8	0.68	16.0	0.677	0.34
9	0.58	16.0	1.110	0.21

通过对均匀设计的实验因素和结果进行多元逐步回归分析结果表明，片剂的质量与其中间体粉末的物理特性及压片工艺参数之间存在如下关系：$Y = -0.12 + 1.01A - 0.19C - 0.12AD + 0.57AE + 0.832BC + 0.42BD + 0.68CE$。从回归方程分析，在研究范围内，片剂的质量与压片压力呈正相关关系，与粉体粒径呈负相关关系。压片压力与粉末含水量及处方中的润滑剂用量之间存在相关关系。压片速度与粉末粒径及含水量之间存在相关关系。结果表明，在片剂的压缩过程中，片剂的成型工艺参数与粉末的物理特性之间的交互作用，压片工艺参数的选择要充分考虑粉末的物理特性，才能得到合格的片剂。

优化得到最佳条件：压片压力 1300 kg，粉体粒径 125μm，粉体含水量 4.5%；由于压片机转速和润滑剂用量影响较小，从生产效率和生产成本上考虑，选择压片机转速为 11 r/min，润滑剂用量为 0.5%。

第二节　统计分析方法的选择

在新药研究与评价中，统计分析方法的选择可按以下步骤进行：第一，判断要分析的资料属于哪种类型，是计量资料、计数资料还是等级资料；第二，判断资料所属的设计方式，是完全随机设计、配对设计还是随机区组设计等；第三，判断资料是否符合拟采用的统计分析方法的应用条件，必要时可考虑变量更换。

一、资料类型

1. 计量资料（measurement data）　又称定量资料，是用定量的方法测定观察单位（个体）某项指标数值的大小，所得的资料称为定量资料。一般带有度量衡单位，如心率（次/分）、体重（kg）等均属于计量资料。计量资料内涵的信息较为丰富，是药效统计分析中最常用的资料类型。

2. 计数资料（count data）　又称定性资料或分类资料，是将观察单位按某种属性或类别分组计数，分组汇总各组观察单位后得到的资料。计数资料的观察指标为分类变量，分类变量没有度量衡单位。分类变量可以分成无序分类变量和有序分类变量，有序分类变量即为等级变量。无序分类变量常分为二项分类变量和多项分类变量资料。二项分类如观察某药的疗效时，其结果可归纳为有效和无效两类。两类间相互对立、互不相容。多项分类如某人群的血型分布，其结果一般可分为 A、B、AB、O 四种。

3. 等级资料（ranked data）　又称有序分类变量资料，是将观察单位按某种属性的不同程度分成等级后分组计数，分类汇总各组观察单位数后而获得的资料，是半定量的结果。例如，观察某药疗效，结果常分为治愈、有效、无效、恶化四个等级。

二、计量资料的处理

（一）t 检验

t 检验是英国统计学家 W. S. Gosset 1908 年根据 t 分布原理建立起来的一种假设检验方法，常用于计量资料中 2 个小标本均数的比较。理论上，t 检验的应用条件是要求标本来自正态分布的总体，两标本均数比较时，还要求两总体方差相等。但在实际工作中，与上述条件略有偏离，只要其分布为单峰且近似正态分布，也可应用。常用的 t 检验有如下 3 类。

1. 单个标本 t 检验　用于推断标本均数代表的总体均数和已知总体均数有无统计学意义。当标本例数较少（$n < 60$）且总体标准差未知时，选用 t 检验；反之当标本例数较多或标本例数较少、总体标准差已知时，则可选用 u 检验。

2. 配对标本 t 检验　适用于配对设计的两标本均数的比较，在选用时应注意两标本是否为配对设计资料。常用的配对设计资料主要有如下 3 种情况：两种同质受试对象分别接受两种不同的处理；同一受试对象或同一标本的 2 个部分，分别接受不同的处理；同一受试对象处理前后的结果比较。

3. 两独立标本 t 检验　又称成组 t 检验，适用于完全随机设计的两标本均数的比较。与配对 t 检验不同的是，在进行两独立标本 t 检验之前，还必须对两组资料进行方差齐性检验。若为小标本且方差齐，则选用 t 检验；反之若方差不齐，则选用校正 t 检验（t' 检验），或采用数据变换的方法（如取对数、开方、倒数等）使两组资料具有方差齐性后再进行 t 检验，或采用非参数检验。此外，当两组标本例数较多（n_1、$n_2 > 50$）时，这时应用 t 检验的计算比较繁琐，可选用 u 检验。

（二）方差分析

方差分析适用于两组以上计量资料均数的比较，其应用条件是各组资料取自正态分布的总体且各组资料具有方差齐性。因此，在应用方差分析之前，同样和成组 t 检验一样需要对各组资料进行正态性检验、方差齐性检验。常用的方差分析有如下几类。

1. 完全随机设计的方差分析　主要用于推断完全随机设计的多个标本均数所代表的总体均数之间有无显著性差别。完全随机设计是将观察对象随机分为两组或多组，每组接受一种处理，形成 2 个或多个标本。

2. 随机区组设计的方差分析　随机区组设计首先是将全部受试对象按某种或某些特性分为若干区组，然后区组内的每个研究对象接受不同的处理，通过这种设计，既可以推断处理因素又可以推断区组因素是否对试验效应产生作用。此外，这种设计还使每个区组内研究对象的水平尽可能地相近，减少了个体间差异对研究结果的影响，因此比成组设计更容易检验出处理因素间的差别。

3. 析因设计的方差分析　是指用于分析析因设计的实验资料的方差分析，以确定各因素水平的最佳组合。它不仅可以检验每个因素各水平之间是否有差异，还可以检验各因素之间是否有交互作用，同时还可以找到处理因素的各种浓度水平之间的最佳组合。此外，还有正交设计、拉丁方设计等多种方差分析法。

三、计数资料的处理

（一）χ^2 检验

χ^2 检验是一种用途比较广泛的假设检验方法，在医学论文中常用于分类计数资料的假设检验，即用于 2 个标本率、多个标本率、标本内部构成情况的比较，标本率与总体率的比较，某现象的实际分布与其理论分布的比较。但是当标本满足正态近似条件时，如标本例数 n 与标本率 p 满足条件 np 与 $n(1-p)$ 均大于 5，则可以计算假设检验统计量 u 值来进行判断。常用的 χ^2 检验分为如下几类。

1. 2×2 表 χ^2 检验　适用于 2 个标本率或构成比的比较，在应用时，当整个试验的标本例数 $n \geqslant 40$ 且某个理论频数 $1 \leqslant T < 5$ 时，需对 χ^2 值进行连续性校正。因为 T 太小，会导致 χ^2 值增大，易出现假阳性结论。此外，若标本例数 $n < 40$，或有某个 T 值小于等于 1，此时即使采用校正公式计算的 χ^2 值也有偏差，需要用 2×2 表 χ^2 检验的确切概率检验法（Fisher确切检验法）。

2. 配对资料 χ^2 检验　适用于配对设计的 2 个标本率或构成比的比较，即通过单一标本的数据推断两种处理结果有无显著性差别。在应用时，如果甲处理结果为阳性而乙处理结果为阴性的标本例数 n_1 与甲处理结果为阴性而乙处理结果为阳性的标本例数 n_2 之和 < 40，需要对计算的 χ^2 值进行校正。

3. R×C 表 χ^2 检验　适用于多个标本率或构成比的比较。在 R×C 表 χ^2 检验中，若检验统计量有显著性意义时，还需要对多个标本率或构成比进行两两比较，即分割 R×C 表，使之成为非独立的四格表，并对每两个率之间有无显著性差别做出结论。

（二）非参数检验

非参数检验可不考虑总体的参数、分布而对总体的分布或分布位置进行检验。它通常适用于下述资料：①总体分布为偏态或分布形式未知的计量资料（尤其标本例数 $n<30$ 时）；②等级资料；③个别数据偏大或数据的某一端无确定的数值；④各组离散程度相差悬殊，即各总体方差不齐。该方法具有适应性强等优点，但同时也损失了部分信息，使得检验效率降低。即当资料服从正态分布时，选用非参数检验法代替参数检验法会增大犯 II 类错误的概

率。因此，对于适用参数检验的资料，最好还是用参数检验。

秩和检验是最常用的非参数检验，它包括以下几类。

1. 配对资料的符号秩和检验 是配对设计的非参数检验。当 $n \leqslant 25$ 时，可通过秩和检验对实验资料进行分析；当 $n > 25$ 时，标本例数超出 T 界值表的范围，可按近似正态分布用 u 检验对实验资料进行分析。

2. 两标本比较的秩和检验 适用于比较两标本分别代表的总体分布位置有无差异。如果标本甲的例数为 n_1，标本乙的例数为 n_2，且 $n_1 < n_2$；当 $n_1 \leqslant 10$、$n_2 - n_1 \leqslant 10$ 时，可通过两标本比较的秩和检验对实验资料进行分析；当 n_1、n_2 超出 T 界值表的范围时，同样可按近似正态分布用 u 检验对实验资料进行分析。

3. 多个标本比较的秩和检验 适用于比较各标本分别代表的总体的位置有无差别，它相当于单因素方差分析的非参数检验，计算方法主要有直接法和频数表法等。此外，在进行上述 3 类秩和检验（前两类秩和检验实际上已经被 u 检验替代）时，如果相同秩次较多，则需要对计算的检验统计量进行校正。

四、回归与相关

在医学研究中，一个变量的变化往往要受另一个变量的影响，即两变量的变化存在一定的关系。如年龄与血压、身高与体重、药物剂量与动物死亡率等，两变量之间的变化都有一定的关系与规律。线性相关与回归就是研究两变量间相互关系的统计学方法。但在实际工作中，常常遇到一个应变量与多个自变量的相互关系问题，多元线性回归就是研究一个应变量与多个自变量之间线性依存关系的统计方法，是简单回归分析的扩展。

（一）线性相关与回归

1. 线性相关（linear correlation） 对两变量之间关系的研究，有时并不需要由一个变量估计另一个变量，而关心的是两个变量之间是否有相关关系，可以采用相关分析。相关分析是用于描述和推断两个变量协同变化规律的密切程度和方向的统计学分析方法。当两正态分布变量在数量上的变化呈直线趋势时，称为线性相关。若两变量分别用 X 与 Y 表示，初步判断 X 与 Y 关系的直接办法就是在平面直角坐标系中绘图，绘制这些实测点 (X, Y) 的分布图，称为散点图。用于描述两变量间相关密切程度和相关方向的指标是相关系数。总体相关系数用 ρ 表示，样本相关系数用 r 表示，相关系数没有单位，取值范围是 $-1 \sim 1$。

2. 线性回归（linear regression） 在两个变量的资料中，如果一个变量 Y 随另一个变量 X 呈现出线性变化规律，则变量 Y 与 X 间便构成了一种线性依存关系，而揭示这种线性依存关系的有效统计学方法就是线性回归。线性回归分析则找出最能代表这些数量关系的线性回归方程。线性回归方程与两变量间严格对应的函数关系不同。习惯上用 X 作为自变量，Y 作为应变量，则线性回归方程为 $\hat{Y} = a + bX$，$\hat{y}$ 是给定 X 时 Y 的估计值，b 称为回归系数。

3. 线性相关与回归的区别和联系 线性相关与回归都是研究变量之间的相互关系，这两者既有区别，又有联系。

线性相关与回归的区别：①相关系数的计算只适用于两个变量都服从正态分布的情形，而在回归分析中，因变量是随机变量，自变量既可以是随机变量，也可以是给定的量；②相

关系数 r 说明具有直线关系的两变量间相互关系的方向与密切程度；回归系数 b 反映两变量间的依存关系，表示 X 每变动一个单位所引起的 Y 的平均变动量；③说明两变量间的相关程度及相关方向用相关，说明两变量间的依存变化的数量关系用回归。

线性相关与回归的联系：①在同一组数据，相关系数 r 与回归系数 b 的符号一致；② 在相关分析中，求出 r 后要进行假设检验，同样，在回归分析中，对 b 也要进行假设检验，同一样本的这两种假设检验是等价的。由于 r 的假设检验可以直接查表，较为简单，所以可以用其代替对 b 的假设检验。③ 对于服从双变量正态分布的同一资料，其相关系数 r 和回归系数 b 可以相互换算。

（二）非线性回归

在实际研究工作中，变量间未必都有线性关系，如服药后血药浓度与时间的关系；毒物剂量与致死率的关系等常呈现曲线关系。曲线拟合（curve fitting）是指选择适当的曲线类型来拟合观测数据，并用拟合的曲线方程分析两变量间的关系。

利用线性回归拟合曲线的一般步骤：①绘制散点图，选择合适的曲线类型：一般根据资料性质结合专业知识便可确定资料的曲线类型，不能确定时，可绘制散点图，根据散点的分布，选择接近的、合适的曲线类型。②曲线直线化：按曲线类型，对 X 或 Y 进行变量变换，使变换后的两个变量呈直线关系。③按最小二乘法原理，建立直线化的直线回归方程，做假设检验。④将变量还原，写出原变量表达的曲线方程。

（三）多元线性回归

在医学、新药研究中变量之间的关系是错综复杂的。例如，影响高血压的因素很多，如年龄、性别、精神紧张、劳动强度、吸烟状况、家族史等。在这些众多因素中，哪些是主要因素，各因素的作用如何等，是我们关心的问题。多元线性回归分析就是研究各变量间在数量上相互关系的一种统计方法，简称为多元回归分析。

多元回归方程的一般表达式为：$\hat{Y} = b_0 + b_1 X_1 + b_2 X_2 + \cdots + b_m X_m$，式中 $\hat{Y}$ 为应变量的估计值，b_0 为回归方程的常数项，其意义类似于直线回归方程中的截距 a，这两项与直线回归方程是一致的。所不同的是这里的自变量不只有一个，为区分各个自变量 X 的不同，在 X 的右下角加注脚标，即用 X_i 来表示第 i 个自变量，$i = 1$，2，$\cdots$，m，m 为自变量的个数，各自变量 X 前面的 b_i 称为部分回归系数，也常被称为偏回归系数，它的意义与直线回归方程中的回归系数 b 类似，所不同的是它表示在其他自变量固定的条件下，X_i 每改变一个单位时应变量 Y 的平均变化量。

多元回归分析在新药研究中的用途是很广的，一是用来进行因素分析，即分析某些因素的相对重要性，找出关键因素；二是用于同时调整多个混杂因素的作用，解决因样本量不足时无法进行分层分析的问题；三是用于预测或预报（包括判别），即用较易测量的各自变量 X 来推算难以测得的应变量 Y 的值。

第三节　统计分析软件

一、SAS

　　SAS（statistics analysis system）是国际上非常流行的数据统计分析软件系统。SAS 最早由美国北卡罗来纳州立大学开发，1976 年 SAS 软件研究所（SAS institute inc）成立，开始进行 SAS 的开发、维护、销售和培训工作。SAS 自诞生以来，已由最初的统计分析系统演变为大型的集成应用软件系统，具有完备的数据访问、管理、分析和呈现功能，在国际上被誉为数据分析的标准软件。SAS 是一个跨平台的系统，可以在许多操作系统下运行，目前常使用 SAS6. 12、SAS8. 2、SAS9. 1 等版本。

　　SAS 系统是一个组合软件系统，由几个到五十多个工具模块及面向行业的子系统组成。SAS 模块按功能大体有四类，分别为数据库部分（Base SAS，FSP，ACCESS 等）、分析核心（STAT，ETS，QC，OR，ISIGHT 等）、开发呈现工具（AF，EIS，GRAPH 等）及分布处理与数据仓库（CONNECT，WA 等）。通过这些模块，SAS 可提供以数据分析目的为中心的一系列工具集，包括数据读取、数据变换、数据操作、数据维护、报表制作、图形绘制、数据约简与汇总、数据的统计分析等。

　　SAS 的技术先进，功能强大，很多统计分析只能在 SAS 中实现。但由于其操作以编程为主，人机对话界面不太友好，需要熟悉 SAS 语言，因此入门比较困难。

二、SPSS

　　SPSS 10. 0 以前的较早版本，英文为“Statistical Package for Social Science”，中文译为“社会科学统计软件包”。它是世界著名统计分析软件之一，可用于各个学科领域，包括医学及生物学领域等。SPSS 公司从 2001 年起发布 11. 0 版本及其后续各版本，将其英文全称更改为“Statistical Product and Service Solution”，中文译为“统计产品与服务解决方案”。其缩写仍为“SPSS”四个字母。与其他国际权威软件相比，SPSS 最显著的特点是菜单和对话框操作方式，且绝大多数操作过程只需点击鼠标便可完成，为非统计专业人员提供了极大的方便，因此，它已成为非统计专业人员应用最多的统计软件。目较为常使用的是 SPSS13. 0、SPSS15. 0、SPSS17. 0、SPSS22. 0 等，最新的是 SPSS28. 0。

　　SPSS 的功能十分强大，其核心部分是统计功能，可以完成数理统计分析任务，提供从简单的单变量分析到复杂的多变量分析的多种方法。SPSS 还可以直接生成数十种风格的表格（OLAP cubes），伴随其他分析过程又可生成一般表、多响应表和频数表等表格。利用专门的编辑窗口或结果查看窗口，能编辑所生成的表格。另外，SPSS 拥有强大的图形功能，能生成数十种基本图和交互图，同表格一样，图形生成以后，也可以进行编辑。SPSS 的输出图形可以保存为多种格式。

　　SPSS 突出的特点就是操作界面友好，输出结果美观，用户只要掌握一定的 Windows 操作技能，熟悉统计分析原理，就可以使用该软件，完全可以满足非专业统计人员的工作需要。但是 SPSS 只吸收了较为成熟的统计方法，对于最新的统计方法，SPSS 公司的做法是为之发展一些专门软件，而不是直接纳入 SPSS。另外，其输出结果虽然漂亮，但不能为 Word

等常用文字处理软件直接打开，只能采用拷贝、粘贴的方式加以交互。

三、Stata

Stata 是一个功能强大又小巧玲珑的用于分析和管理数据的实用型统计分析软件，由美国计算机源中心（Computer Resource Center）研制。从 1985 年至今，连续推出了多个版本，目前常用的有 Stata 9、Stata 10、Stata 11 等。通过不断更新和扩充，Stata 的内容日趋完善，具有数据管理软件、统计分析软件、绘图软件、矩阵软件和程序语言的特点，在许多方面别具一格。Stata 在科研、教育领域得到了广泛应用，与 SAS、SPSS 一起并称为新的三大权威统计软件。

虽然 Stata 是一个统计分析软件，但它也具有很强的程序语言功能，这给用户提供了一个广阔的开发应用天地。用户可以充分发挥自己的聪明才智，熟练应用各种技巧，真正做到随心所欲。事实上，Stata 的 Ado 文件（高级统计部分）都是用 Stata 自己的语言编写的，而且这些文件可以自行修改、添加和下载，用户可随时到 Stata 网站寻找并下载最新的升级文件。

Stata 虽然也是采用命令行方式来操作，但使用上远比 SAS 简单。此外，Stata 的程序容量小，只占用很少的磁盘空间，完全安装后只有 6M。由于 Stata 在分析时是将数据全部读入内存，在计算全部完成后才和磁盘交换数据，因此计算速度极快。但是，Stata 也具有不足之处，如其数据兼容性差，实际上只能读入文本格式的数据文件，所占内存空间也较大，并且数据管理界面过于单调，数据管理功能也有待加强。

四、DAS

大型药理学计算软件 DAS 的英文全称为 drug and statistics，是 NDST（new drug statistical treatment）的全面升级版。NDST 是在原卫生部新药审评办公室和新药研究管理中心的支持下，针对新药报批资料的特点而编制的。NDST 有三项基本设计思想：①针对新药申报资料的特点；②不懂计算机的也能使用；③不精通医药统计也能使用。1984 年编制出第 1 版 NDST，至 2000 年发行 21 世纪版 NDST-21，以后升级为功能更为强大的 DAS 软件，并成立了专门编制、测试小组。DAS ver1.0 为 Windows 版本。

DAS 的功能与特色：①统计功能模块覆盖面广：包括数据审核、药学统计、定量药理、临床药理、群体分析、生物统计、回归与相关 7 大模块。②编程依据充分，文献来源权威：编程依据来源于权威的医药统计学专著或数理统计学专著，并参考 FDA 的相关指导原则。③结果针对性强，输出直接报审：功能模块几乎涵盖新药开发的临床前药学、药理及临床研究各阶段的数据处理方法，结果报表输出紧扣国家药品监督管理局（NMPA）对新药申报资料的要求。④设计以人为本，操作友好易用：程序开发过程中紧扣"以人为本"的原则，独创的"仿例输入"和"一键完成"功能大大提高系统的易用性。⑤程序通用性强，运行快速稳定：全部采用模块化结构，功能采用多级菜单方式。计算迅速，性能可靠。⑥数据接口丰富，程序全面兼容：可直接读取纯文本、Excel、Access、dBase 等数据库文件，计算结果直接存为 Microsoft Excel 格式的文件或 Microsoft Word 的文件。

DAS 中专用于临床试验的软件可独立使用（DAS for clinical trial），是专用于临床试验

Ⅰ~Ⅳ期数据管理、数据分析和统计报表的软件。

【※**法规摘要**※】

第三十五条 申办者应当选用有资质的生物统计学家、临床药理学家和临床医生等参与试验，包括设计试验方案和病例报告表、制定统计分析计划、分析数据、撰写中期和最终的试验总结报告。

第六十八条 统计通常包括：

（一）确定受试者样本量，并根据前期试验或者文献数据说明理由。

（二）显著性水平，如有调整说明考虑。

（三）说明主要评价指标的统计假设，包括原假设和备择假设，简要描述拟采用的具体统计方法和统计分析软件。若需要进行期中分析，应当说明理由、分析时点及操作规程。

（四）缺失数据、未用数据和不合逻辑数据的处理方法。

（五）明确偏离原定统计分析计划的修改程序。

（六）明确定义用于统计分析的受试者数据集，包括所有参加随机化的受试者、所有服用过试验用药品的受试者、所有符合入选的受试者和可用于临床试验结果评价的受试者。

《药物临床试验质量管理规范》

第五章　中药新药制剂工艺研究

第一节　概　　述

一、制剂工艺研究的概念

中药制剂是以中医药理论为指导，根据《中华人民共和国药典》、《中华人民共和国卫生部药品标准》、《国家食品药品监督管理局药品标准》、《制剂规范》等规定的处方，运用现代科学技术将中药材制成具有一定规格的剂型，可以直接用于预防和治疗疾病的药物制品。中药制剂工艺是中药制剂生产过程中所使用的方法、原理、设备及流程的总称，主要研究中药制剂工业生产的过程，解决制剂生产工艺中存在的技术问题。

二、制剂工艺研究的目的

制剂工艺研究的目的是根据疾病的性质、临床用药的需要及药物的理化性质，确定适宜的给药途径和剂型，选择合适的辅料、制备工艺，筛选制剂的最佳处方和工艺条件，确定包装，最终形成适合于生产和临床应用的制剂产品。制剂工艺研究是中药新药研制与开发的一个重要环节。中药成分复杂，为了提高疗效、减小服用量、便于制剂，药材一般需要经过提取、纯化、浓缩等处理，这是中药制剂特有的工艺步骤。操作工艺的合理性、技术的正确运用与否将直接关系到药材的利用和制剂疗效的发挥。因此，应尽可能采用新技术、新工艺、新辅料、新设备，结合制剂工艺和生产实际，采用合理的实验设计和评价指标，确定工艺路线，优选工艺条件，以提高中药制剂的研究水平。

三、中药新药制剂工艺研究的基本内容

1. 制剂前处理工艺　中药制剂前处理工艺是指将饮片制成半成品所应用的粉碎、浸提、分离纯化、浓缩、干燥等工艺技术。前处理工艺的目的在于改变物料的性状、富集有效成分、降低或去除毒性成分及杂质、减少服用量，从而满足中药制剂安全、有效的要求，为成型工艺提供安全、稳定的半成品基础。

2. 制剂成型工艺　中药制剂成型工艺是将半成品和辅料制成某种剂型所采用的制剂手段和方法。可根据临床用药需求、物料性质等选择适宜的辅料和成型工艺制成相应的剂型，以实现"三效"、"三小"、"五方便"的目的。

3. 包装工艺　包装是为了保护产品、方便运输而用适宜的材料将成品药物包封在内的技术。制剂包装在起到主要的保护作用的同时，还应具备安全、经济、方便等特点。

第二节　剂型筛选

剂型是指根据不同给药方式和不同给药部位等要求将药物制成的不同"形态"，即一类药物制剂的总称。如片剂、胶囊剂、注射剂等。剂型是药物使用的必备形式，药物必须制成适宜的剂型，采用一定的给药途径接触或导入机体才能发挥药效。剂型的不同，可能会导致药物作用效果的不同，从而关系到药物的临床疗效及不良反应。中药剂型的选择应以临床需要、药物性质等为依据，充分发挥各类剂型的特点，从而达到提高疗效、降低不良反应等目的。

一、药物剂型的重要性

剂型对药物的稳定性及药效的发挥都有重要的影响，具体如下所述。

1. 剂型影响药物的稳定性　不同的药物剂型，其稳定性也存在显著差异。中药的汤剂、合剂、浸膏剂等，由于含有很多组分，制备过程复杂，制剂的稳定性较差。而胶囊剂外层有胶囊壳的保护，丸剂、片剂等固体剂型可以包有一层薄包衣，稳定性较好。如果中药药效成分的理化性质不稳定，遇到空气、光线和水分时易分解，可以将其制备成包衣片剂或胶囊剂等，以提高制剂的稳定性。有些药物在经过胃时受到胃内消化液的影响，药效会受到破坏，因而无法获得最佳的治疗效果，可将其制备成肠溶制剂，使其安全通过胃到肠内崩解而发挥药效。如将穿心莲用丙烯酸树脂类成分包衣后制成肠溶片，减少了穿心莲内酯在胃中的破坏，从而有效地提高了生物利用度，减少了服用量。通常，固体剂型稳定性优于液体剂型；包衣制剂稳定性高于普通制剂；冻干粉针稳定性优于常规注射液等。

2. 减少药物的不良反应　改变药物的剂型能够降低毒副作用，减轻用药后的不良反应。如用洋金花口服治疗慢性支气管炎疗效明显，但容易出现口干、眩晕、视力模糊等不良反应。而将其制成洋金花栓剂，能有效减轻其毒副作用。缓、控释制剂能保持血药浓度平稳，避免血药浓度的峰谷现象，从而减少药物的不良反应。

3. 改变药物的作用性质　多数药物改变剂型后作用性质不变，但有些药物能改变其作用性质。如解肌清热、止泻止痢的葛根芩连汤，制成葛根芩连片后用于治疗由于湿热蕴结所致的泄泻、痢疾，症见身热烦渴、下痢臭秽、腹痛不适；而制成葛根芩连微丸后主要用于治疗泄泻腹痛、便黄而黏、肛门灼热，及风热感冒所致的发热恶风、头痛身痛。

4. 改变药物的作用速度　注射剂、吸入气雾剂、速释制剂等剂型起效快，常用于急救或需快速起效的药物（如解热镇痛药、抗生素等）；而缓控释制剂、植入剂、透皮制剂等由于释药速度缓慢、持久，常用于慢性疾病或需长期用药疾病的治疗。复方丹参片是采用生药直接粉碎加工压片而成，只能口服，药效发挥缓慢，是用于冠心病治疗的常规用药。而复方丹参滴丸可以口服，也可以舌下含服，因药物在舌下吸收快，不仅可以作为冠心病的常规用药，也可作为缓解心绞痛的急救用药。

5. 产生靶向作用　将中药制成靶向制剂，能够使药物通过局部给药、胃肠道或全身血液循环而选择性地浓集定位于靶组织、靶器官、靶细胞，使靶区药物浓度高于其他正常组织，达到提高疗效、降低全身不良反应的目的。如脂质体、微球、微囊、纳米粒等进入血液循环系统后，被网状内皮系统的巨噬细胞所吞噬，从而使药物浓集于肝、脾等器官，起到肝、脾的被动靶向作用；或针对胃肠道特定的 pH 和酶，设计具有胃肠道定位作用的口服制剂，如根据结肠特殊的 pH 和酶，设计结肠靶向制剂等。

二、剂型选择的原则和依据

中药剂型选择应根据药味组成并借鉴用药经验，以满足临床医疗需要为宗旨，在对药物理化性质、生物学特性、剂型特点等方面综合分析的基础上进行，应提供具有说服力的文献依据和实验资料，充分阐述剂型选择的科学性、合理性、必要性。

1. 根据医疗防治的需要　由于病有缓急，证有表里，人有老幼，须因病施治，对症下药，因此对剂型的要求也各不相同。梁·陶弘景曾指出："……疾有宜服丸者，宜服散者，宜服汤者，宜服酒者，宜服膏者，亦兼参用所病之源以为其制耳。"例如，对急症患者，为使药效迅速，宜用注射剂、吸入制剂、舌下片等；对于药物作用需要持久、延缓者，则可用丸剂、膏药、缓释片剂或其他长效制剂。中国医药经过长期的临床实践，创造出了多种剂型，为了适应给药部位的特点需要，也须有不同的剂型。如皮肤疾患一般可用软膏、膏药、凝胶膏剂等；而某些腔道疾病如痔疮、溃疡等，则可用栓剂、膜剂、酊剂等。

此外，为了更好地发挥或增强药物的疗效，加速或延缓药物的作用或增加药物对某些系统的指向性、靶组织的滞留性、对组织细胞的渗透性等，可加入各种赋形剂，采用新技术制备新剂型。例如，治疗冠心病心绞痛的心痛气雾剂，治疗气管炎的牡荆油微囊，治疗肿瘤的鸦胆子油乳剂静脉注射液，都是根据其特殊需要制成的。

剂型不同，其载药量、释放药物成分的条件、数量、方式皆不一致，在体内运转过程亦不同。在制剂工艺研究中，应根据临床需要和用药对象来制成恰当制剂形式。中药新药的研制与开发，更应紧紧围绕临床需要，科学地、客观地选择剂型。

2. 根据药物及其有效成分的性质选择　《神农本草经》中记载："药有宜丸者、宜散者、宜水煎煮、宜酒渍者、宜煎膏者，亦有一物兼宜者，亦有不可入汤酒者，并随药性，不得违越。"中药制剂多为复方，所含成分极为复杂，生物碱、黄酮、挥发油、甾体等各类成分其性质各异，在体内的吸收、分布、代谢、排泄情况皆不相同。而制剂的剂型对药物的稳定性、溶解性、体内运转过程等都有影响，所以在选择药物剂型前，要充分把握各种药物有效成分的性质，据此选择剂型，考虑所选剂型对主要活性成分溶解性、解离度、稳定性、刺激性等的影响，以适应临床治病的需要。

选择的剂型要最大限度地发挥中药有效成分的作用，保持药物固有功效。如动物中的皮、甲、角等质地坚实，煎煮不易煎出其有效成分，粉碎服用又不易被机体吸收。但如果制成胶剂，便有利于使其药效成分充分发挥作用；安宫牛黄丸能够开窍醒神，用于中风昏迷、小儿惊厥等急症，其组方中的麝香易挥发散失而使疗效降低，将其制成蜜丸，就能够较好的保存药效。对于有毒性的中药，选择合理的剂型能够消除或缓解其毒性作用或不良反应。如朱砂安神丸，组方中含有毒性药物朱砂，将其制成蜜丸、糊丸等剂型，就能使其缓效，可避免中毒。此外，药物中含有难溶性或不稳定有效成分，则不宜制成口服液等液体剂型；药物成分易为胃肠道破坏或不被其吸收，对胃肠道有刺激性，或因肝脏"首过作用"而疗效显著降低的药物等均不宜设计成口服剂型。

3. 根据不同剂型的生物药剂学和药动学特征选择剂型　生物药剂学和药动学是评价药物制剂体内过程的重要手段，主要了解药物的吸收、分布、代谢、排泄过程。制剂的剂型因素在很大程度上影响着药物的吸收,从而影响其生物利用度和药动学特征。为了客观地评价所确定剂型的合理性,要证明所选剂型最优。如果是药物剂型改变,应与原剂型做对比实验;如果是新研制的药物,应将药物制成符合临床用药目的和药物理化性质的两种以上不同剂型,通过体内药代动力学、药理效应法、体外溶出度法等的研究,反映药物不同剂型生物利用度的差异,从中优选出生物利用度较高的剂型。

例如,天花粉用于中期妊娠引产疗效较好,其有效部位为蛋白质,对热很不稳定,水溶液也不稳定,用丙酮分级沉淀制得具有一定分子量的蛋白质,经无菌分装,冷冻干燥制成粉针剂,临用前用新鲜注射用水配制,不仅制剂质量稳定,而且改变了给药途径,提高了疗效,降低了毒副反应。

4. 根据技术水平和生产条件选择剂型 药物剂型的选择应在满足防治疾病需要和药物本身及其成分性质的前提下,根据生产厂家的技术水平和生产条件选择剂型。剂型不同,采用的工艺路线不同,对所需的技术、生产环境、设备、工人等都有不同的要求。如果技术水平和生产条件达不到要求,制剂的质量和疗效就会受到影响。因此,新药制剂研究前要对生产条件进行考察,若目前尚缺乏生产该剂型的条件,就要在临床用药、药物性质许可的前提下,更换具备生产条件的其他剂型。

5. 根据五方便的要求选择剂型 即根据便于服用、携带、生产、运输、储存等的要求来选择适当的剂型。例如,汤剂味苦量大,服用不便,将部分汤剂处方改制成颗粒剂、口服液、胶囊剂等,既保持汤剂疗效好的特点,又便于服用。

总之,药物和剂型之间有辨证关系,药物本身的疗效固然是主要的,而恰当的剂型对药物疗效的发挥,也有积极作用。因此,在创制、改进、选择剂型时,除了满足医疗、预防和诊断的需要外,同时对药物的性质、制剂的稳定性、生物利用度、质量控制,以及服用、生产、运输是否方便等均应做全面考虑,力求使药物剂型符合"三效"、"三小"、"五方便"的要求。

三、常用剂型

药物剂型种类繁多,按给药途径分类包括口服制剂、皮肤给药制剂、呼吸道给药制剂、注射剂、黏膜给药制剂、腔道给药制剂等。制剂的给药途径与临床使用结合密切,能反映出制剂制备的特殊要求(表5-1)。

表5-1 中药制剂常用剂型及给药途径

给药途径	常用剂型
口服给药	合剂、茶剂、糖浆剂、煎膏剂、酒剂、酊剂、散剂、丸剂、胶囊剂、颗粒剂、片剂
皮肤给药	软膏剂、膏药、糊剂、洗剂、涂膜剂、搽剂、橡胶膏剂、贴剂、凝胶膏剂
呼吸道给药	喷雾剂、气雾剂、粉雾剂
注射给药	注射剂(肌内注射、皮内注射、皮下注射、静脉注射、腔内注射)
黏膜给药	滴眼剂、滴鼻剂、舌下片剂、眼用软膏剂、含漱剂、黏贴片、贴膜剂
腔道给药	栓剂、气雾剂、灌肠剂

1. 合剂 合剂系指饮片用水或其他溶剂,采用适宜方法提取制成的口服液体制剂(单

剂量灌装者也可称"口服液")。合剂是在汤剂的基础上发展而来，可以大批量生产，具有应用方便，便于携带、储存等优点，但不能随症加减。

2. 酊剂　酊剂系指原料药物用规定浓度的乙醇提取或溶解而制成的澄清液体制剂，也可用流浸膏稀释制成。供口服或外用。除另有规定外，含有毒性药物的酊剂，每 100ml 相当于原药材 10g，其他药物的酊剂，每 100ml 相当于原药材 20g。

3. 注射剂　注射剂系指原料药物制成的供注入体内的溶液、乳状液及供临用前配制成溶液的粉末或浓溶液的无菌制剂，可分为注射液、注射用无菌粉末和注射用浓溶液。中药注射剂起效迅速，作用可靠，但质量要求严格，生产费用较高。

4. 膏剂　膏剂是指采用适宜的基质将药物制成专供外用的半固体或近似固体的一类剂型，包括软膏剂和硬膏剂。膏剂易于涂布或粘贴于皮肤、黏膜上，起到局部治疗的作用，有些膏剂可以透过皮肤或黏膜起到全身治疗作用。

5. 栓剂　栓剂系指原料药物与适宜基质制成供腔道给药的固体制剂。栓剂因施用腔道的不同，分为直肠栓、阴道栓和尿道栓。直肠栓为鱼雷形、圆锥形或圆柱形等；阴道栓为鸭嘴形、球形或卵形等；尿道栓一般为棒状。栓剂在常温下为固体，塞入腔道后，在体温下能迅速软化熔融或溶解于分泌液，逐渐释放药物而产生局部或全身的治疗作用。

6. 片剂　片剂系指原料药物或饮片细粉与适宜辅料混匀压制成的圆片状或异形片状的固体制剂，有浸膏片、半浸膏片和全粉片等。片剂剂量准确、质量稳定，服用、携带、运输等都比较方便，适于机械化生产。

7. 胶囊剂　胶囊剂系指将原料药物或与适宜辅料充填于空心胶囊或密封于软质囊材中制成的固体制剂，可分为硬胶囊、软胶囊（胶丸）和肠溶胶囊等，主要供口服用。胶囊剂可掩盖药物的不良气味，增强稳定性，提高生物利用度。

8. 颗粒剂　颗粒剂系指原料药物与适宜的辅料混合制成具有一定粒度的干燥颗粒状制剂，分为可溶颗粒、混悬颗粒和泡腾颗粒。其主要特点是可以直接吞服，也可以冲入水中饮入，应用和携带比较方便，溶出和吸收速度较快。

9. 丸剂　丸剂系指饮片细粉或提取物加适宜的黏合剂或其他辅料制成的球形或类球形固体制剂，分为蜜丸、水蜜丸、水丸、糊丸、蜡丸、浓缩丸、滴丸和糖丸等类型。传统的丸剂作用迟缓，多用于慢性疾病的治疗，滴丸可以用于急救。

四、药物制剂新剂型

由于和传统剂型相比，新剂型在某些方面具有独特的优势，因此越来越多的药物以新剂型开发成新药。如德国拜耳公司于 1992 年成功将用于治疗高血压、劳累性心绞痛的药物硝苯地平开发制成了硝苯地平控释片，此控释片在体内达到零级释放，维持稳定的血药浓度，显著减少了不良反应、治疗效果明确提高，目前国内也有多家制药公司生产硝苯地平控释片和缓释片；又如由多瑞吉公司生产的用于中度到重度疼痛及癌性疼痛的芬太尼透皮贴剂临床上的使用效果也非常满意。本部分内容将对缓控释制剂、择时定位制剂、经皮给药制剂等新剂型进行简要介绍，以此对药物新剂型开发提供一些指导。

1. 缓控释制剂　缓释（sustained-release）制剂系指用药后能在机体内缓慢释放药物，使药物在较长时间内维持有效血药浓度的制剂，药物的释放多数情况下符合一级或 Higuchi 动力学过程；控释（controlled-release）制剂系指药物按预先设定好的程序缓慢地恒速或接近恒速释放的制剂，一般符合零级动力学过程，其特点是释药速度仅受制剂本身设计的控制，而不受外界条件，如 pH、酶、胃肠蠕动等因素的影响。

缓、控释制剂与普通制剂相比，有以下优点：①减少服药次数，大大提高了患者顺应性；②释药缓慢，使血药浓度平稳，避免峰谷现象，有利于降低药物的毒副作用，减少耐药性的发生；③缓、控释制剂可发挥药物的最佳治疗效果；④某些缓、控释制剂可以按要求定时、定位释放，更加适合疾病的治疗。但缓、控释制剂也有其不利的一面：①在临床应用中对剂量调节的灵活性较差，如出现不良反应，往往不能立刻停止治疗；②缓释制剂往往是基于健康人群的平均动力学参数而设计，当药物在疾病状态的体内动力学特性有所改变时，不能灵活调节给药方案；③制备缓、控释制剂所涉及的设备和工艺费用较常规制剂昂贵。

缓控释制剂主要分为：①骨架缓释制剂，骨架制剂是指药物和一种或多种骨架材料通过压制、融合等技术手段支撑的片状、粒状或其他形式的制剂。主要有亲水性凝胶骨架片、蜡质类骨架片、不溶性骨架片和骨架型小丸。②膜控型缓、控释制剂，膜控型缓、控释制剂是指将一种或多种包衣材料对颗粒、片剂、小丸等进行包衣处理，以控制药物的释放速率、释放时间或释放部位的制剂。控释膜通常为一种半透膜或为微孔膜，释药机制是膜腔内的渗透压或药物分子在膜层中的扩散行为，主要有微孔膜包衣片、膜控释小片、肠溶膜控释片和膜控释小丸。③渗透泵型控释制剂，渗透泵型控释制剂是利用渗透压原理制成，主要由药物、半透膜材料、渗透压活性物质和助推剂组成。渗透泵片是在片芯外包一层半透性的聚合物衣膜，用激光在片剂衣膜层上开一个或一个以上适宜大小的释药小孔。口服后胃肠道的水分通过半透膜进入片芯，使药物溶解成饱和溶液，因渗透压活性物质使膜内溶液成为高渗溶液，从而使水分继续进入膜内，药物溶液从小孔泵出。

实例 5-1　三七总皂苷渗透泵控释片的制备

【处方】三七总皂苷提取物、醋酸纤维素、邻苯二甲酸二丁酯、PEG400 丙酮、水、乳糖等。

【制法】片芯的制备：将原辅料过 100 目筛，称取三七总皂苷及其他辅料按处方比例混合均匀后，用黏合剂制成软材，用 20 目筛网制粒，80℃干燥后，用 18 目筛整粒，加入适量滑石粉混匀，用直径 9mm 的深凹冲模压片，每片含三七总皂苷 90mg，硬度为 90~110N。

包衣液的制备：将处方量的醋酸纤维素、邻苯二甲酸二丁酯、PEG400 加入丙酮和水的混合溶剂中，用胶体磨混合均匀，使其完全混悬，成均一混悬液，即得。

包衣过程：将片芯置于包衣锅内，包衣锅的转速为 20r/min，向包衣锅壁吹热空气，使包衣锅升温至 35~45℃时，进行包衣，包衣液以一定倾斜角度呈扇形射入锅中，直至片心外包衣膜厚度增重 5.0%时为止，继续吹热空气 0.5h，然后将包衣片在烘箱中 40℃干燥 24h，使衣膜固化取固化完全的包衣片，用激光打孔机在包衣片一侧打一孔径为 0.6mm 的小孔作为释药孔，即得三七总皂苷渗控释片透泵。

【注释】渗透泵片是以渗透压为驱动力近零级释放为动力学特征的一种新型制剂，其释药行为不受介质环境、pH、胃肠道蠕动和食物等因素的影响，已成为国内外研发的热点。目前，国内外已上市的渗透泵制剂产品，主要用于心脑血管疾病、糖尿病、尿失禁、抑郁症、镇痛等的治疗。

2. 择时与定位释药制剂　口服择时（定时）释药系统（oral chronopharmacologic drug delivery system）就是根据人体的这些生物节律变化特点，按照生理和治疗的需要而定时、定量释药的一种新型给药系统。目前口服择时给药系统主要有渗透泵脉冲释药制剂、包衣脉冲释药制剂和定时脉冲塞胶囊剂等。

口服定位释药系统（oral site-specific drug delivery system）是指口服后能将药物选择性的输送到胃肠道某一特定部位，以速释或缓释、控制释放药物的剂型。其主要目的是：①改善药物在胃肠道的吸收，避免其在胃肠生理环境下失活，如蛋白质、肽类药物制成结肠定位释药系统；②治疗胃肠道的局部疾病，可提高疗效，减少剂量，降低全身性不良反应；③改善缓释、控释制剂因受胃肠道运动的影响而造成的药物吸收不完全、个体差异大等现象。目前此类制剂主要有两大类：胃定位释药系统，如胃漂浮片、胃黏附片和结肠定位释药系统。

实例 5-2　老鹳草鞣质结肠定位制剂

【处方】 老鹳草鞣质（geraniumtannins, GT）、低甲氧基果胶、氯化钙、2%戊二醛、水。

【制法】 取低甲氧基果胶适量溶解于水中，加入适量的 GT，混合均匀，用小丸滴制器将溶液缓慢滴加至氯化钙溶液中，静置钙化后，滤过，水洗，置于 2%戊二醛溶液中固化 30min，滤过，水洗，60℃干燥 12h，得 GT 果胶钙小丸将小丸填充于肠溶胶囊，得 GT 果胶钙小丸肠溶胶囊制剂。

【结果与结论】 GT 果胶钙小丸肠溶胶囊在人工胃液及人工肠液中 5h 累积释放率<10%，在含 0.5%果胶酶的人工结肠液中 4h 释放率>80%，表明该制剂初步具备结肠定位释药特征。

---

3. 经皮给药制剂　经皮给药系统（transdermal drug delivery system, TDDS）是指药物以一定的速率透过皮肤经毛细血管吸收进入体循环的一类制剂。经皮给药系统一般系指经皮给药新剂型，即贴剂，而广义的经皮给药制剂包括软膏剂、硬膏剂（plasters）、巴布剂和贴剂，还有涂剂、气雾剂、喷雾剂、泡沫剂和微型海绵剂等，本部分内容仅介绍贴剂。

经皮给药系统可实现无创伤性给药，具有超越一般给药方法的独特优点，如：①直接作用于靶部位发挥药效；②避免肝脏的首过效应和胃肠因素的干扰；③避免药物对胃肠道的不良反应；④长时间维持恒定的血药浓度，避免峰谷现象，降低药物毒副反应；⑤减少给药次数，而且患者可以自主用药，特别适合于婴儿、老人及不宜口服给药的患者，提高患者的用药依从性；⑥发现不良反应时，可随时中断给药等。如同其他给药途径一样，经皮给药亦存在一些缺点：①不适合剂量大或对皮肤产生刺激的药物；②由于起效较慢，不适合要求起效快的药物；③药物吸收的个体差异和给药部位的差异较大等。

如图 5-1 所示，经皮给药贴剂主要分为：①黏胶分散型贴剂，黏胶分散型贴剂是将药物分散在压敏胶中，铺于背衬材料上，加防黏层而成，与皮肤接触的表面都可以输出药物。该系统具有生产方便、顺应性好、成本低等特点。这种系统的不足之处是药物的释放随给药时间延长而减慢，导致剂量不足而影响疗效。②周边黏胶骨架型贴剂，在含药的骨架周围涂上压敏胶，贴在背衬材料上，加防黏层即成。通常使用亲水性聚合物材料作骨架，如聚乙烯醇、聚乙烯吡咯烷酮、聚丙烯酸酯和聚丙烯酰胺；骨架中还含有一些润湿剂，如水、丙二醇和聚乙二醇等。亲水性骨架能与皮肤紧密贴合，通过润湿皮肤促进药物吸收。③储库型贴剂，储库型贴剂是利用高分子包裹材料将药物和透皮吸收促进剂包裹成储库，主要利用包裹材料的性质控制药物的释放速率。一般由背衬膜、药物储库、控释膜、黏胶层、保护膜组成。药物分散或溶解在半固体基质中组成药物储库。该系统在控释膜表面涂加一定剂量的药物作为冲击剂量，缩短用药后的时滞。如果该系统控释膜因某种原因损坏，会造成大量药物释放，引发严重毒副反应，甚至死亡。储库型贴剂生产工艺复杂，顺应性较差，贴剂面积较大。

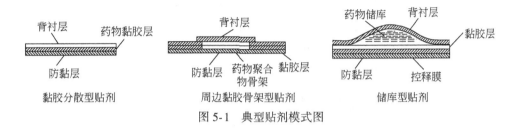

图 5-1　典型贴剂模式图

第三节　工艺路线的选择

　　工艺路线是以实现处方的功能主治为目的，对药物的处理原则、方法和步骤所做的最基本的规定。制剂的工艺路线是中药生产科学性、合理性和可行性的基础和核心，它直接影响药物的安全性和有效性，决定制剂质量的优劣。工艺路线的选择应以保证其安全性和有效性为前提，一般应考虑处方的特点和药材的性质、制剂的类型和临床用药要求、大生产的可行性和生产成本，以及环境保护的要求。在此基础上，还要充分注意工艺的科学性和先进性。

一、工艺路线选择的依据

　　工艺路线主要根据药物的性质、剂型的特点，以及实际操作的可行性等进行选择。

　　1. 药物的性质　成型制剂药效的发挥，是与工艺路线设计的合理性分不开的。只有根据药物性质制订出合理的提取、分离纯化、成型的工艺路线才能保证制剂的质量和疗效。如清热解毒药黄芩，其抗菌有效成分为黄芩苷。黄芩中含有多种酶，主要是黄芩酶，它在一定的温度、湿度下，能使黄芩苷水解。所以从黄芩中提取黄芩苷时水的温度要在 80℃ 左右，目的是破坏黄芩酶的活性，避免黄芩苷的分解，最大限度地保留黄芩苷成分。若工艺路线设计与其他饮片共同加水煎煮，提取物中黄芩苷含量将大大减少。再如紫草，紫草中抗菌、抗病毒的主要有效成分为紫草宁及其衍生物，该成分不耐高温，60℃ 以上即被破坏。所以，一般制紫草油应先用油将黄柏、甘草进行热提，所得药油再冷浸紫草。如果设计工艺路线时将紫草与其他药物共置麻油锅中，则会破坏紫草的有效成分。

　　2. 剂型需要　不同剂型对提取、分离纯化、浓缩等工艺的要求不同，要根据不同剂型的需要合理设计工艺路线。如片剂、胶囊剂等固体制剂的成型常使用填充剂，为节省原料和保存药效，可将方中部分药材打成细粉作填充剂。而口服液因制剂有澄清度的要求，所以供配液用的中间体都必须是提取物，不能有植物、动物类的原药材的粉末。

　　3. 工艺路线可行性　工艺路线要简单明了，无交叉，具有安全性、可行性。工艺路线要与工厂生产条件紧密结合，要把生产上每个环节的实际情况考虑进去，如果工艺路线脱离实际，轻则操作困难，增加工时，重则可发生安全事故。

4. 成本预算　制剂生产的成本除原辅料以外，还有燃料、动力、设备、包装材料、税费等诸多项目，在设计工艺路线时，要综合成本考虑。在制剂生产中减少一步或优化减小辅料用量，制剂的生产成本就会降低许多，可获得较高的利润，反之成本上升，利润减少，且市场竞争力降低。

实例 5-3　通脉养心丸与口服液制备工艺路线

【处方】地黄 100g，鸡血藤 100g，麦冬 60g，甘草 60g，制何首乌 60g，阿胶 60g，五味子 60g，党参 60g，醋龟甲 40g，大枣 40g，桂枝 20g。

通脉养心丸制备工艺路线：如图 5-2 所示。

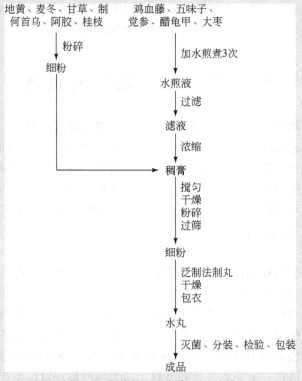

图 5-2　通脉养心丸制备工艺路线

通脉养心口服液制备工艺路线：如图 5-3 所示。

二、工艺路线选择的基本方法

工艺路线选择的基本方法主要如下所述。

1. 理论推导法　理论推导法是在明确药物各有效成分和所选剂型对原料质量要求的前提下，按其性质和加工要求进行工艺路线设计。如已知三棵针中的有效成分系小檗碱型生物碱小檗碱，同时三棵针中还含有大量的黏液质和少量其他生物碱。生物碱可溶于酸水，故可用酸水进行提取；提取液中含有的大量黏液质，可用 Ca^{2+} 将其形成沉淀除去。由此在设计工艺路线时可通过加石灰水调 pH 将生物碱游离，同时又可把黏液质除去。所得药液由于浓度

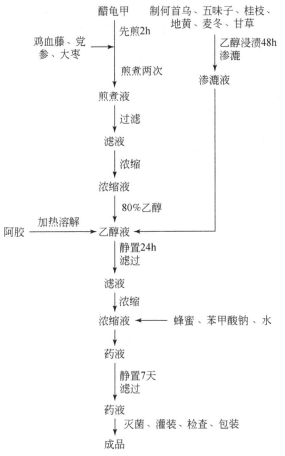

图 5-3　通脉养心口服液制备工艺路线

太低，小檗碱仍不能析出，可采用盐析法将小檗碱析出，再经过滤、干燥即得小檗碱粗品。然后，再根据制剂的需要进行精制。

2. 相似类比法　相似类比法是借鉴同一味药在某一种成熟的成方制剂中起相似作用时所用的加工方法。在类比的同时要分析其他药味对此药用该方法有无影响，或此药用此方法对其他药有无影响，做到借鉴与具体情况分析相结合。如六味地黄丸蜜丸提取工艺路线中丹皮用水蒸气蒸馏法提取丹皮酚，那么，在改变剂型制备六味地黄丸浓缩丸时，丹皮的提取就可借鉴蜜丸提取工艺路线中的方法。

3. 实验对比法　实验对比法是指根据需要，列出数种可能的方法，如提取，可选渗漉、回流、压榨，然后确定一个可以量化的指标，通过对比试验，按结果择优。此法工作量较大，但实验结果真实可靠，在初选工艺路线中是最常用的。

4. 综合择优法　工艺路线要用于工业大生产，因此在工艺路线选择时，还必须考虑所选工艺的生产安全性、设备的复杂程度、操作的难易和生产成本的大小等。这是工艺路线选择的最后一步，也是最重要的一步。没有可行性的工艺路线，不可能制备出安全、稳定、有效的中药制剂。

实例 5-4　小儿感冒颗粒

【处方】广藿香75g，菊花75g，连翘75g，大青叶125g，板蓝根75g，地黄75g，地骨皮75g，白薇75g，薄荷50g，石膏125g。

【工艺路线选择依据】

1. 剂型　颗粒剂的制备应将处方中的药材进行提取、纯化，然后浓缩成相对密度的清膏，采用适宜的方法干燥，加适宜辅料或药物细粉混匀制成颗粒。

2. 药物的性质　方中广藿香、薄荷含有挥发油，可用水蒸气蒸馏法提取；连翘中还含有连翘苷等水溶性成分，要水蒸气蒸馏、水煎煮双提；菊花、大青叶中主含苷类有效成分，可用热浸渍法；地黄、白薇、地骨皮多含多糖类等水溶性成分，因此以水煎取；处方中含油性、黏性成分较多，因此将板蓝根及部分石膏粉碎成细粉掺入，其余石膏同地黄等煎煮。

【工艺路线】

工艺路线如图5-4所示。

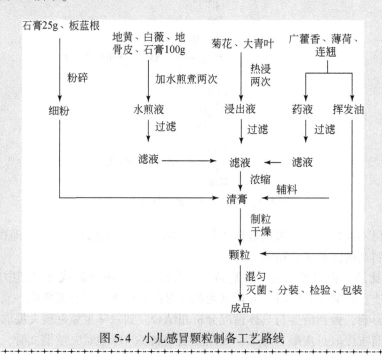

图 5-4　小儿感冒颗粒制备工艺路线

第四节　制剂前处理工艺研究

中药制剂的原料包括药材、中药饮片、提取物和有效成分。为保证安全性、有效性和质量可控性，要对原料进行必要的前处理，使其符合中药制剂的要求。因此，应根据临床疗效的需要、处方中各组分药物的性质、拟制备的剂型，并结合生产设备及生产条件等因素，充分利用现代科学技术和方法选择适宜的药材前处理工艺。原料的前处理包括鉴定与检验、炮制与加工、粉碎、提取、分离纯化等。

一、鉴定与检验

药材品种繁多，来源复杂，即使同一品种，由于产地、生态环境、栽培技术、加工方法等不同，其质量也会有差别；中药饮片、提取物、有效成分等原料也可能存在一定的质量问题。为了保证制剂质量，应依据国家药品标准和地方标准或炮制规范等法定标准对原料进行鉴定和检验，检验合格方可投料。

多来源的药材除必须符合质量标准的要求外，一般应固定品种。对品种不同而质量差异较大的药材，必须固定品种，并提供品种选用的依据。药材质量随产地不同而有较大变化时，应固定产地；药材质量随采收期不同而明显变化时，应注意采收期。

二、炮制与加工

炮制和制剂的关系密切，大部分药材需经过炮制才能用于制剂的生产。在完成药材的鉴定与检验之后，应根据处方对药材的要求及药材质地、特性的不同和提取方法的需要，对药材进行必要的炮制与加工，即净制、切制、炮炙、干燥、粉碎等。

1. 净制　即净选加工，是药材的初步加工过程。药材中有时会含有泥沙、灰屑、非药用部位等杂质，甚至会混有霉烂品、虫蛀品，必须通过净制除去，以符合药用要求。净制后的药材称为"净药材"。常用的方法有挑选、风选、水选、筛选、剪、切、刮、削、剔除、刷、擦、碾、撞、抽、压榨等。

2. 切制　是指将净药材切成适于生产的片、段、块等，其类型和规格应综合考虑药材质地、炮炙加工方法、制剂提取工艺等。除少数药材鲜切、干切外，一般需经过软化处理，使药材利于切制。软化时，需控制时间、吸水量、温度等影响因素，以避免有效成分损失或破坏。

3. 炮炙　是指将净制、切制后的药材进行火制、水制或水火共制等。常用的方法有炒、炙、煨、煅、蒸、煮、烫、炖、制、水飞等。炮炙方法应符合国家标准或各省、直辖市、自治区制定的炮制规范。如炮炙方法不为上述标准或规范所收载，应自行制定炮炙方法和炮炙品的规格标准，提供相应的研究资料。制订的炮炙方法应具有科学性和可行性。

三、粉碎工艺

粉碎是指借机械力或其他方法将大块的固体物料碎成所需细度的操作过程，粉碎是中药前处理过程中的必要环节。通过粉碎，可增加药物的表面积，促进药物的溶解与吸收，加速药材中有效成分的浸出。在筛选工艺条件时应通过收粉率、有效成分浸出量等指标对药物最适宜的粉碎方法和粉碎粒度等工艺条件进行考察。

（一）粉碎方法

粉碎可采用单独粉碎、混合粉碎、干法粉碎和湿法粉碎等方法。药物的性质是影响粉碎效率和决定粉碎方法的主要因素。极性晶型物质具有相当的脆性，在挤压、研磨的作用力下会沿着晶体结合面碎裂，较易粉碎。非极性晶体物质如樟脑、冰片等则脆性差，当施加一定的机械力时，易产生变形而阻碍它们的粉碎，通常可加入少量挥发性液体，当液体渗入固体分子间的裂隙时，能降低其分子间的内聚力，使晶体易从裂隙处分开。非晶形药物如树脂、树胶等具有一定的弹性，粉碎时一部分机械能用于引起弹性形变，最后变为热能，因而降低了粉碎效率，一般可用降低温度（0℃左右）来增加非晶形药物的脆性，以利于粉碎。药材中的花、叶及部分根茎类药材容易粉碎，但大多数植物药材性质复杂，具有韧性，且含有一定量的水分，导致粉碎困难，因此应在粉碎前进行适当的干燥。对于不溶于水的药物如朱砂、珍珠等可在大量水中，利用颗粒重量的差异，细粒悬浮于水中，而粗粒易于下沉，对细粒和粗粒进行分离，从而得以继续粉碎。因此在选择粉碎方法时要充分考虑药物的性质，然后选择适宜的粉碎方法。

1. 干法粉碎　干法粉碎是指将药物采用适当的方法干燥，使药物中的水分降低到一定的限度（一般应少于5%）再进行粉碎的方法。除特殊中药外，大多数中药材均采用干法粉碎。

（1）单独粉碎：俗称单研，系将一味中药单独进行粉碎，便于应用到各种复方制剂中。通常需要单独粉碎的中药包括：贵重中药如牛黄、羚羊角、麝香等，单独粉碎可以避免损失；毒性或刺激性强的中药如轻粉、蟾酥、斑蝥等，单独粉碎可以避免损失和对其他药品的污染，便于劳动保护；氧化性与还原性强的中药，如雄黄、火硝、硫黄等，混合粉碎容易发生爆炸，所以要单独粉碎；磁石、代赭石等质地坚硬不便与其他药物混合粉碎的中药也要单独粉碎。

（2）混合粉碎：处方中某些中药性质和硬度相似，可以将其全部或部分混合在一起进行粉碎，即为混合粉碎。混合粉碎不仅可以避免黏性药物单独粉碎的困难，又可以将药物的粉碎与混合结合在一起同时完成。混合粉碎又包括串料粉碎、串油粉碎、蒸罐粉碎。

2. 湿法粉碎　系指往药物中加入适量水或其他液体并与之一起研磨粉碎的方法。粉碎过程中，水或其他液体分子渗入药物内部的裂隙，有效减小其分子间的内聚力，从而利于药物的粉碎。对某些有较强刺激性或毒性的药物，湿法粉碎还可以避免粉尘飞扬。

（1）水飞法：水飞法是利用粗细粉末在水中悬浮性的不同，将不溶于水的药物反复研磨至所需粒度的粉碎方法。将要粉碎的药物打成碎块，放入研钵中，加适量水后用研锤研磨，当有细粉漂浮在水上或混悬在水中时，将其倾出，余下药物再加水反复研磨，重复操作直至全部研细。再将研得的混悬液合并，沉淀得到湿粉，干燥，研散，过筛，即得极细粉。中药矿物类、贝壳类如朱砂、珍珠、炉甘石等常采用"水飞法"粉碎。

（2）加液研磨法：是在要粉碎的药物中加入少量液体后研磨至所需粒度的方法，如樟脑、冰片、薄荷脑等。粉碎麝香时通常加入少量水，俗称"打潮"，尤其到剩下麝香渣时，"打潮"更易研碎。

3. 低温粉碎　低温粉碎是将物料冷却后或在冷却条件下进行粉碎的方法。低温时物料韧性与延展性降低，脆性增加，易于粉碎。低温粉碎适用于在常温下粉碎困难的物料及软化点低、熔点低、热可塑性物料，如树脂、树胶、干浸膏等，富含糖分、黏液质等的药物，如人参、玉竹、牛膝等。表5-2为常温粉碎与低温粉碎所得的紫河车粉末特征性成分含量的差异。

表5-2　紫河车两种粉碎样品中各成分的含量

样品	次黄嘌呤（%）	尿苷（%）	黄体激素（mU/ml）	促泌乳素（ng/ml）
普通粉	0.037 3	0.046 2	0.11	0.01
低温粉	0.122 8	0.304 1	35.29	10.63

低温粉中次黄嘌呤、尿苷、黄体激素、促泌乳素的含量远高于普通粉，数据表明低温粉碎能有效保护紫河车的蛋白质类药效成分的生物活性，提高有效成分的含量。

4. 超微粉碎　超微粉碎是指采用适当的技术和设备将药物粉碎成更细粉末的方法。超微粉碎可使中药材细胞破壁率达95%，细胞经破壁后，细胞内的有效成分可以充分暴露出来，使其直接接触到提取用的溶剂，缩短提取时间，提高了中药体外溶出度，特别是对于苷类、生物碱等大分子成分提取率的增加更为明显，从而达到缩短药材提取时间及提高药材中有效成分的提取率的目的。此外，超微粉末具有一般颗粒所没有的特殊理化性质，如良好的溶解性、分散性、化学反应活性等，因此药物超微粉碎后可提高其利用效率、增强疗效。

超微粉碎可根据不同药材的需要，在不同的温度下进行，能最大限度地保留生物活性物质和营养成分，从而提高药效。但超微粉碎的成本较高，在选择时要充分考虑。表5-3为丁香超微粉和普通粉有效成分提取率的比较。

表5-3　丁香超微粉和普通粉有效物质提取率

样品	挥发油提取率（%）	总黄酮提取率（%）
超微粉	18.4	3.43
普通粉	16.4	2.14

结果表明，丁香超微粉中有效成分的提取率较普通粉有所提高。

（二）粉碎设备

中药粉碎的设备种类有很多，主要通过研磨、撞击、挤压、劈裂等作用实现对物料的粉碎。在工艺筛选时，要根据粉碎设备本身的应用范围及处方物料的性质进行适宜的选择。

1. 柴田式粉碎机　亦称万能粉碎机。在各类粉碎机中它的粉碎能力最大，是中药厂普遍应用的粉碎机。柴田式粉碎机构造简单，使用方便，粉碎能力强，广泛适用于黏软性、纤维性及坚硬中药的粉碎，但对油性过多的药料不适用。

2. 万能磨粉机　万能磨粉机是一种应用较广泛的粉碎机，它主要由两个带齿的圆盘及环形筛组成，粉碎时主要靠圆盘上钢齿的撞击、研磨和撕裂等作用。

万能磨粉机应用范围也比较广泛，适用于根、茎、皮类等中药，干燥的非组织性药物、结晶性药物及干浸膏等的粉碎。因为万能磨粉机在粉碎过程中高速旋转，容易产生热量，故不宜用于粉碎含大量挥发性成分、黏性强或软化点低且遇热发黏的药物。

3. 球磨机　球磨机主要由两部分组成。容器为一个由铁、不锈钢或瓷制成的圆形球罐，球轴固定在轴承上，罐内装有钢制或瓷制的圆球，用于研磨物料，当球罐转动时，物料借圆球落下时的撞击、劈裂作用及球与罐壁间、球与球之间的研磨作用而被粉碎。

球磨机广泛应用于干法粉碎，它适于粉碎结晶性药物、树胶、树脂及其他植物药材的浸提物。对具有刺激性的药物可防止粉尘飞扬；对具有很大吸湿性的浸膏可防止吸潮。此外，挥发性药物及贵重药物，以及与铁易发生作用的药物可用瓷质球磨机进行粉碎。球磨机除广泛应用于干法粉碎外，亦可用于湿法粉碎。如用球磨机水飞制备的炉甘石、朱砂等粉末可达到七号筛的细度。

4. 流能磨　流能磨也称气流式粉碎机，它是将空气、蒸汽或其他气体以一定压力喷入机体，产生高强度的涡流及能量交换，物料颗粒之间及颗粒与室壁之间在高速流体的作用下发生碰撞、冲击、研磨而产生强烈的粉碎作用。

流能磨利用气流进行粉碎，粉碎效率高，设备不易损坏。粉碎过程中，由于气流在粉碎室中膨胀时的冷却效应，物料粉碎时产生的热量被抵消，温度不会升高，因此该法适用于抗生素、酶、低熔点或其他对热敏感的药物的粉碎。

（三）粉碎粒度

提高中药饮片的粉碎度能够促进药物的溶解与吸收，增加有效成分的溶出。但是粉碎过细，也会产生一些新的问题。如吸附作用加强，使有效成分扩散速度受到影响，而且黏液质等多糖类用水提取时，由于药粉过细易使大量细胞破裂，溶质间易形成糊状，不仅影响有效成分的浸出，而且不易过滤。因此，在中药粉碎工艺条件的筛选中，对于中药的粉碎粒度应根据制剂的目的和特定中药的性质来决定，应以有效成分的溶出速度和溶出量最佳，不良反应最小为前提，控制中药饮片粉碎的最佳粒度。这样不仅能够节省中药资源，缩短生产周期，还能提高生产效率，降低生产成本。表 5-4 为不同粉碎粒度对血竭中有效成分血竭素含量的影响。

表 5-4　不同粉碎粒度对血竭中血竭素含量的影响

目数	取样量（g）	血竭素含量（%）
24	0.104 7	0.925 4
40	0.104 3	1.026 7
60	0.105 6	1.091 6
100	0.100 9	1.143 6
160	0.104 4	1.097 4
200	0.105 0	0.997 4

实验数据表明 6 种不同粉碎度的药材粉末中血竭素有效成分的含量差异较大。不同粉碎粒度的血竭中药物成分溶出度先随着粉碎粒度的加大而溶出增加，后又逐渐减少。

【知识拓展】

中药粉碎粒径的大小应以有效成分的浸出率高、煎煮时不易糊化、煎液容易过滤和服用方便为标准。这就要依据药材的质地、成分和致密度的不同，提出不同的要求。对于旋覆花、红花、大青叶、番泻叶、金钱草、薄荷、车前草等组织疏松的花类、叶类、全草类药材，由于组织微薄，溶媒易于浸入，粉碎的粒径可粗些，以 4 mm 左右为宜；对于大黄、牛膝、葛根、甘草等疏松的根茎类药材及蜈蚣、全蝎、僵蚕等动物类药材，其粉碎粒径以 2~4 mm 为宜；对于五味子、补骨脂、酸枣仁等组织致密的果实、种子类药材及郁金、三棱等根茎比较坚硬根茎类中药，粉碎至 1~2 mm 为宜；对于磁石、赭石、自然铜等矿石类和龟甲、鳖甲、水牛角、鹿角、龙骨等动物的贝壳、甲、骨、角类中药应粉碎得细些，根据传统的入煎前要粉碎成细粉的原则，最佳粒径应以 0.28 mm 或更细为佳；对于含淀粉较多的山药、天花粉、薏苡仁和含黏液质多的白及、黄柏等药材不可过细，否则易于糊化，影响有效成分的浸出，故最佳粒径以 2 mm 或更大些为宜。

四、提取工艺

提取是采用适当的溶剂和方法使中药材中所含的有效成分转移到溶剂中的过程。中药成分复杂，提取要尽可能多地获取药效成分，尽可能地去除无效甚至有害的物质，从而提高中药的临床疗效，因此，有效成分的提取是中药制剂制备的重要环节。

中药有效成分的提取工艺包括溶剂的选取、提取方法的选择及提取条件的筛选，在实际操作时中药提取工艺应根据处方药料特性、有效成分的性质、溶剂性质、剂型要求和生产实际等因素综合考虑，选用适宜的浸提方法、设备与工艺，这对保证制剂的质量、增强制剂的稳定性和疗效都十分重要。

（一）有效成分的理化性质

中药中的有效成分主要包括糖类、苷类、生物碱、黄酮、苯丙素、醌类、萜类、挥发油、三萜、甾体类、鞣质等。对不同类成分应根据其理化性质确定提取的工艺方法。如糖类极性较大，通常用水或稀醇作溶剂从中药中进行提取；大多数生物碱具碱性，并以盐的形式存在于植物体中，可用水或酸水提取；挥发油通常采用水蒸气蒸馏法、溶剂提取法、压榨法等进行提取。

（二）提取溶剂的选择

溶剂的选择与有效成分的充分浸出、制剂的安全性、有效性密切相关。理想的提取溶剂应符合以下条件：①能最大限度地提取中药中的有效成分，最低限度地浸出杂质和无效成分；②不与有效成分发生化学反应，不影响有效成分的药效和稳定性；③使用方便，操作安全；④廉价易得。

水和乙醇是最常用的两种提取溶剂。水的极性大，溶解范围广，药材中的生物碱盐、苷、苦味质、有机酸盐、糖、鞣质、蛋白质、色素、多糖等都能溶于水而被浸出。并且水经济易得、无药理作用。但是水作溶剂的选择性差，容易浸出大量无效成分，给分离带来困难。乙醇为仅次于水的常用浸出溶剂，其溶解性能界于极性非极性溶剂之间。乙醇能溶解生物碱及其盐类、苦味质、糖、苷等水溶性成分，同时也能溶解酯类、芳烃类、挥发油等脂溶性成分。乙醇能与水任意比混溶，可以通过调节乙醇的浓度，选择性地浸出药材中的某些有效成分。但乙醇具有挥发性、易燃性，且价格昂贵。提取溶剂选择应尽量避免使用一、二类有机溶剂，必要时应对所用溶剂的安全性进行考察，控制残留物。

提取溶剂的选择要根据药材特性和溶剂的特点。如甘草的有效成分是甘草酸盐，溶于水而不溶于乙醇，故选用水为浸出溶剂；含树脂和芳香成分的药材如安息香则用乙醇为浸出溶剂。有时为了提高浸出效能，增加提取成分的溶解度，经常会向溶剂中加入浸提辅助剂，常有的浸提辅助剂有酸、碱、表面活性剂等。如在提取时加入 0.1% 枸橼酸制备的黄连流浸膏，可提高其中盐酸小檗碱的含量和稳定性；浸提甘草时在水中加入少量氨水，能够提高甘草酸的浸出率。

实例 5-5　不同溶剂对川芎药材中有效成分提取效果的影响

川芎所含的有效成分主要包括苯酞类，如瑟丹酸内酯，藁本内酯；有机酸类，如阿魏酸；生物碱类，如川芎嗪；溶剂提取法是提取其有效成分最常用的方法。主要的提取溶剂包括水、乙醇、甲醇、乙酸乙酯、石油醚等。该实验通过同时测定川芎提取物中多种活性成分的含量，比较了不同提取溶剂对川芎中各活性成分的提取效果。

提取物的制备：取川芎药材 5 份，每份 2g，分别以 100ml 水、无水乙醇、甲醇、乙酸乙酯、石油醚浸泡 5h 后超声提取 2 次，每次 30min，合并提取液，回收溶剂，干燥后称重，计算提取率。

由表 5-5 可以看出，用石油醚和水作为提取溶剂时，由于溶剂本身的极性和渗透性的影响，对川芎中有效成分的提取率都不高。因此石油醚和水不适于作为提取川芎有效成分的溶剂。乙酸乙酯、甲醇和乙醇作为提取溶剂时，对于极性较小的烷基苯酞类成分，乙酸乙酯、甲醇和乙醇的提取效果差异不大，但对阿魏酸的提取率乙醇和甲醇约为乙酸乙酯的 2 倍。因此，乙醇和甲醇可作为提取川芎中有效成分最适宜的溶剂。

表 5-5　不同溶剂对川芎中各有效成分的提取率

有效成分	提取率（%）				
	石油醚	乙酸乙酯	甲醇	无水乙醇	水
阿魏酸	0.040	0.227	0.457	0.507	0.270
瑟丹酸内酯	1.34	3.28	3.34	3.49	0.444
正丁基苯酞	0.634	1.61	1.72	1.74	0.120
藁本内酯	1.66	3.62	3.65	3.74	0.168
欧当归内酯 A	0.016	0.054	0.048	0.051	0.002
双藁本内酯	0.009	0.026	0.029	0.030	0.001

（三）提取方法的选择

中药提取常用的方法主要有煎煮法、浸渍法、渗漉法、回流法、水蒸气蒸馏法、压榨法，超临界流体提取法、超声波提取法等新技术。

1. 煎煮法　煎煮法是以水作为浸出溶剂的提取法之一。该方法是将经处理的药材，加适量的水加热煮沸 2~3 次，使其有效成分充分煎出，收集各次煎出液，分离异物或沉淀过滤，浓缩至规定浓度，再制成规定的制剂。煎煮法适用于有效成分溶于水，且对湿、热均较稳定的药材，但煎出液中杂质较多，尚有少量脂溶性成分，给精制带来不利。一些不耐热及挥发性成分在煎煮过程中易被破坏或挥发而损失，而且煎出液容易霉变、腐败，应及时处理。

2. 浸渍法　浸渍法是简便且较为常用的一种浸提方法。除特殊规定外，浸渍法在常温下进行，制得的产品，在不低于浸渍温度条件下能较好地保持其澄清度。浸渍法简单易行，适用于黏性药物、无组织结构的药材、新鲜及易于膨胀的药材，价格低廉的芳香性药材。不适于贵重药材、毒性药材及高浓度的制剂。另外，浸渍法所需时间较长，不宜用水作溶剂，通常用不同浓度的乙醇或白酒，故浸渍过程中应密闭，防止溶剂挥发损失。

3. 渗漉法　渗漉法是往药材粗粉中连续不断添加浸取溶剂使其渗过药粉，下端出口连续流出浸取液的一种浸提方法。渗漉时，溶剂渗入药材的细胞中溶解大量的可溶性物质之后，浓度增加而向下移动，上层的浸取溶剂或稀浸液位置置换，造成良好的浓度差，使扩散较好地进行，故提取效果优于浸渍法，提取也较完全，而且省去了分离浸取液的时间和操作。除乳香、松香、芦荟等非组织药材因遇溶剂软化成团堵塞孔隙，使溶剂无法均匀地通过而不宜用渗漉外，其他药材都可用此法浸取。

4. 压榨法　是用加压方法提取固体中药中液体的一种方法，主要用于挥发油、脂肪油的分离提取。压榨法提取的有效成分不受破坏，可保持原有的新鲜香味。如由中药陈皮、青皮等果实以压榨法制得的芳香油远较蒸馏法的气味好，因此压榨法是制备新鲜中药中对热不稳定的有效成分的可靠方法。压榨法的缺点是用于榨取脂溶性物质收率较低，如用于榨取芳香油和脂肪油其收率不如浸出法高。由于这种原因，在芳香油的制备方面使用压榨法的已很少。

5. 回流法　回流法是用乙醇等挥发性有机溶剂提取，提取液被加热，挥发性溶剂馏出后又被冷凝，重复流回浸出器中浸提中药，直至有效成分回流提取完全的方法。回流法由于连续加热，浸提液在蒸发锅中受热时间较长，故不适用于受热易被破坏的中药成分的提取。

6. 水蒸气蒸馏法　水蒸气蒸馏法是指将含有挥发性成分的中药与水共同蒸馏，使挥发性成分随水蒸气一并馏出，并经冷凝以分取挥发性成分的一种提取方法。此法适用于具有挥发性，能随水蒸气蒸馏而不被破坏，与水不发生反应，又难溶或不溶于水的化学成分的提取。

7. 超临界流体提取法　超临界流体提取法是利用具有强溶解能力的超临界流体作为溶剂对中药中所含成分进行提取的方法。常用的超临界流体为 CO_2，超临界流体提取法适用于提取亲脂性、分子量小的物质，对于分子量大、极性大的成分的提取需要加入改性剂。

实例 5-6　不同方法提取菝葜总皂苷

　　菝葜为根茎类中药，具有利湿去浊、祛风除痹、解毒消痈等功效。其中皂苷为菝葜抗炎的主要活性成分之一。实验比较了加热回流法、渗漉法、超临界 CO_2 流体萃取法对菝葜药材中总皂苷提取的效果。

　　方法一：水加热回流提取。称取菝葜药材 100g，置于圆底烧瓶中，水加热回流提取 3 次，溶剂用量分别为 1000ml、800ml、800ml，提取时间分别为 2.0h、1.5h、1.5h。抽滤，合并 3 次滤液。

　　方法二：乙醇加热回流提取。称取菝葜药材 100g，置于圆底烧瓶中，60%乙醇为溶剂加热回流提取 3 次，溶液用量分别为 1000ml、800ml、800ml，提取时间分别为 2.0h、1.5h、1.5h。抽滤，合并 3 次滤液。

　　方法三：渗漉法。提取称取菝葜药材 100g，粉碎后过 20 目筛，用 60%乙醇进行渗漉。2.0ml/min 的速度渗漉 24h，收集渗漉液。

　　方法四：超临界提取。称取菝葜药材 100g，粉碎后过 40 目筛。然后投入萃取釜中，95%乙醇作为夹带剂。萃取温度为 40℃，分离釜温度为 45℃，压力为 25MPa。当温度达到要求时开启 CO_2 钢瓶，通过加压泵对系统加压，静态提取 1h，CO_2 循环提取 1h，收集并合并萃取液。

　　由表 5-6 可知，乙醇加热回流法适宜用于菝葜中总皂苷的提取。

表 5-6　不同提取方法菝葜总皂苷提取效果

提取方法	总皂苷（mg）	质量分数（%）
水加热回流法	429.50	1.7
醇加热回流法	1085.37	4.1
渗漉法	987.44	3.4
超临界提取法	970.42	7.0

(四) 提取工艺条件的筛选

1. 影响因素的确定　影响中药有效成分提取的因素有很多，而且彼此之前常有相互的关联。提取工艺条件的筛选要针对较大的影响因素，选择适当的因素水平，构成提取工艺然后设计实验进行合理的筛选 (表 5-7)。

表 5-7　影响中药有效成分提取的因素

影响因素	影响途径
药材粒度	粒度小，溶剂易于渗入，扩散面大，距离短，便于有效成分的扩散。但粉末过细产生吸附性，杂质增加，影响提取效果
提取溶剂	所用溶剂的种类、浓度及溶剂的 pH，都会对有效成分的提取产生影响
提取温度	温度升高可加速中药成分的溶出，但能使某些热不稳定的成分分解，挥发性成分散失
提取时间	时间过短中药成分浸出不完全，达到扩散平衡后即可，长时间提取会溶出大量杂质
浓度梯度	较大的浓度梯度能加速中药成分的溶出，可通过不断搅拌、更换溶剂、强制循环等方法提高浓度梯度
提取压力	提高压力可以加速溶剂的渗透，亦有利于浸出成分的扩散；降低压力可使药材组织疏松，细胞壁破裂，促进中药成分的溶出

2. 水平的确定　因素确定后要对各因素的水平进行选择。首先选定水平的起点，如对提取时间的考察，可以参考已有文献或通过预试筛选较适宜的水平。其次各水平之间的距离要合适。最优工艺条件都是通过比较获得，要既能让实验结果存在明显的差异，又要分布合理。如考察乙醇浓度对川芎中有效成分藁本内酯提取率的影响，若水平过于密集，选择65%、70%、75%三个水平，实验结果会非常接近，难以优选。若水平间隔过大，选择40%、60%、80%三个水平，则各水平间实验结果差距过大，失去了优选的实际意义。可以选择60%、70%、80%三个水平。

实例 5-7　黄柏提取工艺中因素水平的筛选

选取醇提、水提、渗漉3个方法提取黄柏中的盐酸小檗碱，筛选最佳提取方法。

方法一：乙醇回流提取。以70%乙醇为回流提取溶剂，称取黄柏30g，加8倍量70%乙醇浸泡30min，回流提取3次，每次2h，合并乙醇液，减压回收乙醇，加70%乙醇定容至500ml，冷藏备用。

方法二：水煎煮。黄柏30g，加8倍量水浸泡30min，煎煮3次，每次2h，合并煎液，减压浓缩，加水定容至500ml，冷藏备用。

方法三：乙醇渗漉提取。黄柏30g，加70%乙醇湿润3h，装渗漉筒，加70%乙醇浸泡24h，以5ml/(min·kg) 速度进行渗漉，收集15倍量渗漉液，减压回收乙醇，加70%乙醇定容至500ml，冷藏备用。

表5-8 不同提取方法结果比较

提取方法	盐酸小檗碱质量（mg）	得率（%）
乙醇回流	762	2.54
水煎煮	633	2.11
乙醇渗漉	483	1.61

由表5-8结果可知，3种提取方法中乙醇回流提取法效果最佳。

确定提取方法后，对提取工艺进行优选。选取对提取影响比较大的因素：乙醇体积分数、乙醇用量、提取次数、提取时间进行考察（表5-9）。

表5-9 提取工艺条件筛选

水平	因素			
	回流时间（h）	回流次数	乙醇用量比	乙醇体积分数（%）
1	1.5	1	8:1	50
2	2.0	2	10:1	60
3	2.5	3	12:1	70

3. 实验方法 工艺条件的因素和水平确定后，要选择适当的试验方法，考察各因素的最优水平，获取最佳工艺条件。常用的试验方法有全面实验法、正交试验法、均匀实验法。在第四章已经介绍，在此不再赘述。

第五节 分离与纯化工艺

一、分离

将固体-液体混合体系用适当方法分开的过程称为固-液分离。中药品种繁多，来源复杂，提取液是多种成分的混合物，为了保证制剂的质量和稳定性，要尽量分离去除其中的无效成分及杂质。而且，中药提取液的纯化、药物重结晶等过程也需要先进行分离操作。常用的分离方法有沉降分离法、离心分离法、滤过分离法和色谱分离法。

（一）沉降分离法

沉降分离法是利用固体物质与液体介质密度相差悬殊，固体靠自身重量自然下沉，用虹吸法吸取上层澄清液，使固体与液体分离的一种方法。但依靠沉降作用来分离往往不够完全，还需进一步滤过或离心。但沉降过程除去了大量杂质，有利于进一步分离操作。

（二）离心分离法

离心分离法是利用混合液中不同物质密度差来分离料液的一种方法。离心分离的力为离心力，离心机可以通过高速转动获得强大的离心力，用于分离粒径很小的不溶性微粒或黏度很大的滤浆，或两种密度不同且不相混溶的液体混合物。不同性质的混合物可通过选择适宜的离心机进行离心分离，常用的离心机包括三足式离心机、上悬式离心机、卧式离心机和管式超速离心机等。在制剂生产中，离心沉降工艺可作为醇沉工艺的替代方法。

（三）滤过分离法

滤过分离法是将固、液混悬液通过多孔的介质使固体粒子被介质截留，液体经介质孔道流出，而实现分离的方法。

滤过分离有两种机制，一种是过筛作用，料液中大于滤器孔隙的微粒全部被截留在滤过介质的表面，如薄膜滤过；另一种是深层滤过，微粒截留在滤器的深层，如砂滤棒、垂熔玻璃斗等称为深层滤器。深层滤器所截留的微粒往往小于滤过介质孔隙的平均大小。滤过分离法主要包括常压滤过、减压滤过和加压滤过。

（四）色谱分离法

色谱法或称层析法，是一种物理或物理化学的分离分析方法。色谱技术能够分离物化性能差别很小的化合物，当混合物各组分的化学或物理性质十分接近，致使其他技术很难或根本无法应用时，色谱技术愈加显示出其实际有效的优越性。

按色谱过程的分离机制分类可将色谱法分为：吸附色谱法、分配色谱法、空间排阻色谱法及离子交换色谱法等。

二、纯 化

纯化是采用适当的方法和设备除去中药提取液中杂质的操作。常用的纯化方法有：水提醇沉淀法、醇提水沉淀法、超滤法、盐析法、酸碱法、澄清剂法、透析法、萃取法等，其中以水提醇沉淀法应用尤为广泛。超滤法、澄清剂法、大孔树脂吸附法越来越受到重视，已在中药提取液的纯化方面得到较多的研究和应用。

1. 水提醇沉淀法　水提醇沉淀法是先以水为溶剂对中药进行提取，再用不同浓度的乙醇沉淀去除提取液中杂质的方法。主要用于中药水提液的纯化，从而降低制剂的服用量，或增加制剂的稳定性和澄清度。

通过水和不同浓度的乙醇交替处理，可保留生物碱盐类、苷类、氨基酸、有机酸等有效成分，去除蛋白质、糊化淀粉、黏液质、油脂、脂溶性色素、树脂、树胶、部分糖类等杂质。但经醇沉处理的液体制剂易产生沉淀或黏壁现象，药液往往黏性较大，较难浓缩。此外，醇沉处理生产周期长，成本高。

2. 醇提水沉淀法　该法是先以适宜浓度的乙醇提取中药成分再用水除去提取液中杂质的方法。其基本原理及操作与水提醇沉淀法基本相同，适于提取药效物质为醇溶性或在醇水中均有较好溶解性的中药，可避免中药中大量淀粉、蛋白质、黏液质等高分子杂质的浸出，水处理又可较方便地将醇提液中的树脂、油脂、色素等杂质沉淀除去。但如果有效成分在水中难溶或不容，则不可采用水沉淀处理。

3. 盐析法　盐析法是在含某些高分子物质的溶液中加入大量的无机盐，使其溶解度降低沉淀析出，而与其他成分分离的一种方法。主要适用于蛋白质的分离纯化，且不至于使其变性。

在较低浓度的盐溶液中，酶和蛋白质的溶解度随盐浓度升高而增大，当盐浓度增大至一定程度后，酶和蛋白质的溶解度又开始下降直至沉淀析出，其原理在于高浓度的盐使蛋白质分子表面的电荷被中和，并使蛋白质胶体的水化层脱水，使之易于凝聚沉淀。

【知识拓展】

盐析沉淀条件中，中性盐的合理选择至关重要。盐析常用中性盐有：硫酸铵、硫酸钠、氯化钠等。硫酸铵为盐析时最常用的盐，其盐析能力强，饱和溶液的浓度大，溶解度受温度影响小，不会引起蛋白质明显变性；但是其缓冲能力差，浓溶液的 pH 为 4.5~5.5，使用前有时需用氨水调整 pH。选择中性盐时需注意盐的纯度，避免杂质带来干扰或对蛋白质的毒害。使用带金属离子的盐类时，可考虑添加一定量的金属螯合剂如 EDTA 等。

4. 酸碱法 酸碱法是针对单体成分的溶解度与溶液酸碱度有关的性质，在溶液中加入适量酸或碱，调节 pH 至一定范围，使单体成分溶解或析出，以达到分离目的的方法。如生物碱一般不溶于水，加酸后生成生物碱盐而溶于水，再碱化后又重新生成游离生物碱而从水溶液中析出，从而与杂质分离。

5. 大孔树脂吸附法 大孔树脂吸附法是利用其多孔结构和选择性吸附功能将中药提取液中的有效成分或有效部位吸附，再经洗脱回收，以除去杂质的一种纯化方法。大孔树脂是一类不含离子交换基团的有机高分子交联聚合物，多为白色球状颗粒，由聚合单体和交联剂、致孔剂、分散剂等添加剂经聚合反应制备而成。聚合物形成后，致孔剂被除去，在树脂中留下了大大小小、形状各异、互相贯通的孔穴，在干燥状态下其内部具有较高的孔隙率，孔径为 100~1000nm。

大孔树脂理化性质稳定，不溶于酸、碱及有机溶剂，不受无机盐类及强离子低分子化合物的影响；机械强度高，抗污染能力强，热稳定性好；表面积较大，吸附性能好，交换速度较快；在水溶液和非水溶液中都能使用。

近年来大孔树脂在我国已广泛用于中草药有效成分的提取、分离、纯化工作中。与中药制剂传统工艺比较，应用大孔吸附树脂技术所得提取物体积小、不吸潮、易制成外形美观的各种剂型，特别适用于颗粒剂、胶囊剂和片剂，有利于中药制剂剂型的升级换代，促进了中药现代化研究的发展。

实例 5-8　大孔树脂分离纯化地黄中的梓醇

地黄为玄参科植物地黄的新鲜根茎或干燥块根，是常用补益中药之一，临床应用极为广泛，对免疫、血液、内分泌、心脑血管、神经系统及抗菌、抗炎等方面均有一定的作用，现代药理学研究发现其主要的活性组分为环烯醚萜苷类和多糖类。梓醇是地黄中含量最高的环烯醚萜苷类，属于环氧醚型单萜类化合物。

（1）树脂的筛选：吸附量的大小是吸附分离法的关键，一般来说极性物质在非极性介质中易被极性吸附剂吸附，非极性物质在极性介质中易被非极性吸附剂吸附。梓醇是环烯醚萜类化合物，属于极性化合物，但由于含有非极性的苷元和极性的苷两部分结构，因此极性和非极性的吸附树脂均可吸附，所以采用了以下 9 种不同极性大孔树脂进行静态吸附和解吸。梓醇的吸附量、吸附率和解吸率的结果见表 5-10。

表 5-10　9 种大孔吸附树脂的物理结构参数及其对梓醇的吸附-解吸附性能

树脂型号	极性	粒径（mm）	比表面积（m²/g）	孔容积（ml/g）	吸附量（mg/g）	吸附率（%）	解吸率（%）
NKA-9	极性	0.3~1.25	250~290	58.7	93.5	85.1	43.7
AB-8	弱极性	0.3~1.25	480~520	58.7	97.8	88.9	38.1
DM-301	弱极性	0.3~1.25	150	48.3	30.4	27.7	76.4
X-5	非极性	0.3~1.25	500~600	45	50.0	45.5	71.3
DA-201	极性	0.3~0.9	150	48	65.4	59.5	73.7
D301R	非极性	0.32~1.25	400	45	37.4	40.0	74.5
D101	非极性	0.3~1.25	400	58.7	76.1	69.2	92.1
HPD100	非极性	0.35	550	58.7	62.1	56.4	87.1
HPD600	极性	0.28	610	45	42.4	38.5	74.5

从表 5-10 中可以看出，AB-8 和 NKA-9 对梓醇的吸附量较大，但其对梓醇的解吸率较低。非极性树脂 D101 和 HPD100 对梓醇的吸附容量居中，但由于其对梓醇的解吸率较大，因此选用了这两种树脂进行下面的实验。这两种树脂均为非极性树脂，而梓醇为极性较大的物质，考虑可能是梓醇的苷元极性较弱，有利于非极性树脂的吸附。

（2）吸附动力学过程：选择吸附剂时不仅要求具有较大的吸附量，同时还应具有较快的吸附速率，因此有必要比较它们的吸附动力学特征。吸附动力学主要考察有效成分的上柱量随时间的变化过程，部分反映了有效成分在树脂上的吸附过程。通过吸附动力学实验可预测树脂吸附达平衡所需的时间及树脂对有效成分的吸附速率。从图 5-5 中可知两种树脂基本都在 2h 就能达到吸附平衡，说明这两种树脂均属于快速平衡型，且 D101 树脂的吸附量略大于 HPD100 树脂。因此优选 D101 树脂进行梓醇的分离实验。

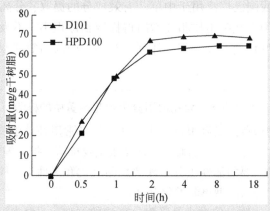

图 5-5　D101 和 HPD100 树脂的吸附动力学曲线

（3）洗脱条件的确定：对于 D101 型大孔吸附树脂，甲醇-水和乙醇-水等体系对梓醇均有较好的洗脱效果，从实验安全性角度及操作上考虑，该研究选择毒性较小的乙醇-水体系作为洗脱剂。首先用水洗脱至还原糖反应呈阴性，再用不同浓度的乙醇-水溶液将梓醇组分洗下。每种溶剂用量为 5 倍柱体积，测定洗脱液中梓醇含量，绘制洗脱曲线（图 5-6）。梓醇属于极性较大的化合物，因此极性较强的水和 5% 乙醇溶剂就能将其洗脱下来。由于水溶液中糖类成分较多，后处理困难，选用 5% 乙醇洗脱液浓缩后进行后续实验。

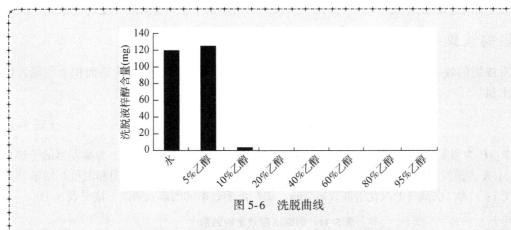

图5-6 洗脱曲线

（4）工艺流程：将5%乙醇洗脱液浓缩干燥后，进行硅胶柱层析（100~140目），氯仿-甲醇梯度洗脱，其中8∶2梯度洗脱组分经减压浓缩后，结晶呈白色针状粉末。此工艺可以分离出纯度大于90%的梓醇单体，得率约为6%。

6. 澄清剂法 该法是在中药提取液中加入一定量的澄清剂，利用它们具有可降解某些高分子杂质，降低药液黏度，或能吸附、包合固体微粒等特性来加速药液中悬浮粒子的沉降，经滤过除去沉淀物而获得澄清药液的一种方法。它能较好地保留药液中的有效成分，除去杂质，操作简单，澄清剂用量小，能耗低。常用的澄清剂有壳聚糖、101果汁澄清剂等。

7. 透析法 透析法是利用小分子物质在溶液中可通过半透膜，而大分子物质不能通过的性质，将其分离的一种方法。透析法可用于除去中药提取液中的鞣质、蛋白质、树脂等高分子杂质，也常用于某些具有生物活性的植物多糖的纯化。

8. 萃取法 萃取法是利用混合物中各成分在互不混溶溶剂中的分配系数不同而分离的方法。可将被分离物溶于水中，用与水不混溶的有机溶剂进行萃取，也可将被分离物溶在与水不混溶的有机溶剂中，用适当pH的水液进行萃取，达到分离的目的。

第六节 浓缩工艺及设备选择

浓缩通常是在沸腾状态下，经传热过程，利用汽化作用，将挥发性大小不同的物质进行分离，从液体中除去溶剂得到浓缩液的工艺操作。中药提取液经浓缩制成一定规格的成品或半成品。

一、浓缩的原理

溶液加热至沸腾后，其中的水分或其他具有挥发性的溶剂部分达到汽化状态并被不断移除，而不具挥发性的溶质在此过程中保持不变，从而达到提高溶液浓度的目的。

溶液在蒸发器或管道内通过加热操作，液体的温度与所处压力下液体的沸点达到一致时，液体将急剧地产生大量蒸汽上逸。在溶液蒸发的过程中，需要不断地向系统提供热量，以保持液体连续沸腾汽化，同时在蒸发过程中所产生的蒸汽必须及时从系统移出，才可保证蒸发过程的正常进行。

蒸发是浓缩药液的重要手段，此外，还可以采用反渗透法、超滤法等使药液浓缩。

二、影响浓缩效率的因素

蒸发浓缩的效率常以蒸发器的生产强度来表示。即单位时间、单位传热面积上所蒸发的溶剂或水量。

$$U = \frac{W}{A} = \frac{K \cdot \Delta t_m}{r'} \qquad (式5-1)$$

式5-1中：U 为蒸发器的生产强度 "kg/（m² · h）"；W 为蒸发量（kg/h）；A 为蒸发器的传热面积（m²）；K 为蒸发器传热总系数 "kJ/（m² · h · ℃）"；Δt_m 为加热蒸气的饱和温度与溶液沸点之差（℃）；r' 为二次蒸气的汽化潜能（kJ/kg）。影响浓缩效率的因素及解决方法见表5-11。

表5-11 影响浓缩效率的因素

因素	解决方法
Δt_m：加热蒸气的饱和温度与溶液沸点之差	1. 提高加热蒸气压； 2. 减压蒸发降低浓缩液的沸点； 3. 控制适宜的液层深度
K：蒸发器传热系数	1. 清除加热管垢层； 2. 提高管内传热膜系数； 3. 改进蒸发器结构，加快流体流动
r'：二次蒸气的汽化潜能	低温低压下进行蒸发浓缩
A：蒸发器的传热面积	1. 增大表面积； 2. 加强搅拌

三、浓缩工艺与设备

对于中药制药工艺而言，中药提取液的浓缩过程是关系药物成型的一个较为重要的工艺单元，是继提取、分离、纯化工艺之后的一个重要的操作过程，它关系到药物制剂的质量和后续工艺是否可以正常化进行。在中药浓缩生产的过程中如何有效除垢，同时解决传热过程中的强化问题，一直是制约中药提取液浓缩过程的"瓶颈"。因此，必须根据中药提取液的性质，优化浓缩工艺和选择适宜的浓缩设备，达到增产、节能和降耗的目标。

（一）常压浓缩

常压浓缩是在一个大气压下进行蒸发浓缩的方法，可在无限空间或有限空间中进行。当被蒸发的液体是水等无燃烧性、无害且无经济价值的溶剂时，可在无限空间蒸发；若是乙醇等有机溶剂，则应使用蒸馏装置回收溶剂。常压浓缩主要用于有效成分耐热的料液的浓缩。常压浓缩多采用敞口倾斜式夹层锅，此蒸发锅对料液黏度适应范围广，清洗简便，但传热面积有限。

（二）减压浓缩

减压浓缩是在密闭的容器内，抽真空降低内部压力，使料液的沸点降低而进行蒸发的方法。由于溶液沸点降低，减压浓缩能防止或减少热敏性物质的分解，增大传热温度差，强化蒸发操作。此外，对加热热源的要求也降低，如可利用低压蒸气。

但是，减压浓缩过程中，料液沸点降低，其汽化潜热随之增大，即减压蒸发比常压蒸发消耗的加热蒸气的量要多。尽管如此，由于其优点较多，减压浓缩在生产中应用较为广泛，如大量生产流浸膏和浸膏。

（三）薄膜浓缩

薄膜浓缩是利用液体在蒸发时形成具有极大汽化表面的薄膜进行浓缩的方法。薄膜浓缩时热量的传递快且均匀，浓缩效率高，而且受热时间缩短，能较好地避免药物的过热现象，有效成分不易被破坏。所以膜式蒸发器适用于处理热敏性物料，现已成为国内外广泛应用的、较先进的蒸发器械。常用的薄膜蒸发器主要有升膜式蒸发器、降膜式蒸发器、刮板式薄膜蒸发器及离心薄膜蒸发器。

（四）多效浓缩

中药经过提取过程得到了大量的水（醇）提取液，要得到中药浸膏还必须经过浓缩过程，提取物中大量水或乙醇的蒸发需要消耗大量的蒸汽。通过将前效所产生的二次蒸汽引入后一效作为加热蒸汽，可以大大减少加热蒸汽消耗量。同理，将二效的二次蒸汽引入三效供加热使用，组成多效蒸发器。利用多效蒸发器进行多效浓缩是目前最常见的方法。在多效蒸发的过程中，将前一次的二次蒸汽作为后一次的加热蒸汽，理论上讲仅第一效蒸发器需要消耗蒸汽，而且二次蒸汽可以重复利用下去。

由于前面讨论过的温度差损失，与一次蒸汽相比，二次蒸汽压力、温度总要低些，效数越多，即蒸汽反复利用越多，所产出的二次蒸汽的压力、温度也将越低，因此二次蒸汽的利用次数总是有限度的；从另一方面讲，蒸汽每增加一次利用必增加一台蒸发器，设备投资费用也将随效数的增加而增加，因此多效蒸发效数的确定是一个过程最优化的选择。

中药处方的理化性质较为复杂，中药提取液的浓度、密度、黏性、发泡性、热敏性将直接影响到浓缩过程。由于药物性质不同，浓缩方法亦不同。浓缩时的药液温度和受热时间的长短对药效均有影响，因此浓缩方法和浓缩设备的选择十分重要，选用时应结合生产过程的浓缩目的、技术要求和物料的理化性质综合考虑。

第七节　干燥工艺及设备选择

干燥是利用热能除去含湿的固体物质或膏状物中所含的水分或其他溶剂，获得干燥物的操作工艺。

干燥在中药生产中的应用十分广泛，几乎所有生产片剂和胶囊剂的过程都需要干燥，通过干燥将制得的颗粒直接进行调剂或进一步制成片剂、胶囊剂。干燥能够减轻药物的重量、缩小体积，便于运输和储存；经干燥后的药物脆性增加，易于粉碎，产品稳定性比湿物料好，不至于使产品分解或变质。由于干燥与中药生产的关系密切，因此干燥的好坏，将直接影响产品的外观、质量和使用等。

一、干燥的原理

干燥是将预热后的气体与湿物料接触，气体中的热量以对流的方式传给湿物料，使其中的湿分汽化，而汽化了的湿分又被气体带走。所以对流干燥是传热传质同时进行的过程，一方面气体将热传给物料，另一方面物料把湿分传给气体。在这个过程中，气体称为干燥介质。

为了使干燥过程能够进行，其必要的条件是物料表面水汽的压力，必须大于干燥介质中水汽的分压，两者压力差越大，干燥过程进行得越快，所以，干燥介质应及时将汽化的水分带走，以保持一定的传质推动力。若压力差为零，表明干燥介质与物料中水汽达到平衡，干燥操作便无法进行。

物料的干燥速率与物料内部水分的性质及干燥介质的性质有关。

（一）物料中所含水分的性质

1. 结合水 指物料中与物料之间借化学力或物理和化学力相互结合的水分，气化时不但要克服水分子间的作用力，还需克服水分子与固体间结合的作用力，使得这部分水分的蒸汽压力低于同温度下纯水的蒸汽压力。它包括：物料中的吸附结合水分、毛细管结构中的水分、溶液水、结晶水等。

2. 非结合水 非结合水系指机械地附着于物料固体表面、存积于大孔隙内和颗粒堆积层中的水分。此种水分与物料之间的结合力弱，其蒸汽压力和同温度下纯水的蒸汽压力相同，因此，在干燥过程中除去的水分主要是非结合水。

3. 平衡水分 在一定的空气状态下，当物料表面产生的水蒸气压与空气中水蒸气分压相等时，物料中所含水分称为平衡水分。

平衡水分与物料的种类、空气的状态有关。干燥器内空气的相对湿度值必须低于干燥产品要求的含水量所对应的相对湿度值。因此物料在相对湿度一定的空气中进行干燥时，与空气状态相应的平衡水分无法除去，平衡水分则是该空气状态下物料可用干燥方法除去的极限水分。

4. 自由水分 物料中所含的水分大于平衡水分的那部分水分，即在干燥过程中能除去的水分称为自由水分。自由水分包括全部非结合水和部分结合水。

综上所述，结合水分与非结合水分、平衡水分与自由水分是两种不同角度的划分方法。结合水分与非结合水分只与物料特性有关而与空气状态无关。在干燥过程中可以除去的水分为自由水，包括全部非结合水和部分结合水。除去水分的界限为平衡水分。

（二）干燥速率曲线

干燥速率是指在单位时间内，在单位干燥面积上被干燥物料所能气化的水分量，即水分量的减少值，可用下式表示：

$$U = \frac{dW}{sdt} \qquad\qquad （式5-2）$$

式5-2中，U 为干燥速率"kg/（m² · s）"；W 为气化水分量（kg）；s 为干燥面积（m²）；t 为干燥时间（s）。

根据式5-2计算出物料含水量 C 时的干燥速率 U，再由 U 与 C 绘制成曲线，即干燥速率曲线，如图5-7所示。

从图5-7可见，在干燥试验开始时，物料被加热，物料温度随之升高，干燥速率也升高

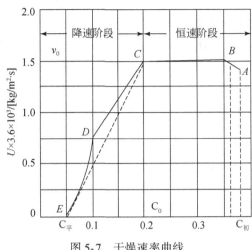

图 5-7　干燥速率曲线

（*AB* 段），当物料被加热到干燥温度后，开始了等速干燥（*BC* 段）。当物料湿含量降低至 C_0 时，物料的干燥速率开始下降，物料表面温度开始升高，这就开始了干燥降速阶段。恒速段与降速段的交界处称为临界点，其所对立的湿含量 C_0 称为临界湿含量。在降速段中当物料湿含量降低至等于平衡湿含量 $C_平$ 时，干燥过程即停止。

过了 *C* 点以后，物料中所含的水分将逐渐减少，并出现较为明显的两个阶段。当物料表面局部的非结合水分被除去，形成了局部干燥区域，干燥速率开始下降，如 *CD* 段所示，即为第一降速干燥阶段。过了 *D* 点后，当物料的全部表面均变为干燥区域，水分由内部向表面传递的速率越来越慢，内部水分的扩散速率小于表面汽化速率，干燥速率也越来越低。到达 *E* 点后，物料中的非结合水分已被除尽，物料的含水量降至平衡含水量 $C_平$，此时干燥速率为零，图 5-7 中的 *DE* 段称为第二降速阶段。

（三）临界湿含量

临界含水量 C_0 是划分恒速干燥阶段和降速干燥阶段的转折点，当物料中的含水量大于临界含水量 C_0 时，属于表面汽化控制阶段，即恒速干燥阶段；当物料含水量小于 C_0 时，属于内部扩散控制阶段即降速干燥阶段。临界含水量是一种物料的特性参数，它随物料的性质、厚度及干燥速率不同而异。即使同一物料，C_0 亦会随其干燥条件不同而异。

临界湿含量 C_0 是干燥设备设计时的重要参数，为了缩短干燥时间、防止物料变质，C_0 应尽可能低。确定物料的 C_0 值，不仅对计算干燥速率和干燥时间十分有用，而且对强化干燥过程也很重要。

二、影响干燥的因素

1. 被干燥物料的性质　这是影响干燥速率的最主要因素。湿物料的形状、大小、料层厚度、水分的结合方式都会影响干燥的速率，结晶状、颗粒状、堆积层薄的物料干燥速率要快。

2. 干燥介质的温度、湿度与流速　在适当范围内，提高空气的温度，可使物料表面的温度也相应提高，会加快蒸发速度，有利于干燥。但应根据物料的性质选择适宜的干燥温度，以防止某些热敏性成分被破坏。

空气的相对湿度越低，干燥速率越大。降低有限空间相对湿度可提高干燥效率。可通过使用生石灰、硅胶等吸湿剂吸除空间水蒸气，或采用排风、鼓风装置等更新空间气流来降低相对湿度。

在等速干燥阶段，空气的流速越大，干燥速率越快。但空气流速对内部扩散无影响，故与降速阶段的干燥速率无关。

3. 干燥速度与干燥方法　在干燥过程中，首先是物料表面流体的蒸发，其次是内部流体逐渐扩散到表面继续蒸发，直至干燥完全。干燥速率过快时，物料表面水分蒸发速率大大超过内部流体扩散到物料表面的速率，致使表面粉粒黏着，甚至熔化结壳，从而阻碍了内部水分的扩散和蒸发，形成假干燥现象。假干燥的物料不能很好地保存，也不利于继续制备操作。

4. 干燥方式　干燥方式与干燥速率有较大关系。静态干燥法要逐渐升高温度，以使物料内部流体慢慢向表面扩散，防止物料出现结壳，形成假干现象；动态干燥法颗粒处于跳动、悬浮状态，可大大增加其暴露面积，有利于提高干燥效率；沸腾干燥、喷雾干燥法采用了流态化技术，同时先将气流本身进行干燥或预热，使空间相对湿度降低，进而显著提高干燥效率。

5. 干燥压力　减压干燥是加快水分蒸发，提高干燥速率的有效措施。且产品疏松易碎，质量稳定。

三、干燥方法与设备

干燥操作可按不同的方法分类：按操作压力可分为常压干燥和真空干燥；按照热能传给湿物料的方式，可分为对流干燥、传导干燥、辐射干燥；按操作方式可分为连续式和间歇式干燥。下面是常用的几种干燥方法。

（一）烘干法

烘干法是将湿物料摊放在烘盘内，利用热的干燥气流使湿物料水分汽化进行干燥的一种方法。由于物料处于静止状态，所以干燥速度较慢。常用的有烘箱和烘房。

（二）减压干燥法

减压干燥又称真空干燥，它是在密闭的容器中抽去空气减压而进行干燥的一种方法。减压干燥适用于热敏性物料，或高温下易氧化，或排出的气体有使用价值、有毒害、有燃烧性的物料。减压干燥的温度低，干燥速度快；减少了物料与空气的接触机会，避免污染或氧化变质；产品呈松脆的海绵状，易于粉碎；挥发性液体可以回收利用。但减压干燥法生产能力小，间歇操作，劳动强度大。

（三）流化干燥

流化干燥又称为沸腾干燥，是流态化原理在干燥中的应用。

1. 固体流态化原理　将固体湿颗粒堆放在多孔的分布板上形成床层，使流体自下而上通过床层。由于流体的流动及其与颗粒表面的摩擦，造成流体通过床层的压力降低。当气速较低时，固体颗粒不发生运动，这时的床层高度为静止高度（固定床）。气速增大，颗粒开始松动，床层略有膨胀，且颗粒也会在一定区间变换位置。当气速继续增加，床层压降保持不变，颗粒悬浮在上升的气流中，此时形成的床层称为流化床，也称沸腾床，此时的气流速率称为临界流化速率。当颗粒床层膨胀到一定高度时，因床层空隙率增大而气速下降，颗粒又重新落下而不致被气流带走。当气速增加到一定值，固体颗粒开始吹出容器，这时颗粒散满整个容器，不再存在一个颗粒层的界面，而成为气流输送，此时的气速称为带出气速或极限气速。所以流化床的适宜气速在临界流化速率和带出气速之间。

2. 流化干燥的特点　流化干燥适用于湿粒性物料，颗粒与热介质在湍流喷射下进行充分混合和分散，故气固相间传热、传质系数均较大，干燥速度快，产品质量好；干燥设备结构简单，可动部件少，操作维修方便；与气流干燥相比，它的气流阻力较低，物料磨损较轻；干燥时不需要翻料，能够自动出料。

流化干燥设备结构如图 5-8 所示，其主要由空气预热器、沸腾干燥室、旋风分离器等组成。

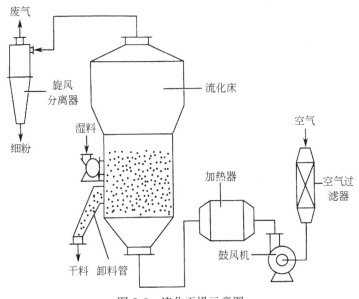

图 5-8　流化干燥示意图

（四）喷雾干燥

喷雾干燥是将液态物料浓缩至适宜的密度后，使雾化成细小雾滴，与一定流速的热气流进行热交换，使水分迅速蒸发，物料干燥成粉末状或颗粒状的方法。

当喷雾干燥的雾滴直径为 $10\mu m$ 左右时，每毫升料液所形成的液滴数可达 1.9×10^9 个，其总表面积可达 $400 \sim 600 m^2$。因表面积很大，传热传质迅速，水分蒸发极快，干燥时间一般只需零点几秒至十几秒钟，故具瞬间干燥的特点。同时，在干燥过程中，雾滴表面有水饱和，雾滴温度一般为 50℃ 左右，故特别适用于热敏性物料，产品质量好，能保持原来的色香味，易溶解，含菌量低；此外，干燥后的制品多为松脆的颗粒或粉粒，溶解性能好，对改善某些制剂的溶出速度具有良好的作用。喷雾干燥可制得 180 目以上极细粉，且含水量≤5%。

喷雾干燥不足之处是能耗较高，进风温度较低时，热效率只有 30%~40%；控制不当常出现干燥物附壁现象，且成品收率较低；设备清洗较麻烦。

常用的喷雾干燥装置结构如图 5-9 所示，主要包括空气加热系统、干燥系统、干粉收集及气固分离系统。空气进入加热器后，用水蒸气或电间接加热以预热空气。热空气进入干燥塔与喷嘴喷出的雾滴相接触，雾滴中的水分迅速蒸发，生成粉状或颗粒状成品。废气和干粉在旋风分离器中得到分离，成品从旋风分离器底部放出，更细的成品则需通过布袋除尘器进一步分离，最后废气从风机排出。

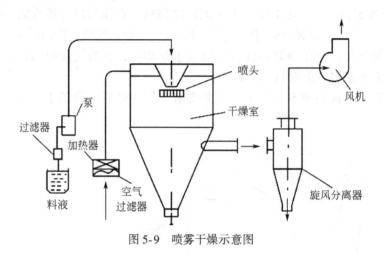

图 5-9　喷雾干燥示意图

（五）冷冻干燥

冷冻干燥是将被干燥液体物料冷冻成固体，利用冰在低温下的升华性能，使物料低温脱水达到干燥目的的一种方法。适用于血浆、血清、抗生素等极不耐热的药物的干燥。常将液体无菌药液分装于无菌药瓶之中，经冷冻成冰，然后在减压下使冰升华成水汽抽出，以制备无菌冻干制剂。

（六）辐射干燥

辐射干燥是利用湿物料对一定波长电磁波的吸收并产生热量将水分气化的干燥过程，按频率由高到低分为红外线干燥、远红外线干燥、微波干燥等方法。

四、干燥方法、设备的选用

由于干燥中处理的物料种类繁多，物料干燥特性又差别很大，所以干燥器的类型和种类很多，如何正确选择最佳的干燥方法和干燥器的种类，应放在工艺设计工作的首位。在设计干燥工艺时，应充分考虑被干燥物料的特性及对产品的质量要求等问题，合理选用。

1. 物料的形态　物料形态各异，有片状、粉粒状、颗粒状、膏糊状、液态等。

2. 物料的各种物理性质　物料性质应包括密度、粒径及物料的黏附性、吸湿性、料液的黏度等。

3. 物料在干燥过程中的特性　确定湿物料的干燥条件时，必须掌握此物料的干燥特性。

要了解物料的干燥特性曲线或临界含水量，另外还需考虑干燥过程中物料受热情况和变形情况，如有些物料受热后会分解变质，有些物料干燥过快则会收缩使成品开裂或变形。

此外，还要充分考虑对干燥产品的要求。有些产品的形状对成品的质量有直接影响，不同的物料对其中的含水量的要求也是不同的。

干燥方法和设备的最终的选择，通常是提出一个优化的方案，包括操作的总成本、产品的性质、安全考虑等。除上述之外，还要进行实验验证，以证明所选择的工艺方法是可行的。

【※法规摘要※】

制法中主要工艺参数的确定原则是保证药品的安全性、有效性及质量均一性，体现制法的科学性、合理性及可行性。

1. 粉碎工艺参数　制法中如有药材是粉碎后直接入药的，应明确粉碎部分药材的用量。

2. 提取工艺参数

（1）煎煮或回流提取工艺中提取溶媒（包括溶媒浓度）、提取次数、提取时间均应明确。

（2）渗漉提取中应明确渗漉溶媒（包括溶媒浓度）、溶媒用量或渗漉液收集量。

（3）浸泡工艺中浸泡溶媒（包括溶媒浓度）、浸泡时间均应明确。

（4）蒸馏提取中标明"提取挥发油"，未明确采用何种方法，则视为采用常规的水蒸气蒸馏方法，属工艺参数明确。

（5）水解工艺中溶媒种类、酸碱种类、用量（pH）、水解时间、水解温度均应明确。

3. 纯化工艺参数

（1）醇沉工艺中醇沉后的含醇量应明确。

（2）水沉工艺中水沉的加水量应明确。

（3）柱分离工艺中分离介质种类、用量、径高比，洗脱溶媒种类、用量、流速、上样量等均应明确。

（4）萃取纯化中萃取溶媒、溶媒量、萃取次数均应明确。

（5）酸碱处理中加入的酸碱种类、用量（pH）均应明确。

《中药工艺相关问题的处理原则》

第八节　制剂成型工艺研究

一、概述

药材在经过炮制、提取、纯化、浓缩或干燥等工序制备成半成品后，还需要根据半成品特性和医疗要求，将其制成能直接供临床应用的制剂，这个过程就是中药制剂的成型。中药制剂由于其所含成分复杂，给成型工艺的研究增加了困难，因此制剂成型工艺研究是中药制剂制备工艺研究中十分重要而又关键的环节。

制剂成型工艺研究包括制剂处方设计、制剂成型工艺设计和中试生产等方面，每一个步骤都十分关键，直接影响着制剂的疗效和稳定性。中药制备工艺研究应采用现代科学技术和方法，并建立控制整个工艺过程的质量保证体系，以客观地考察成型工艺过程中各个工艺条件的合理性与操作的可重复性，保障制剂成品质量的稳定性和制剂的疗效。中药新药的制备工艺研究应尽可能采用新技术、新工艺、新设备，以提高中药新药研制水平。

二、制剂处方设计

制剂处方是由药物与辅料组成，是药物制剂制备投料的依据，一般按 1000 个制剂单位拟定，如按 1000 片拟定片剂的制剂处方；按 1000g 拟定颗粒剂的制剂处方；按 1000ml 拟定注射剂的制剂处方。制剂处方设计的过程就是根据药物的给药剂量、药物性质、医疗要求、给药途径、剂型特点等筛选辅料、确定辅料或赋形剂种类及用量的过程，其目的在于解决制剂的成型性、有效性、安全性、稳定性等问题。制剂处方设计是成型过程的关键环节，处方设计不合理，制剂的有效性与安全性就无法保证。因此，制剂处方设计与现代中药制剂的疗效密切相关，是现代中药制剂疗效的重要保证。

制剂处方设计要在前期对药物和辅料有关研究的基础上，根据剂型的特点及临床应用的需要，设计几种合理的处方，开展后续的研究工作。除各种剂型的基本处方组成外，有时还需要考虑药物、辅料的性质。如片剂处方组成通常为稀释剂、黏合剂、崩解剂、润滑剂等。但对于水难溶性药物而言，可能需要考虑使用助溶剂以改善药物的溶出，提高生物利用度，对于某些稳定性差的药物，处方中可能需要使用抗氧剂、金属络合剂等。

处方研究包括对处方组成（原料药、辅料）考察、处方设计、处方筛选和优化等工作。处方研究与制剂质量研究、稳定性实验和临床安全性、有效性评价紧密关联。处方研究过程同时也是对影响制剂质量、有效性的有关理化性质的研究过程，研究结果为制剂质量标准的设定和评估提供了参考依据。同时，制剂研究也为药品生产过程相关指标波动范围的设定提供了参考。因此，处方研究中需要注意实验数据的积累和分析。

（一）处方前研究

原料药某些理化性质可能对制剂质量及制剂生产造成影响，包括原料药酸碱性、粒度、熔点、水分、溶解度、油水分配系数等，以及原料药在光、热、湿、氧等条件下的稳定性情况。因此，在进行新药剂型设计和制剂工艺研究之前，需全面了解药物的理化性质、药理、药动学等必要的参数，即进行处方前研究工作。譬如，药物的溶解性可能对制剂性能及分析方法产生影响，是进行处方设计时需要考虑的重要理化常数之一。原料药粒度可能影响难溶性药物的溶解性能、液体中的混悬性、制剂的含量均匀性，有时还会对生物利用度及临床疗效产生显著影响。如果存在上述情况，则需要考察原料药粒度对制剂相关性质的影响。

在中药制剂处方研究中，除应了解有效成分的基本理化性质以外，还应重点了解半成品的理化性质。半成品理化性质对制剂工艺、辅料、设备的选择有较大的影响，在很大程度上决定了制剂成型的难易。例如，用于制备固体制剂的半成品，应主要了解其溶解性、吸湿性、流动性、可压缩性、堆密度等内容；用于制备口服液体制剂的半成品，应主要了解其溶解性、酸碱性、稳定性等内容。单一成分组成的药物，应对其理化性质、稳定性、制剂特性、药物与辅料的相互作用等进行研究。复方制剂成分复杂，对其认识不够清楚，但一些基本特性应予以了解、明确。

制剂处方前研究是制剂成型研究的基础，其目的是保证药物的稳定、有效，并使制剂处方和制剂工艺适应工业化生产的要求。一般在制剂处方确定之前，应针对不同药物剂型的特点及其制剂要求，进行制剂处方前研究，为制剂的剂型、制备工艺条件、处方组成等提供科学依据。

（二）辅料的选择

药剂辅料是设计制剂处方时，为保证制剂的安全性、有效性、稳定性与成型性而加入处方中的一切药用辅助物料的总称。辅料可以分为赋形剂和附加剂两大类，赋形剂主要作为药物载体、赋予制剂以一定形态和结构的辅料，如片剂的填充剂、栓剂的基质等；而附加剂主要是指用以保持药物和制剂质量稳定性的辅料，如抗氧剂、防腐剂等。

辅料选择一般应考虑以下原则：满足制剂成型、稳定、作用特点的要求；不与药物发生相互作用；避免影响药品的检测。通常情况下要求辅料为"惰性"物质，即其物理、化学、生物学性质稳定，无生理活性，避免不良影响。选用辅料时，一般应做体外药物与辅料相互作用的研究，考察辅料对主药的物理稳定性、化学稳定性与生物学稳定性是否有影响。考虑到中药的特点，减少服用量，提高用药对象的顺应性，应注意辅料的用量，制剂处方应能在尽可能少的辅料用量下获得良好的制剂成型性。

1. 相容性研究 药物与辅料相容性研究为处方中辅料的选择提供了有益的参考。中药新药研发中要充分了解已经明确存在的辅料与辅料间、辅料与药物间相互作用情况，以避免处方设计时选择存在不良相互作用的辅料。对于缺乏相关研究数据的，可考虑进行相容性研究。对于口服固体制剂，可选若干种辅料，如辅料用量较大的（如填充剂等），可用主药：辅料＝1：5的比例混合，若用量较小的（如润滑剂等），则用主药：辅料＝20：1的比例混合，取一定量，按照药物稳定性影响因素的实验方法，分别在强光（4500lx±500lx）、高温（60℃）、高湿（相对湿度90%±5%）的条件下放置10天，用HPLC或其他适宜的方法检查含量及有关物质放置前后有无变化，同时观察外观、色泽等药物性状的变化。必要时，可用原料药和辅料分别做平行对照实验，以判别是原料药本身的变化还是辅料的影响。

2. 辅料的理化性质 辅料理化性质的变化可能影响制剂的质量。如稀释剂的粒度、密度可能对固体制剂的含量均匀性产生影响；而对于缓释、控释制剂中使用的控制药物释放的高分子材料，其分子量、黏度变化可能对药物释放行为有较显著的影响。因此，需要根据制剂的特点及药品给药途径，分析处方中可能影响制剂质量的辅料的理化性质，如果研究证实这些参数对保证制剂质量非常重要，需要注意制订或完善相应的质控标准，保证辅料质量的稳定。

3. 辅料的用量 了解辅料在已上市产品中给药途径及在各种给药途径下的合理用量范围。对某些不常用的辅料或用量过大、超出常规用量的辅料，需进行必要的药理毒理试验，以验证这些辅料在所选用量下的安全性。对于改变给药途径的辅料，应充分证明所用途径及用量下的安全性。对具有一定药理活性的辅料，应明确其不显示药理活性的量，其用量应控制在该量之下。

（三）制剂处方筛选研究

制剂处方筛选研究，可根据临床用药的要求、制剂原辅料性质，结合剂型特点，采用科学、合理的实验方法和合理的评价指标进行研究。通过处方筛选研究，初步确定制剂处方组成，明确所用辅料的种类、型号、规格、用量等。然后按照实验设计方法（如正交设计、均匀设计、析因设计等）进行一系列试验，测得具体评价该制剂的指标数据（如崩解时间、溶出度、释放度、包封率、粒径大小、稳定性、收率、澄清度等）。最后是利用数学方法，拟合出评价指标数据与各因素的关系，或利用统计处理方法，得出关键因素或最佳组合。对各指标进行综合评价，优化处理，从而得出最佳处方。

三、成型工艺研究

中药制剂成型工艺是指在制剂处方设计基础上，将制剂原料与辅料进行加工处理，采用客观、合理的评价指标进行筛选，确定适宜的工艺和设备，制成一定的剂型并形成最终产品的过程。通过制剂成型研究进一步改进和完善处方设计，最终确定制剂处方、工艺和设备。

制剂成型工艺研究一般应考虑成型工艺路线和制备技术的选择，应注意实验室条件与中试和生产条件的衔接，对单元操作或关键工艺，应进行考察，以保证质量的稳定，并提供详细的制剂成型工艺流程、各工序技术条件、实验数据等资料。一般情况下，制备工艺路线及其各工序的技术条件随剂型与品种不同而异，成型工艺需要研究的内容也不一样，应该有针对性地设计方案，选择指标，进行实验，筛选相应的工艺技术条件。

制备工艺对药品的影响最终反映在制剂质量上，工艺研究的目的是保证生产过程中药品质量的稳定，并建立生产过程的控制指标和工艺参数。制剂的制备工艺通常由多个生产步骤组成，涉及多种生产设备，均可能对制剂生产造成影响。成型工艺研究要确定影响制剂生产的关键环节和因素，并建立相应的过程控制措施。

（一）工艺路线选择

不同的剂型，其成型工艺迥然不同，就是同一剂型亦可有不同的成型工艺路线。选择何种工艺路线，要受制剂处方中物料性质的影响，通常以制剂处方中半成品的物理性状、化学性质与生物学特性作为工艺路线的选择依据。工艺路线的改进又可能使处方中辅料的组成与用量发生变化。可见处方决定工艺路线，工艺路线可改变处方，两者相辅相成。

成型工艺设计工艺流程越简单，不可控的因素就越少，生产就越容易实施。因此，成型工艺设计时，应力求工艺流程简练，工序越少越好。

（二）评价指标的选择

制剂成型工艺研究评价指标的选择，是确保制剂成型研究达到预期目的的重要内容。成型技术及制剂设备等的优选应根据不同药物及其剂型的具体情况选择评价指标，以进行制剂性能与稳定性评价。评价指标应是客观的、可量化的。例如，颗粒的流动性、物料的可压性、吸湿性等可作为片剂成型工艺的考察指标。

（三）制剂技术、制剂设备的选择

制剂处方筛选、制剂成型均需在一定的制剂技术和设备条件下才能实现。在制剂研究过程中，特定的制剂技术和设备可能对成型工艺，以及所使用辅料的种类、用量产生很大影响，应正确选用。固定所用设备及其工艺参数，以减少批间质量差异，保证药品的安全、有效，及其质量的稳定。先进的制剂技术及相应的制剂设备，是提高制剂水平和产品质量的重要方面，特别是一些先进的新技术，由于其能够改善药物性能，或使药物具有速效、高效、长效及靶向性等特点，在新药研发中越来越受到重视，如国内天士力公司以固体分散体技术研制的用于治疗冠心病、心绞痛的复方丹参滴丸具有速效、生物利用高的特点，2005 年销售额达到了 8.6 亿元，占公司主营收入的 59%；又如 1988 由瑞士 Cilag 制药公司研制的益康唑脂质体凝胶，由于运用了脂质体技术，使其具有更好的生物相容性和透皮特性，因此用于皮肤病治疗，现已在瑞士、意大利、比利时等国上市销售。现对目前常用的新技术做简要介绍，以便对新药开发提供一些指导。

1. 固体分散体（solid dispersion）　是指药物高度分散在适宜的载体材料中形成的一种固态物质，又称固体分散物。将药物均匀分散于固体载体的技术称固体分散技术。研究固体分散体的意义在于将难溶性的药物高度分散，从而提高药物的溶解能力。如果采用水溶性载体，可制成速释的固体制剂，如果采用难溶性或肠溶性载体亦可以制成缓释或肠溶固体分散体。固体分散体是一种制剂的中间体，添加适宜的辅料并通过适宜的制剂工艺可进一步制成片剂、胶囊剂、滴丸剂、颗粒剂等。

固体分散体主要特点有：①可以将难溶性药物高度分散于固体载体中；②大大提高药物的溶出速率，从而提高药物的口服吸收与生物利用度；③可用于油性药物的固体化；④难溶性药物以速释为目的时，所用载体以水溶性材料为宜，如果以缓释或肠溶为目的时，可适当使用难溶性或肠溶性高分子材料。

固体分散体的分类方法很多，如：按药物的溶出行为可分为速释型、缓释型和肠溶型固体分散体；按固体分散体的制备原理可分为低共熔物、固体溶液、共沉淀物和玻璃溶液。在固体分散体中药物的分散状态有：微晶状态、胶体状态、分子状态、无定形状态，这些状态可以在各种固体分散体中以一种或多种形式共存。其制备方法主要有三种：熔融法、溶剂法和机械分散法。

2. 包合物（inclusion compound）　系指一种分子被全部或部分包合于另一种分子的空穴结构内形成的特殊的复合物。这种包合物是由主分子和客分子组成，主分子是包合材料，具空穴结构，足以将客分子（药物）容纳在内，通常按 1∶1 比例形成分子囊，亦称分子包衣。

药物分子与包合材料分子通过范德华力形成包合物后，溶解度增大，稳定性提高，液体药物可粉末化，可防止挥发性成分挥发，掩盖药物的不良气味或味道，调节释放速率，提高药物的生物利用度，降低药物的刺激性与毒副作用等。

包合物的制备方法主要有：饱和水溶液法、研磨法、超声波法、冷冻干燥法、喷雾干燥法等。

3. 微粒分散体（particle dispersion）　由微粒构成的分散体系统称为微粒分散系，微粒分散系分为粗分散系和胶体分散系。胶体分散系的粒径一般小于 100nm，而粗分散系的粒径一般在 100～1000nm 范围内。通常纳米粒是指小于 100nm 的微粒，如纳米乳、纳米囊等；100～1000nm 的叫亚微粒、亚微乳；1～100μm 的粒叫微粒、微乳。

微粒分散系在药剂学中具有重要的意义：①粒径小、分散度大，有助于提高药物的溶解速度及溶解度，提高难溶性药物的生物利用度；②药物被包封在载体中，改善药物在体内外的稳定性；③不同大小的微粒在体内分布具有一定的选择性，容易被网状内皮系统吞噬，可被动靶向达到肝脾等器官；④根据微囊（球）的载体性质，使微粒具有明显的缓释作用，可以延长药物在体内的作用时间，降低毒副作用等。

（1）微囊和微球：药物微囊化的目的有：①掩盖药物的不良气味及口味；②提高药物的稳定性；③防止药物在胃内失活或减少对胃的刺激性；④使液态药物固态化，便于应用与储存；⑤减少复方药物的配伍使药物变化；⑥可制备缓释或控释制剂；⑦使药物富集于靶区，提高疗效，降低毒副作用；⑧将活细胞生物活性物质包囊。

微囊的制备方法可以归纳为物理化学法、物理机械法和化学法三大类。根据药物、囊材的性质和微囊的粒径、释放要求及靶向性要求，选择不同的制备方法。如单凝聚法、复凝聚法、溶剂法、非溶剂法、液中干燥法、改变温度法、物理机械法和化学法等。

（2）脂质体：当两亲性分子如磷脂分散于水相时，分子的疏水尾部倾向于聚集在一起，避开水相，而亲水头部暴露于水相，形成具有双分子层结构的封闭囊泡。在囊泡内水相和双分子膜可以包裹很多种药物，类似于超微囊结构，这种将药物包封于类脂质双分子层薄膜中所制成的超微球形载体制剂，称为脂质体（liposomes）。

药物制成脂质体之后能够降低药物的毒副作用、使药物长效化，而且脂质体具有明显的靶向性，如淋巴靶向性和被动靶向性，在脂质双分子层上修饰抗体、激素、糖残基和受体配体后具有主动靶向性，另外脂质体中掺入某些特殊脂质或包载磁性物质，使脂质体对 pH、温度、磁场等的变化具有响应性，以使脂质体携带的药物作用于靶向位点，如 pH 敏感脂质体、热敏感脂质体、光敏感脂质体和磁性脂质体等具有物理靶向性能。

脂质体的制备一般都包括 3～4 个基本步骤：①磷脂、胆固醇等脂质与所要包裹的脂溶性物质溶于有机溶剂形成脂质溶液，过滤去除少量不溶性成分或超滤降低致热原，然后在一定条件下去除溶解脂质的有机溶剂使脂质干燥形成脂质薄膜；②使脂质分散在含有需要被包裹的水溶性物质的水溶液中形成脂质体；③纯化形成的脂质体；④对脂质体进行质量分析。主要制备方法有薄膜分散法、过膜挤压法、French 挤压法、逆向蒸发法和化学梯度法。

（四）工艺参数的确定

基本的制备工艺确定后，应结合药物的理化性质、制剂设备等因素，通过实验研究确定具体的工艺参数。实验研究过程中应注意考察工艺各环节对产品质量的影响，并确定制备工艺的关键环节。对于关键环节，应考虑制备条件和工艺参数在一定范围改变对产品质量的影响，根据研究结果，确定相应的质量控制参数和指标。

（五）制剂评价

制剂处方筛选和优化主要包括制剂基本性能评价、稳定性评价及临床研究评价三部分。经制剂基本性能及稳定性评价初步确定的处方，为后续相关体内外研究提供了基础。但是，制剂处方的合理性最终需要根据临床研究（生物等效性研究、药物动力学研究等）结果进行判定。对研究过程中发现的对制剂质量、稳定性、疗效产生影响的重要因素如原料药或辅料的某些指标，要进行控制，以保证产品质量和疗效。

（六）处方的调整与确定

一般通过制剂基本性能、稳定性和临床评价，基本可确定制剂的处方。在完成有关临床研究和主要稳定性实验后，必要时可根据研究结果对制剂处方进行调整，但要通过实验证明这种变化的合理性，其基本研究思路和方法可参考上述处方研究内容进行，如体外比较性研究（如溶出曲线比较）和稳定性考察等。

实例 5-9　复方银黄颗粒成型工艺优选

本品属辛凉解表、清热解毒方药，主要用于感冒、气管炎等引起的发热、鼻塞、流涕、咽红、苔黄、脉浮数等症，故宜选择速效类制剂。口服液味苦、气臭难于掩盖，且稳定性差。因此，拟进行颗粒剂的工艺研究。

【处方】金银花 2550g，黄芩 1660g，大青叶 1660g，射干 1660g，青蒿 840g，糊精 200g。

【处方药物的性质】黄芩药材含的黄芩苷、汉黄芩苷是其主要有效成分，易被根中所含的酶分解，需先用热水将酶灭活。该类成分易溶于热水，几乎不溶于冷水，若与其他药混煎后，过滤时易进入滤饼被作为杂质除去，需单独提取。青蒿中含有的主要成分青蒿素无清热、发汗、镇痛等作用，而青蒿直接入该方汤剂时是有效的，不需要单独提取青蒿素。金银花、青蒿含有挥发油，可采用水蒸气蒸馏法提取。方中其他各药有效成分基本上能溶于水，故采用共煎的方法提取。

浸膏粉制成颗粒需润湿剂，用乙醇适量即可成型。但制粒时黏性大，难过筛，且干燥时结块、花斑，颗粒硬度大，加适量糊精可克服此缺点。湿颗粒用沸腾床干燥。颗粒合格率与乙醇用量、糊精用量、混合时间、沸腾干燥的湿度有关，因素水平表见表 5-12，选取 $L_9(3)^4$ 素三水平正交表安排试验，结果见表 5-13。

表 5-12　因素水平表

水平	A 乙醇用量（ml）	B 糊精用量（g）	C 混合时间（min）	D 干燥温度（℃）
1	30 000	1000	8	70
2	40 000	1200	10	80
3	50 000	1800	13	90

表 5-13　正交试验结果

试验号	乙醇用量	糊精用量	混合时间	干燥温度	颗粒收率（%）
1	1	1	1	1	
2	1	2	2	2	
3	1	3	3	3	76.20
4	2	1	2	3	79.94
5	2	2	3	1	66.96
6	2	3	1	2	72.74
7	1	1	3	3	80.45
8	3	3	1	1	85.03
9	3	2	2	1	68.81
K1	74.367	72.583	80.270	78.737	79.58
K2	79.407	79.990	77.413	77.927	79.56
K3	75.983	77.183	72.073	73.093	
R	5.040	7.407	8.197	5.644	

　　经正交设计优化的条件为 $A_2B_2C_1D_1$，即乙醇用量为 40 000ml、糊精用量为 1200g、混合时间为 8min、干燥温度为 70℃。

　　将金银花、青蒿加水 30 倍蒸馏 4h，留蒸煮上清液并收集挥发油。黄芩先用 12 倍量沸水煎煮 4h，再加 8 倍量水煎 30min，趁热过滤，用盐酸调 pH 1~2，80℃保温 30min，留上清液，滤渣烘干研细。大青叶、射干加 15 倍水浸泡 1h 后煎煮 1.5h，取上清液，药渣再加 12 倍量水煎 4h，合并上清液，加金银花、青蒿的蒸煮上清液、提取黄芩苷后的母液，混匀，用板框机进行过滤。滤液用三效节能浓缩器浓缩至相对密度为 1.10，浓缩液用喷雾干燥法制备浸膏粉。浸膏粉加入糊精、黄芩苷粗品粉末混匀，用 80% 乙醇润湿制粒，湿颗粒用沸腾床干燥。整粒，喷入挥发油，密闭 24h，检验。分装于铝塑薄膜袋，每包 3g。该方药物经提取改制颗粒剂，服用方便，吸收快，制品体积小、稳定。

第九节　中试研究

　　中试是指在实验室完成一系列工艺研究后，采用与工业生产基本相同的条件进行工艺放大研究的过程。由于实验室的制备规模与工业生产差别太大，所确定的成型工艺条件和参数不能直接用于制剂工业生产，而是需要通过中试试验调整工艺条件和参数，完成三批以上符合制剂质量的药品的生产后，才能进行工业生产。因此，中试研究是连接实验室小样制备和制剂工业生产的重要一环。

　　中试规模一般为生产规模的 1/5~1/3，研究设备与生产设备的技术参数应基本相符。中试研究应结合实验室小试样品工艺研究数据，主要考察工艺参数的操作范围、确定工艺的实用性、形成生产的基本流程等，为产品的生产奠定基础。对车间布置、车间面积、安全性、设备、成本等也必须进行审慎的分析比较，最后确定工艺操作方法，划分和安排工序。

一、中试研究的目的

　　1. 完善工艺条件，制订初步生产操作规程　为了保证实验结果与实际生产结果的一致性，中试生产所用的制备工艺参数与设备要与工业生产基本相符。因为实际研究中，实验室所用的设备可能与大生产有一定的差异，所以工业生产不可能完全照搬实验室的工艺条件。只有通过中试研究验证实验室工艺的合理性，并根据多次中试所得的稳定的工艺数据，对实验室制订的工艺条件进行修订、补充和提高，完善工艺条件，同时制订制剂初步的生产工艺操作规程，才能适应工业生产的需要。

　　2. 为药品的质量标准、稳定性等研究提供样品　在研究制订质量标准时，可以用实验室小试样品对质量标准进行初步研究，最终根据中试样品的检测结果对质量标准进行修订。只有这样，所制订的质量标准才能满足工业生产的要求，同时为稳定性、药理和毒理、临床研究等提供样品。因为中试生产的样品与大生产的样品具有一致性，用中试生产样品进行稳定性、药理和毒理等研究，其研究结果具有可靠性。

　　3. 为工业生产设备的选择提供依据　因实验室研究所用设备的技术参数可能与大生产有一定的差异，而中试生产所用的设备与大生产基本一致，故通过中试生产，可以得到与大生产有关的数据，为大生产设备的选择提供参考依据。

4. 进行初步的成本核算　实验室工艺往往忽视原材料的成本、设备、工艺流程对工业生产可行性的影响。中试生产研究则能对产品投产后的原材料供应、动力消耗和工时等成本提出预测，判断主要经济指标是否满足生产要求，为产品市场前景预测提供一定的参考。

二、中试研究内容

1. 场地　根据《药品注册管理办法》，中试生产的场地应符合以下要求：临床研究用药物，应当在符合《药品生产质量管理规范》条件的车间制备，制备过程应当严格执行《药品生产质量管理规范》的要求。申报生产时，应当在取得《药品生产质量管理规范》认证证书的车间生产；新开办的药品生产企业、药品生产企业新建药品生产车间或者新增生产剂型的，其样品的生产过程必须符合《药品生产质量管理规范》的要求。

2. 工艺参数考察　中试研究应以小试结果为基础，结合设备特点，以及不同工艺和不同剂型，选择适宜的评价指标，有针对性地对各关键工艺参数进行考察。如对人参采用乙醇提取法，粉碎粒度要求达到 0.2mm，所得到的人参皂苷含量可以达到 15%～16%，但在中试时，药材粉碎粒度只能达到 0.2～0.9mm 的粒度范围，结果样品出膏率降低，人参皂苷含量达不到规定的限度，通过对工艺条件进一步地研究修订，最终才符合要求。

3. 规模和批次　规模与批次、投料量、半成品率、成品率是衡量中试研究可行性、稳定性的重要指标。一般情况下，中试研究的投料量为制剂处方量（以制成 1000 个制剂单位计算）的 10 倍以上。装量大于或等于 100ml 的液体制剂应适当扩大中试规模；以有效成分、有效部位为原料或以全生药粉入药的制剂，可适当降低中试研究的投料量，但均要达到中试研究的目的。半成品率、成品率应相对稳定。中试研究一般需经过多批次试验，以达到工艺稳定的目的。申报临床研究时，应提供稳定的中试数据，包括批号、投料量、半成品量、辅料量、成品量、成品率等。

4. 质量标准的修订　中试生产的样品必须符合质量标准的要求，考察各关键工序的工艺参数及相关的检测数据，包括制剂通则要求的检查项目、微生物限度检查及含量测定结果等。中试研究过程中还应注意建立中间体的内控质量标准，并视剂型的特殊性，增加相应的检查项目，达到质量可控的目的。然后根据中试样品的检测数据，对质量标准进行修订，使最终的质量标准能满足大生产的要求。如提取黄酮类有效成分，在实验室研究中其转移率可以达到 68%，但在中试生产时，转移率只有 51%～54%，若不经过中试研究，以实验室数据制定质量标准，则大生产样品不一定能完全符合质量标准的要求。

5. 设备　通过中试研究，应为大生产的设备选型提供依据，因实验室中应用小型玻璃仪器和小量原料，操作简便，热量的取得和散失都比较容易，根本不存在物料输送、设备腐蚀、搅拌器效率等问题，而这些问题在中试时必须加以妥善解决。在中试研究时，一定要结合生产实际选择中试设备。如挥发油的包合，实验室采用超声法包合，但未有相应的生产设备，在生产时需改用胶体磨，故中试研究应以胶体磨对工艺条件进行研究。选择设备一定要与制剂工艺相适应，并达到相应的质量标准。

6. 成本核算　应根据原材料、动力消耗和工时等进行初步的技术经济指标核算等，以判断该产品可为市场接受的程度。

7. 比较研究　应对实验室小试和中试的工艺参数和质量标准进行比较研究，对工艺参数和质量改变的程度和原因进行认真分析，并判断其对大生产可能产生的影响，提醒生产者在生产过程中对相关参数进行重点关注，以保证产品质量。

通过以上中试研究，对研究结果进行总结评价，根据研究结果对工艺流程和设备进行必要的调整，对工艺参数进行修改、补充和完善，制订出初步的生产操作规程，并对质量标准进行修订，以适应生产的需要，以保证为临床提供安全、有效、稳定、质量可控的药品。

第十节　包装工艺

包装是指选用适当的材料或容器，利用适当的包装技术，对药物成品的分（灌）、封、装、贴标签等操作，为药品在生产管理和使用过程中提供保护、注明商标、介绍说明等作用的所有加工过程的总称。根据药品使用及生产操作步骤，包装分为内包装及外包装等。

随着国家医药事业的发展及制药水平的不断提高，中药制药工业在继承传统剂型的基础上，对中药生产工艺进行了科学性改进，利用新技术、新设备研制生产出各种新型的现代化中成药，进一步提高了药物的质量与疗效。而中成药的包装是保证药品质量、疗效及安全的重要组成部分之一。随着现代化的包装材料与设备在医药工业生产中的广泛应用，以及人们生活水平的逐步提高，药品包装也越来越受到重视，新型的医药包装材料及包装设备层出不穷。

一、药品包装的目的

（一）保护药品

药品不管其剂型物态如何，一般均有遇空气易氧化、染菌，遇光易分解变色，遇湿易潮解变质，遇热易挥发、软化、熔解、崩裂，遇激烈的震动变形、碎裂等问题发生。药品物理性质或化学性质的改变，均会使药品失效，不但不能治病，有的反而会致病。多数药品有效期为二至三年，在这么长的时间内，通过容器的微孔（如聚乙烯、聚丙烯等塑料）或容器与盖之间的间隙（密封不严实或变形）进入的气体、水分都会导致药品变质。药品包装不论在造型、结构和装潢的设计上，还是材料的选择上，都应把保护功能作为首要因素来考虑。

1. 阻隔作用　包装应使容器内的药物成分不能穿透、逸漏出去，同时使外界的空气、光线、水分、热、异物、微生物等不得进入容器内与药品接触。某些挥发性药物可从容器壁的分子间扩散逸出，许多药品的稳定性和疗效也会因为进入包装容器的气体、光、热、水分等而发生改变。如散剂、丸剂、片剂、颗粒剂等固体制剂因吸潮而发霉变质；糖浆剂、煎膏剂、合剂等液体制剂因受温度、光、空气、微生物的作用而发酵等。

2. 缓冲作用　药品在运输、贮存过程中，要受到各种外力的振动、冲击和挤压，易造成破损。如玻瓶包装碎裂，薄膜、纸袋之类包装易压变形。为此，药品包装应具有缓冲作用，以防止震动、冲击和挤压。单个包装时要使用衬垫，可有效防止运输过程中的震动、挤压。单个包装的外面多使用瓦楞纸或硬质塑料作成瓦楞形槽板，将每个容器固定且分隔起来。还可用发泡聚乙烯、泡沫聚丙烯及聚乙烯和聚苯乙烯共聚树脂泡沫等缓冲材料制作成缓冲包装。

（二）方便使用

药品包装不仅具有保护作用，且方便临床使用，主要体现在以下方面。

1. 标签与说明书　标签与说明书是药品包装的重要组成部分，其目的是向人们准确地介绍药品的成分、性状、功能主治、规格、用法用量、不良反应、禁忌等内容，以便患者了解和使用。

2. 方便开封和携带　药品即要封严又要易于开启和再封，便于携带，这就要求要严格选择包装材料，精心设计其包装结构，方可达到目的。

3. 便于取用和分剂量　药品的包装多采用单次用量包装、多剂量包装或疗程化包装，从而方便患者使用及适合于药房发药，同时可减少药品的浪费。

二、包装材料

包装材料是包装技术中的基础和关键，包装材料的选用合理与否直接影响到包装药品的质量。因此必须详细了解待包装药品的物理、化学性能，保存方法及销售要求，从而选用合适的包装材料。

（一）包装材料的选用要求

其包括：①包装材料应具备有一定的抗冲击强度、振动强度和堆积强度等，以减小运输中的振动，装卸时的碰撞带来的损坏；②包装材料应对水分、气体、光线、热量等具有一定的阻挡能力，防止被包装药品的变质；③包装材料要性质稳定，不与包装药品发生反应；④要安全无毒，特别是不能释放出毒物，以免影响人的身体健康；⑤包装材料要能够大规模进行生产，易于机械化加工处理，印刷性、着色性好；⑥使用后包装材料易于处理，不污染环境。

（二）包装材料类型

药品的包装质量及外观直接影响药品的使用与销售，故对中药制剂的包装材料及其形式的要求较高。目前，用于中药新药包装的材料主要包括以下几类：纸、塑料、玻璃、金属、橡胶、复合膜等。

1. 纸　纸系天然纤维制品，取材于多种纤维素原料，不但来源易得，且价廉物美、安全无毒。纸有一定的机械强度和遮光性，可起到保护药品的作用；本身光洁，又具有良好的印刷适应性；体轻、不易碎裂且方便运输；能很好回收处理，既节省资源，又能减轻垃圾处理负担；加工性能好，可制作单层纸、厚纸板、瓦楞纸板及纸浆模塑品等各种形式的包装容器。因此，纸在药品包装中应用最广泛，无论什么剂型，在其小、中、大的包装上总是可见它的存在。

2. 塑料　塑料是一种人工合成的高分子材料，与金属的多晶体结构不同，具典型的网状结构，所以具有良好的柔韧性、弹性和抗撕裂性，抗冲击的能力强，用作包装材料既便于选型，又不易破碎，体轻好携带。但大多数塑料容器皆具透气透光和透水汽的性能，包装的阻隔作用差。光线、氧气和水蒸气皆能进入包装内接触药品，药品的挥发性成分亦易透过包装而逸散出来，引起药品变质。而且塑料包装容器还有吸附药物的作用，引起主药含量的降低、防腐力降低等使药品稳定性变化的现象。

尽管如此，因为塑料包装材料具有许多纸、玻璃、金属等材料所不具备之优点，它越来越广泛地被人们采用，现已成为主要的包装材料之一，可以做成形式多样、大小不同的瓶、罐、袋、管，亦作泡罩包袋，用途十分广泛。

3. 玻璃　玻璃的主要成分是二氧化硅，是包装中应用最为普遍的材料之一。

玻璃包装容器具有以下优点：①具有化学惰性成分，耐水性、耐热性、耐腐蚀性、抗药性强；②无透湿性及透气性，药物挥发性成分不会逸散，且再密封性好；③干净卫生，容易洗涤、灭菌、干燥；④抗压强度大、不变形；⑤价格便宜，可再生和循环使用。由于玻璃具有上述优点，是较理想的包装材料，几乎适用于所有剂型的包装。

4. 金属　金属材料有延展性，具有良好的机械保护作用，并能耐受温度变化的影响，气密性良好。金属应用于中药新药包装的有锡、铝、铁等。

5. 橡胶　橡胶在包装上多作塞子与垫片，用于密封瓶口。橡胶的密封性来源于它的遮光性和弹性。天然橡胶的弹性最好；氯丁橡胶具有橡胶的所有优点，其抗溶媒与抗化学试剂的能力高，由于链中有氯原子，又具有耐久性；硅橡胶是完全饱和的惰性体，可以经多次高压灭菌，在大幅度温度范围内仍能保持其弹性。目前药品包装上使用最多的是氯丁基橡胶。

橡胶也存在氧气与水蒸气的穿透问题。由于橡胶配料中另有一定量的无机或有机的附加剂，当与某些液体接触时就会沥漏出来进入液体而污染药品。再者，橡胶能吸收制剂中的某些组成成分，这对药品的稳定性有很大影响。如防腐剂被橡胶吸收则制剂防腐能力降低。

为了防止橡胶包装物影响制剂质量，尤其是注射用药品的稳定性，橡胶在用前需要用稀酸、稀碱液煮、洗，以除去微粒，有的还用其他被吸收物饱和胶塞。

6. 复合膜　以上介绍的几大类常用包装材料皆各有优点各有缺点，单独使用都不理想。商业的发展要求包装既要有良好的包装功能，又能大批量生产，并且成本低、贮运方便。为此，综合使用各种材料，取长补短，制造出了更理想的包装材料——复合膜。

复合膜由基材、涂料、填充料、黏合剂等几类物质经特殊加工而成。其种类甚多，特性各异。可按包装不同物品的实际需要出发，从其保护性、安全性、陈列性、销售性、经济性、社会性等方面进行考虑，制成具综合特性的包装材料。

三、包装设计

在当今药品工业化生产的环境中，随着新的包装材料，尤其是各种复合材料的开发与普及，包装设备由单项操作向连续化、自动化、电脑化、多样化的方向发展，药品包装的品种将越来越多，销售范围将越来越广，质量要求也将越来越高。

任何一种理想的包装设计，均包括结构设计与装潢设计两大部分，结构设计赋予包装的形体，而装潢设计则赋予包装的美观，两者的结合将构成一个完整的包装形式。

1. 结构设计　结构设计的目的主要是使被包装药品保持其特殊状态，并通过包装形成特异形态，达到功能齐全、贮运方便等要求。

2. 装潢设计　装潢设计是以色彩、图形、文字为工具，采用艺术手法，将一个药品的品名、商标、批准文号、主要成分、装量、功能与主治、用法与用量、禁忌、厂名、批号、有效期及特殊标志等内容集中表现于包装容器的表面。

装潢是传达信息的媒介。药品包装除保护药品、方便贮运外，还需要准确地将药品的属性、功能、质量、用途、用法，治疗对象等信息传达给使用者。装潢设计即利用艺术手段，生动而鲜明地将药品属性和各种信息传达出来，与人们进行视觉交换，引起使用者的注意及兴趣，产生诱惑力，使包装从一般保护、美化进而达到促进销售的作用。药品包装装潢设计应遵循科学、经济、牢固、美观、适销的原则。

3. 标签的制订　药品的标签是指药品包装上印有或者贴有的内容，分为内标签和外标签。药品内标签指直接接触药品内包装的标签，外标签指内标签以外的其他包装的标签。药品的内标签应当包含药品通用名称、适应证或者功能主治、规格、用法用量、生产日期、产品批号、有效期、生产企业等内容。包装尺寸过小无法全部标明上述内容的，至少应当标注药品通用名称、规格、产品批号、有效期等内容。药品外标签应当注明药品通用名称、成分、性状、适应证或者功能主治、规格、用法用量、不良反应、禁忌、注意事项、贮藏、生产日期、产品批号、有效期、批准文号、生产企业等内容。用于运输、储藏的包装的标签，至少应当注明药品通用名称、规格、贮藏、生产日期、产品批号、有效期、批准文号、生产企业，也可以根据需要注明包装数量、运输注意事项或者其他必要内容。

四、药品说明书

（一）概述

药品说明书，是指药品生产企业印制并提供给医生和患者的载有与药物应用相关的所有重要信息的文书，主要包括药品的安全性和有效性等重要科学数据、结论及其他相关信息。药品说明书由国家药品监督管理局根据申请人申报的资料核准。

药品生产企业应当对药品说明书的正确性与准确性负责，并应当追踪药品上市后的安全性、有效性情况，必要时应当及时提出修改药品说明书的申请。

说明书是表达药物研究结果和结论的重要技术资料，是指导医生和患者临床合理用药的主要依据。因此，世界各国均把它置于法规的管理下，对其内容的撰写有严格的要求和规定。我国也陆续出台了一些关于规范说明书的法规性要求和规定。现参考国际通行的做法，结合我国中药、天然药物现状，制定了《中药、天然药物药品说明书撰写指导原则》（以下称指导原则），提出了中药、天然药物药品说明书撰写的基本技术要求。

（二）基本内容

中药药品说明书包括的基本内容为：警示语、【药品名称】、通用名称、汉语拼音、【成分】、【性状】、【功能主治】（或【适应证】）、【用法用量】、【不良反应】、【禁忌】、【注意事项】、【妊娠期妇女及哺乳期妇女用药】、【儿童用药】、【老年患者用药】、【药品相互作用】、【临床研究】、【药理毒理】、【药代动力学】、【规格】、【储藏】、【包装】、【有效期】、【批准文号】、【生产企业】（企业名称、生产地址、邮政编码、电话号码、传真号码、网址）、【参考文献】、【发布日期】。

一般药品说明书必须包括以下内容：【药品名称】、【成分】、【功能主治】或【适应证】、【用法用量】、【不良反应】、【禁忌】、【注意事项】、【规格】、【有效期】、【批准文号】和【生产企业】。药品说明书还必须包括【妊娠期妇女及哺乳期妇女用药】、【药品相互作用】，若缺乏可靠的试验或者文献依据而无法表述的，说明书保留该项标题并应当注明"尚不明确"。

药品说明书还应当包括【临床研究】、【儿童用药】、【老年用药】和【药物过量】、【药理毒理】和【药代动力学】。若缺乏可靠的试验或者文献依据而无法表述的，说明书不再保留该项标题。

如果说明书中某些项目不适宜，也可以省略，说明书不再保留该项标题。如用于老年疾病药物说明书中的【儿童用药】项、男性用药的【妊娠期妇女及哺乳期妇女用药】项。

（三）撰写的基本要求

（1）说明书的内容必须提供对安全和有效用药所需重要信息，这些内容应客观和准确，尽可能地来源于可靠的临床研究（应用）的结果，不能带有宣传性、虚假性和误导性语言。

（2）说明书应包括药品已知和必要的尚未知道的全面信息，尤其是功能主治、适应证、用法用量、不良反应、注意事项等。

（3）说明书必须使用国家语言文字工作委员会公布的规范化汉字，药品生产企业根据需要，可以使用外文或者民族文字对照。

（4）说明书的文字表述应当规范、准确、简练、通顺。

（5）说明书使用的疾病名称、药学专业名词、药品名称、临床检验名称和结果的表述，应当采用国家统一颁布的专用词汇，使用的度量衡单位应当符合国家标准的规定。

由于人们对药品的认识需要有一个过程，这种过程既包括上市前的研究，也包括上市后的监测，因此，药品说明书也需要随着认识的深入及时修订，而不能一成不变。

第六章　中药新药的质量标准研究

药品质量标准是国家对药品质量及检验方法所做的技术规定，是药品生产、经营、使用、检验、监督管理部门共同遵循的法定依据，对指导药品研发和生产，提高质量，保证用药安全有效具有重要意义。中药新药的质量标准研究主要包括检验方法的建立和标准规定的制订两项内容，是新药研究中重要的组成部分。

我国在《药品注册管理办法》中明确要求必须制定临床用药品质量标准和生产用药品质量标准，以保证临床试验药品和上市药品的稳定性和质量。中药新药质量标准的制定，其目的在于保证药品质量的可控性、重现性和稳定性。所制定的各项内容要能充分地反映出该制剂所含成分及其作用与该方功效主治的一致性、剂型的合理性、工艺的可行性、质量标准的针对性及其纯度和品质的优良度。质量标准中的各项内容都应做科学、细致的考察试验，各项实验数据要求客观、准确、可靠。

第一节　质量标准设计原则

一、同步进行原则

质量标准的各项试验，应在确定处方后与制剂工艺研究同步进行。包括：制剂用原料研究与质量控制同步，制备工艺研究与质量控制同步。

1. 制剂用原料研究与质量控制同步　制剂用原料包括中药材及其提取物、有效部位、有效成分、辅料等。

对于中药材，应明确属于何级标准（《中国药典》、部（局）颁药品标准及地方标准）收载，如果使用了没有法定标准的药材，应制订该药材的质量标准。药材要进行鉴定，明确科、属、种，药用部位，主要产地和来源，采收时间，加工炮制方法等。对于多基原的药材品种尤其应加以重视，根据情况固定品种。如果该药材品种虽然收载于法定标准中，但检验项目仅有药材组织显微鉴别等内容，应尽量制定专属性强的薄层色谱鉴别和含量测定等有关项目。例如，川木通、川木香，2010 年版《中国药典》虽然收载有药材标准，但未规定含量测定项目，则应在原料标准中制定与成品一致的含量测定内容。

有些制剂因处方药味多、干扰大，有效成分含量低，或处方中多个药物均含有相同的成分（如黄连、黄柏中都含有小檗碱等），可以先对原料药材分别进行含量测定并规定各自的含量标准，同时再测定成品中总量，确保成品的质量。

【知识拓展】

目前，按照中药种类，中药质量标准分为中药材、中药饮片、植物油脂和提取物，以及中成药等质量标准；按照中药的颁布等级分为国家药典、部颁标准、新药标准等。其中，中药材和中药饮片的标准由于历史和客观原因，除了《中国药典》2010 年版一部收入的 616

个标准、卫生部颁布的 106 个标准和转正标准 19 个以外，还包括各省、自治区和直辖市根据各地情况制定的地方中药材标准，而中药饮片标准在《中国药典》2020 年版一部大范围制定质量标准之前，一直由各省、自治区和直辖市根据各地情况颁布中药饮片炮制规范，在规范炮制过程的前提下，公布相应的饮片质量标准。从中药材、中药饮片和中成药的三者关系上不难看出，中药材是基础，饮片则具有两重属性，直接用于临床的饮片属于基本药物范畴，而用于中成药生产的则属于原料范畴。

2. 制备工艺研究与质量控制同步　制备工艺研究的目的是根据临床用药要求和药物的性质将中药制备成适宜剂型。制备工艺总的原则是去粗取精，即最大限度地保留有效成分，摒弃无效成分，再添加辅料，选择制备的最佳剂型，从而减少用药剂量，提高疗效，降低毒副反应，方便临床给药。例如，处方中的药物含有挥发油类成分，在提取过程中就要以挥发油总量为指标，筛选提取方法和提取条件（如溶剂、用量、浸泡时间、提取次数、提取时间等）。再根据挥发性成分的薄层色谱斑点的大小、颜色深浅等这种半定量及挥发性成分定量等分析方法，结合药物的性质来决定是共提或是分组提取。实际工作中也可对提取后的药物进行检查，考察提取是否完全。这些方法不仅可用于筛选药物的提取方法，还可用来考察分离除杂精制纯化的工艺条件。对半成品或中间体的相对密度、pH、水分、浸出物甚至含量等进行研究，以及卫生学检验、考察防腐剂的种类用量、灭菌方法等，根据筛选出来的最佳条件进行制备以确保成品质量。因此在制备工艺的研究过程中所进行的检查、鉴别、含量测定及卫生学检验等项目与质量标准内容有相似的地方，这就要求质量标准研究与制备工艺研究同步进行。

二、样品要有代表性

样品，包括药材原料、制剂用中试样品。

(一) 原料的代表性

中药新制剂的研制原料来自中药材，而中药材的商品规格在流通领域中通常作为一个药材质量的衡量指标。但在中药新制剂研制过程中这一点却常常会被忽略，从而出现原料的规格等级不一，影响质量的稳定。除了药材商品规格外，由于中药来源品种、药材产地、采收季节、药用部位、加工炮制方法、储藏保管条件等的不同，也会影响到药材质量的稳定，使原料的代表性差。

1. 品种的影响　不同来源的品种，其质量有差异。如葛根，《中国药典》一部中将其分别列为葛根和粉葛两个药材品种，采用 HPLC 法进行葛根素测定时，野葛含葛根素不低于 2.4%，而甘葛藤含葛根素不低于 0.3%，两者的葛根素含量相差达 8 倍。因此在处方中如不规定品种，其制剂质量将受到严重影响。为保证制剂的质量，还应特别注意杜绝使用药材的伪品。

2. 产地的影响　古代陶弘景谓："诸药所生，皆地有境界"，道地药材就充分反映了产地与药材质量的关系。如广藿香产在广州石牌者，气香纯正，含挥发油虽较少（茎含 0.1%～0.15%，叶含 0.3%～0.4%），但广藿香酮的含量却较高；产于海南岛的广藿香，气香较浊，挥发油含量虽高（茎含 0.5%～0.7%，叶含 3%～6%），但广藿香酮的含量甚微。又如白芍历来以亳、杭、川为道地，亳芍主产于安徽亳县，杭芍主产于浙江临安，川芍主产于四川中江。对不同产地白芍中的芍药苷含量进行测定，结果表明以芍药苷含量而论，亳芍、川芍优于杭芍。

3. 药材部位、采收季节、加工炮制方法、储藏条件等的影响 这些也是常见的影响药材质量的重要因素。中药中早有"三月茵陈四月蒿，五月六月当柴烧"这样的谚语。如在药典中，指明了桑叶药材宜在初霜后采收；又如人参的主根和须根及地上部分（茎叶）都含有皂苷类成分，但三者所含单体皂苷的分布及比例有明显的差别。

（二）质量标准制定的指标应有代表性

所选择制剂质量项目、指标、限量皆应与功效主治相符，方可保证质量标准所制定的指标具有代表性。如山楂在中药复方中的功效为消食健胃时，应以提高蛋白酶活性、有促进消化作用的有机酸的含量为指标进行测定；而当中药复方的功效为行气散瘀，用于治疗心腹刺痛的心血管疾病时，则应以其作用于心血管系统的黄酮类成分的含量为指标进行测定。又如生大黄以攻里通下为主，主要成分为结合型蒽醌类，大黄炭以止血为主，主要成分为大黄酚和大黄素-6-甲醚。研究建立与临床功效相结合的、以相关活性成分为代表的质量标准，以此控制饮片质量会更加科学、合理。

（三）质量标准具有可控性

中药复方制剂的质量直接与药物的临床疗效、安全性有关，因此必须对制剂处方中的原料、制备工艺和检测方法进行监控，方能保证制剂质量的稳定。但如果制定的质量控制项目和指标不具有可控性，制剂质量的稳定性依然无法得到保证。如川芎中的川芎嗪，由于其在药材中含量极少，具有挥发性，川芎药材在提取浓缩过程中很容易损失，故在含有川芎的复方制剂中以川芎嗪为指标进行测定时不具有可控性，而其他成分如阿魏酸的专属性差，藁本内酯的稳定性差，因此目前尚需进一步研究确定合理的具有可控性的指标成分。

（四）质量标准的对照物要有可靠性

对照物包括对照品和对照药材，在选择时要注意其专属性和一致性。如 β-谷甾醇在植物中普遍存在，复方制剂中的鉴别和含量测定中若采用 β-谷甾醇为对照品，所制定的质量标准就没有可靠性。对照药材应有学名鉴定，使用对照药材时，要注意保证对照药材与研制的新制剂中的原料药材的一致性，尤其是多品种的来源的中药材。

三、对照试验原则

1. 对照试验的设立 所有试验项目（鉴别、含量测定）必须设阴性对照和阳性对照。阴性对照是指处方仅缺一味药物并严格按照制备工艺制备所得到的阴性样品（若缺两味药物所得到的样品称为双空阴性样品）。阳性对照是指有效成分对照品和单味对照药材。中药复方制剂成分复杂，常常出现干扰，为了提高试验的专属性和准确性，则需要设阴性对照。作为共有特征的理化鉴别显色反应、沉淀反应、荧光反应和泡沫试验等功能团的鉴别反应，常常因影响因素多、专属性不强，不宜作为质量标准中的最终鉴别内容。只有该类成分在制剂中确有文献和实验依据时，制剂样品预处理后，进行阴性对照试验，反复比较确定无干扰，并且有一定的特征性，重现性好，确有鉴别意义的情况下，方可用于质量控制的最终项目。在薄层色谱鉴别、含量测定中，阴性对照和阳性对照就更为重要了。

实例 6-1

　　丹香清脂颗粒由丹参、桃仁、莪术、大黄等 8 味药组成，在药材莪术的薄层色谱鉴别时，制备缺莪术阴性样品，与供试品和对照品点于同一张薄层色谱板上薄层展开后，显色后得到专属性较强的色谱图，如图 6-1 所示。

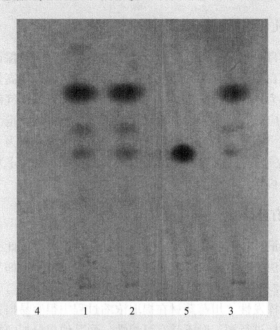

图 6-1　莪术的 TLC 鉴别图

1~3 供试品；4 阴性液；5 莪术醇对照品溶液

　　另外，如由山豆根、苦参等多味药物组成的复方制剂中，在薄层色谱鉴别时，分别制备缺山豆根阴性样品和缺苦参阴性样品。由于山豆根和苦参的主要有效成分均为苦参碱和氧化苦参碱，单用苦参碱和氧化苦参碱为对照品不能区分样品中山豆根、苦参药材的投料情况，故就要再分别制备山豆根阳性对照药材和苦参阳性对照药材及缺山豆根、苦参双空阳性样品，通过在同一张薄层色谱板上进行薄层展开，显色后方可得到专属性强的色谱图。

　　2. 对照的等量性　供试品与阳性对照应为量化对照（样品的含量与对照品取量要一致）。同样，样品供试品与阴性供试品也应为量化对照。如六一散（滑石粉与甘草的重量比为 6∶1）中缺滑石粉的阴性供试品的取样量仅应为样品供试品量的 1/6，或用相应量的淀粉替代滑石粉来制备缺滑石粉的阴性样品。

四、重复性原则

　　在制备中药制剂质量标准时，应注意各个环节的影响，保证在各个环节中其质量控制内容具有良好的重复性。

　　1. 研究过程中的重复性　即同一个人在不同的时间、不同的仪器上均能重复得相同的试验结果；或是不同的人、不同设备也能得到相同的试验结果。

2. 生产过程中的重复性　　即在生产中不同时间生产出的各个批次的产品的质量控制内容具有良好的重复性。

3. 流通过程中的重复性　　即从药品生产出来到患者手里的流通过程中，在不同的销售地点（不同地理位置、气候条件、储藏情况等），以及在不同的药品检验单位等环节，质量控制内容都要有良好的重复性。

只有采用固定的处方、规范的原辅料、稳定的制备工艺生产的样品，才能保证和验证所建立的质量标准具有重复性，才能始终一致地确保其质量和疗效的稳定。

第二节　中药新药质量标准的制定

中药新药的质量标准必须在处方（药味、用量）固定、原料（净药材、饮片、提取物）质量稳定、制备工艺稳定的前提下方可制定，以便能确实反映和控制最终产品的质量。质量标准的内容一般包括：名称、汉语拼音、处方、制法、性状、鉴别、检查、浸出物、含量测定、功能与主治、用法与用量、注意事项、规格、贮藏、有效期等项目，应依次予以说明。

一、原、辅料的质量标准

处方中的组分应符合《中国药典》（现行版）、药品注册管理办法（2020）分类的有关要求。

二、新药质量标准的内容

（一）名称、汉语拼音

中药新药申报时首先应确定名称，新药的名称包括：药品名称、汉语拼音、药材的拉丁名。

1. 药品名称　　药品的命名是药品标准化中的一项基础工作。中药新药的命名应按《药品注册管理办法》结合药物的功能主治，以及制剂剂型种类综合考虑。命名总的要求是明确、简短、科学，避免使用容易误解和混同的药品名称，更不应与已有的药品名称重复。另外，药品一般不另起商品名，应以一方一名，避免一方多名，即使是不同剂型的同一处方，应用同名称并加不同剂型名，如玉屏风颗粒、玉屏风口服液。

（1）单味制剂（含提取物）：一般可采用药材名与剂型名结合，如丹参片、益母草膏等。

（2）复方制剂：①采用主要药材名和功能主治结合并加剂型命名。如大黄清胃丸、银翘解毒冲剂；②采用处方内主要药材名称的缩写并结合剂型命名。如辛芩颗粒，由细辛、黄芩等十味药材组成；参苓白术散，由人参、茯苓、白术等十味药材组成；③采用药味数与主要药材或药味数与功能结合并加剂型命名。如六味地黄丸、十一味参芪片；④采用主要药材名加剂型名，并在前面加"复方"二字。如复方夏天无片、复方阿胶浆；⑤采用功能加剂型命名。如补中益气合剂、养阴清肺糖浆；⑥采用方内药物剂量比例或剂量限度加剂型命名。如九一散；⑦采用象形比喻结合剂型命名。如玉屏风散，本方治表虚自汗，形容固表作用像一扇屏风；⑧采用主要药材和药引结合并加剂型命名。如川芎茶调散，以茶水调服。

2. 汉语拼音　　汉语拼音名应按下列要求书写：①按照中国文字改革委员会的规定拼音：

第一个字母须大写，并注意药品的读音习惯。如阿胶 Ejiao。②药名较长（一般在五个字以上），按音节尽量分为二组拼音。中成药的药品应与剂型分组拼音，每组的第一个字母须大写。如杞菊地黄丸 Qiju Dihuang Wan。③如在拼音中有的与前一个字母合拼能读出其他音的，要用隔音符号。如更年安片 Gengnian' anPian 在 "n" 和 "a" 之间用隔音符号。

3. 命名依据 阐明确定该名称的理由与依据。如香砂枳术丸，该药是由木香、麸炒枳实、砂仁、麸炒白术四味药材制成的丸剂，故此药命名的依处方内主要药材名称的缩写并结合剂型而定。剂改品种应为原名加所改剂型名。

实例 6-2 金枳消积颗粒剂 Jinzhi Xiaoji Keliji

【命名依据】该药由鸡内金、枳壳等组成，主治脾胃不和，饮食内停之小儿积滞。取《幼幼集成食积证治》中 "夫饮食之积，必用消导，消者散其积也，导者行其气也" 之寓意，故此药命名是采用主要药材名和功效结合并加剂型命名为金枳消积颗粒剂。

（二）处方

1. 成方制剂应列处方 单味制剂为单一药味，可不列处方，而在制法中说明药味及其用量。

2. 处方中的药材名称 凡《中国药典》、部颁标准、地方标准收载的中药材，一律采用最新版规定的名称。地方药品标准收载的品种与国家药品标准名称不同，而来源是相同的，应采用国家药品标准的名称。国家药品标准未收载的药材，可采用地方药品标准收载的名称，并注明出处。

3. 处方中的各药味顺序 应先根据中医药理论，按 "君臣佐使" 顺序排列，或按药品作用主次排列，书写时从左到右，然后从上到下。

4. 处方中药材与炮制品的用法 处方中药材不注明炮制要求的，均指净药材（干品）；某些剧毒药材生用时，应冠以 "生" 字，以引起重视，如 "生草乌"。处方中药材属炮制品的，一般均用括号注明，如黄芪（蜜炙）、牡蛎（煅）等；与《中国药典》方法不同的，应另加注明；有些炮制品用括号难以说明而且习惯直接用炮制品的，即用炮制品名如熟地黄、制何首乌等；属于净选加工的 "炮制品" 按现行版《中国药典》附录中炮制通则和药材正文项下的规定处理，不另加括号注明，如肉桂按规定除去粗皮，不必注明 "（去粗皮）"。处方中的数量系指炮制品的分量。

5. 药引及辅料 处方中的药引（如生姜、大枣等），如为粉碎成混合物的，列入处方中；煎汁或压榨取汁泛丸的，不列入处方，但应在制法项注明药引的名称、用量。

一般辅料及添加剂、如炼蜜、酒、蔗糖、防腐剂等，亦不列入处方，但在制法项中需写明名称与用量。

原则上制剂使用的辅料应有正式的药用标准（《中国药典》、国外药典、部颁标准、地方标准），或被主管部门认可的执行标准。制剂中使用的辅料应有合法的来源，包括国内被有关部门批准作为药用辅料正式生产、或具合法的《进口药品注册证书》及口岸药检报告。口服制剂中已广泛使用的少量色素、食品添加剂等，应提供国家食用标准。

6. 处方量 处方中各药材的用量一律用法定计量单位，重量以 "g"，容量以 "ml" 表示。处方量多根据剂型不同而定，一般说，固体制剂、液体制剂等应以总药量一般按1000计算。如片、胶囊剂制成1000片、1000粒，糖浆剂、酒剂、合剂等制成1000ml来确定处方量。若不能用总药量1000计算的处方用量，一般以处方中各味总量控制在500～1500g，如丸剂、煎膏剂等。

（三）制法

在质量标准的制法项下应根据制备工艺写出简明的工艺全过程（包括辅料的用量使用）。对制剂质量有影响的关键工艺，应列出其控制的技术条件，具体要求如下。

1. 内容　写明制剂工艺的全过程，在保证制剂质量的前提下，不宜规定得过细。

2. 辅料、剂型、总量　主要叙述处方共有多少味药，各味药处理的简明工艺路线、工艺条件及中间体质量，使用药引、辅料的名称及用量，制成的剂型，制成品数量等。保密品种可参照《中国药典》现行版处理。

3. 关键技术、半成品标准　制备工艺中对质量有影响的关键工艺应列出控制的技术条件及关键半成品的质量标准。如粉碎的细度、浸膏的相对密度等。

4. 粉末规定　制法中药材粉末的粉碎度可用"最粗粉"、"粗粉"、"中粉"、"细粉"、"最细粉"、"极细粉"等表示，亦可列出筛目数。

5. 蜜丸　对蜜丸的用蜜量因各地气候、习惯不同，可规定在一定的幅度，但幅度不宜过大，以免影响用药剂量。

6. 起草说明　起草说明是对制法项的解释、提出技术条件的根据和对比数据的理由。

（四）性状

一种制剂的性状往往与投料的原料质量和工艺有关，保证原料质量及工艺恒定则成品的性状基本上应该是一致的，故质量标准中规定制剂的性状，能初步反映制剂质量状况。

制剂的性状指除去包装后的直观情况，内容包括成品的形态、色泽、气味等，并依次描述。如有包衣的（片剂、丸剂）还应描述除去包衣后的片芯、丸芯的色泽及气味，硬胶囊剂应定明除去胶囊后内容物的性状，丸剂如用朱砂、滑石粉或煎出液包装，先描述包衣色，再描述除去包衣后丸芯的色泽及气味。

【知识拓展】

小量研制品与中试或大量生产制成品，其色泽等可能不完全一致，甚至相差较大，故制定制剂质量标准，应以中试或大量生产的产品为依据，并至少观察3～5批样品。有些中药制剂的色泽在储藏期间会变深，因此，可根据实际观察情况规定幅度。

（五）鉴别

1. 中药新药鉴别项制定的目的　中药新药多为复方，通过鉴别项的检测来确定是否在制剂中投料、投料药材的真伪、药材品质的优劣。中药新药的鉴别方法，即要求它专属、灵敏、快速、简单、科学。

2. 中药新药鉴别标准制定的影响因素

（1）药材基源：药材基源即药材品种，由于历史原因，我国普遍存在着同名异物、同物异名、多来源等问题，如金钱草文献记载品有9科14种，江西金钱草利尿作用明显，但无利胆作用，四川金钱草利胆作用显著，但无利尿作用，而广东金钱草却既有利胆又有利尿作用。这些将直接影响到中药新药的质量，因此必须对其基源进行鉴定。鉴定的法律依据为现行版《中国药典》、局（部）颁标准、地方药品标准。

（2）药材产地和种植模式：药材产地不同，质量有明显差异，道地产区与非道地产区、人工种植与野生药材之间均存在着差异。如黄花蒿所含的青蒿素，因日照等差异，南方生长者明显高于北方。金银花含绿原酸，河南、山东为 4%~7.59%，其他大多 3% 以下。在制定中药质量标准时应该明确药材的产地、是野生还是栽培等，否则新药的质量难以控制和保持稳定。这方面引起不少药品生产企业的关注，近年来，很多企业纷纷建立自己的原料药材生产基地，把药材生产基地作为药品生产的第一车间。

（3）药用部位：中药材不同的药用部位质量差别很大。如人参中芦头有毒副作用，不能药用，人参的主根和须根及地上部分（茎叶）都含有皂苷类成分，但三者所含单体皂苷的分布及比例有明显差别。

（4）炮制与加工：药材的加工和炮制方法对品质也有很大的影响。如槐花炒炭，槐花炭中止血成分为鞣质，鞣质含量随加热温度的不同差异极大。170℃ 以下加热鞣质含量的变化不大；170~190℃ 加热，鞣质含量迅速增高数倍；190℃ 以上加热，鞣质含量反而下降。药材经过炮制后，可以使药材有效成分易于溶出，从不同的方面增强其疗效，而且炮制方法的不同，正确与否都可对中药的质量产生直接的影响。产地加工是保证药材质量的重要环节，对于药材进一步加工炮制起着决定性作用。如细辛、薄荷、荆芥、辛夷等含挥发性成分的药材须阴干；白术、川芎等个大的块根须烘干；大黄、白芍、山药、桔梗等须刮去外皮。

（5）药材的储藏与保管：由于储藏与保管不当使中药饮片发霉、虫蛀、泛油、变色、气味散失、风化、潮解、溶化、粘连、挥发、腐烂、发芽等变质现象都会影响中药有效成分。有效成分的变化有些反而危害人身体健康，至于对药品质量的影响是不言而喻的。如三颗针含小檗碱，不避光储藏，一年后含量降低 54.1%；避光储藏降低 39.83%，益母草储藏一年以上生物碱含量大幅降低。

3. 鉴别项目的选择　　复方制剂应根据中医药理论，依处方原则首选君药与臣药进行鉴别，处方中的贵重药和毒剧药也须鉴别，选择鉴别药味也应结合药物本身的基础研究工作情况，如果其成分不清楚的，或通过试验摸索，干扰成分难以排除的，则也可鉴别其他药味，但应在起草说明中写明理由。如为单方制剂，成分无文献报道的，应进行中药化学研究，研究清楚药材所含有的大类成分及至少一个单体成分，借以建立鉴别及含量测定项目是完全必要的。

中药制剂多为复方，其显微特征、理化鉴别常常受干扰，必须核对验证，选用专属性强、重现性好及较简单的方法，如专属性不强，但能说明某一药味存在，或与其他鉴别项目配合确能起到辅助鉴别作用的方法，亦可列入正文。各种理化鉴别均应做阴性对照试验确证无干扰，方可列入鉴别项下。

中药制剂中使用的药材，有的是多品种来源，确定鉴别方法要注意搜集标准中规定的多品种来源药材的样品，通过实验比较，找出共同反应或组织特征，加以规定。

中药制剂中某一药味的鉴别特征和方法，尽可能和药材相一致，不同中药制剂中同一药味，也应采用相同的鉴别方法，但有些中药制剂中由于其他药味干扰，难以统一者，也可采用其他方法。

4. 鉴别方法　　鉴别方法包括显微鉴别、理化鉴别、光谱鉴别、色谱鉴别等，要求灵敏度高、专属性强、重现性好。显微鉴别应突出描述易察见的特征。理化、光谱、色谱鉴别，叙述应准确，术语、计量单位应规范。色谱法鉴别应选定适宜的对照品或对照药材进行对照实验。

（1）显微鉴别：中药新药中含有药材粉的，可根据处方中所含药材粉末的组织细胞及其内含特征进行中成药的显微鉴别，质量标准中显微鉴别内容应按药典的格式和术语描述。

中药新药显微鉴定时，一般需要根据处方的配比，抓住主要药味的鉴别特征，并对各组成药材逐一分析比较，排除某些类似细胞组织和内含物的干扰，选取各药材在该中成药中具有专属性的显微特征作为鉴别依据。如左金丸由黄连、吴茱萸两味药组成，因它们均含有石细胞，故不采用石细胞作为某一味药的显微特征，而分别采用纤维束和非腺毛作为黄连和吴茱萸的显微特征。某一粉末药材的某些主要特征在成方制剂中有干扰时，可以选择次要特征。所收载的显微特征必须明显、易观察，经制作5张片子均能观察该显微特征。

（2）一般理化鉴别：应首先选择处方中的主要药味，即"君药"和"臣药"中的有效成分，如有效成分尚不明确的也可鉴别其特征成分，但选择特征成分经多方面的比较试验加以确定。如已有文献报道，该药材含有已知的有效成分者，应首选已知的有效成分的鉴别试验，如确不能检出时也可选择其他未知的"特征"成分作为鉴别项目。贵重药、剧毒药也应建立鉴别项目。

复方制剂所含成分更为复杂，互相干扰也更为严重。作为共性特征的理化鉴别，如呈色反应、沉淀反应、荧光反应、泡沫试验等对复方制剂中的某个药材的鉴别专属性更差，在选用时尤须谨慎。至少供试液应经预处理，并需进行阴性对照试验，确证没有干扰，而且确有鉴别意义时方可采用。

（3）色谱鉴别：色谱鉴别是指采用薄层色谱、气相色谱和液相色谱对中药进行真伪鉴别。薄层色谱是中药制剂中最常用的鉴别方法，薄层鉴别试验必须注意专属性、重现性和准确性，并应符合规范化要求。

1）供试品的提取纯化：薄层色谱对供试品的纯化程度相对要求较低，但由于中药制剂成分复杂，干扰较大，有时不加处理就难以获得高质量的色谱。因此供试品的制备需根据各自所含成分的性质和剂型采用不同的化学方法提取纯化，以提高薄层色谱的清晰度和分离度。目前常用提取纯化方法有下列几种：第一，选择适宜的溶剂直接提取或萃取。采用单一溶剂提取，如丹参以氯仿直接提取，鉴别丹参酮ⅡA。也可结合有些药味所含成分的性质，采用不同极性的溶剂，依次分离提取，可得较好的分离效果。第二，复方制剂中挥发性成分的分离，可使用微量升华法、亲脂性溶剂提取法与挥发油测定器蒸馏法来提取纯化。如通宣理肺丸用挥发油测定器采用蒸馏法来分离后鉴别紫苏叶。第三，鉴定苷类成分，加酸水解，再以溶剂萃取，如大黄中蒽醌类成分的检测。第四，含生物碱（季铵碱除外）、酚类及有机酸类成分，主要是利用生物碱、酚、有机酸等特有的性质，对样品进行纯化。如测马钱子中士的宁，先用氨碱化，再用氯仿浸提，以酸水萃取士的宁，再经碱化，以有机溶剂萃取士的宁。第五，对某些成药中杂质如油脂、蛋白质、氨基酸或色素等，或有些杂质性质不清楚，但往往造成薄层背景深，可用固液萃取来除去部分杂质，常用的是将提取液通过小柱，如氧化铝、活性炭、硅胶、聚酰胺、大孔树脂及各种化学键合相预柱等，如复方栀子颗粒剂测栀子苷通过中性氧化铝与活性炭（2∶0.5）混合小柱。第六，对于含乙醇的酊剂、酒剂甚至口服液均应将乙醇挥干，或彻底蒸干，以适宜的溶液萃取或提取，如复方人参酊去醇后，以氯仿提取丹参酮ⅡA。

2）对照品的选用：第一，用单体对照品可确切地鉴别某种成分，专属性强，但当所检成分为数种药材所共有时，则专属性差，其鉴别结果只能证明是否含有某成分，而不一定能确定是否含有某药材。如黄连应检出小檗碱斑点，但检出小檗碱斑点的则不一定就是黄连。为了提高专属性，有时化学单体、对药材对照品同时应用。如《中国药典》黄柏的色谱鉴别不仅使用了盐酸小檗碱对照品，而且还使用了黄柏对照药材。第二，用药材对照品对照，往往能提供更多的鉴别信息。在单体成分不易得或特征斑点为未知成分时，可以采用。但对于多来源药材，各品种之间的色谱图可能有差异，如甘草有甘草、光果甘草和胀果甘草三种来源，若选用其中某一种作对照，而成分中所投原料为别种时，薄层色谱就可能不完全相同。因此在制定质量标准前，应对各品种进行考察，找出共同的特征斑点作为鉴别依据。药材对照品的选用，应注意品种确切、质优、均匀性和稳定性。第三，供试品溶液已包括了工艺提取纯化的过程，所以对照药材溶液的制备应考察工艺的影响，以防止出现对照药材溶液的主斑点不同于供试品溶液。第四，提取物对照品只能用于鉴别试验而不可用于定量，仅用文字描述而没有对照物对照的方法，不可用于法定标准中。第五，用化学试剂作对照品，应写明来源、生产厂家、纯度情况，如做含量测定，应重新标化，说明标定方法与结果。

3）色谱条件的选择：第一，新药经批准生产，质量标准试行两年后即转正为部颁标准，因此在检验方法的选择上，首先即应考虑规范化问题，与发表学术论文的要求不同。如新药欲检成分的鉴别，若《中国药典》已有收载则应先采用与其相同层析条件。并且中药制剂每一药味的薄层色谱方法和条件应尽可能与药材保持一致。描述也应统一。第二，有些处方由于某些药味干扰，难以与药材的色谱条件统一，或在同一块薄层板上可同时检出几味药使操作简便，也可采用与《中国药典》不同色谱条件。一般要求展开剂至少选两种极性相差较大的溶剂系统，择优收入质量标准正文中。鉴别斑点的 Rf 值一般要求在 0.2～0.8 较为合适。第三，对显色剂的选择，应注意其灵敏度和专属性。如紫外光灯下观察荧光、硅胶 GF254 板观察暗斑，或以硫酸、磷钼酸显色，虽具一定灵敏度，但专属性不强，如有化学对照品作对照尚可行，以药材对照品对照，层析色斑众多，但不能说明鉴别成分性质。如以稀碘化铋钾试液、茚三酮溶液或三氯化铝溶液等专属性显色剂，可依次说明其为生物碱、氨基酸、肽类或黄酮类成分特征。第四，鉴别试验必要时尚须取同类品或同属其他种药材做平行试验，如党参（潞党）中化学成分党参苷 I 的鉴别，应认为专属性很强，但同属其他党参有的也含有，对常见的伪品如羊乳等也应比较鉴别，防止出现假阳性。所以在制定质量标准时，最好进行正品与伪品对比，选出两者有明显区别的展开系统，必要时增加伪品的检查项目，如大黄与土大黄均含蒽醌成分，可增加土大黄苷的检查，借以区别。第五，色谱鉴别必须采用阴性对照，即除去欲鉴别药味的"阴性"对照液。按供试品的方法同法试验，确保没有干扰此鉴别才可列入标准中。第六，薄层色谱应以彩色照片记录其真实性，定量试验也可用扫描图记录。

（六）检查

检查主要指控制药材或制剂中可能引入的杂质或与药品质量有关的项目。

1. 检查通则　中药新药的检查通则，是依照《中国药典》附录有关规定，对该类剂型所规定的参数，如水分、pH、相对密度、灰分、重量差异、崩解时限等，列出具体数据和测试结果，说明规定的理由。《中国药典》在制剂通则中囊括了常见的 29 大类剂型，同时对多种亚类剂型也做出了参数规定。如片剂通则项下包括了可溶片、阴道泡腾片；胶囊剂通则项下包括了缓释胶囊、控释胶囊等。对于《中国药典》未收载的剂型，要依据情况另行制定，所列出检查项应补充此项的要求，以反映出质量稳定的基本概况。如靶向制剂和传递系统制剂等。

2. 灰分、炽灼残渣　除注射剂、滴眼剂外，目前在中药新制剂中列入该检查项目的还不多，仅在中药材的检查项下有列入。在中药复方药味多、成分复杂等情况下，采用检查灰分（总灰分和酸不溶性灰分）、炽灼残渣可很好地控制产品内在质量。同一种中药材，在无外来掺杂物时，一般都有一定的总灰分含量范围，在这些范围内的灰分不属于杂质，但如果总灰分超过限度范围，则说明掺有外来的杂质，有可能在原料加工或储存过程中其他无机物污染或掺杂，最常见的是泥土、砂石等杂质。因此测定中药总灰分对于限制药材中的混沙和其他杂质，保证中药纯度有着重要的意义。

但是有些中药的生理灰分本身差异较大，特别是在组织中含有草酸钙较多的中药，如大黄的总灰分，由于生长条件不同可以从 8% ~ 20% 不等。在这种情况下，总灰分的测定就不能说明是否有外来无机杂质的存在。因此，必须测定这些中药的酸不溶性灰分，即在灰分中再加上 10% 盐酸来处理，得到不溶于酸的灰分，这就能精确地表明中药中泥沙、砂石等杂质的掺杂含量。炽灼残渣检查与灰分的残渣检查不同之处是，炽灼残渣检查需要在炭化后残余物中加入硫酸湿润于 700 ~ 800℃ 炽灼使完全灰化，而灰分测定检查时，逐渐升高温度至 500 ~ 600℃，使完全灰化并至恒重。所以总灰分测定与炽灼残渣检查区别是温度低、不加酸。

3. 有害元素检查　《中国药典》2010 年版一部中收录了"铅、镉、砷、汞、铜"的测定方法，采用的是原子吸收分光光度法和电感耦合等离子体质谱法。样品处理方法有三种：①微波消解法；②湿法消解（硝酸-高氯酸）；③干法消解。干法消解用于中药常需加稳定剂（硝酸镁、氢氧化钙）。此外，其中西洋参、白芍、甘草、丹参、金银花、黄芪等对有害元素做了限量规定：铜 ≤ 20mg/kg，铅 ≤ 5.0mg/kg，汞 ≤ 0.2mg/kg，镉 ≤ 0.3mg/kg，砷 ≤ 2.0mg/kg。

4. 农药残留量的测定法　《中国药典》2020 年版四部规定了药材及饮片（植物类）33 种禁用农药品种的定量限，与目前的常用农药的实际使用情况基本吻合，有很强现实意义。有机农药残留量的检测方法目前主要是采用气相色谱法，该法不仅灵敏度高、快速，而且分离效率好，可一次同时测定几种甚至几十种残留农药。

5. 有毒物质的检查

（1）中药新药组分中原药材是寄生性植物，而寄主较为广泛时，应增设对寄主植物的毒性检查。如菟丝子的寄主常有马桑科植物马桑，应检查有无马桑内酯毒素存在；当组分中有桑（槲）寄生时，寄主常有夹竹桃科植物，应检查是否存在强心苷。

（2）内服酒剂、酊剂是否含有甲醇，可用气相色谱法进行检测，提供检测的积累数据，必要时列入正文检测项目之中。

（3）卫生学检查，国内外对非灭菌药物制剂（包括药材与中成药）的生物性污染都有一些考察。有些属严重污染，如染螨与虫霉的情况，在冲剂、蜜丸尤以糖浆剂及含生药粉和动物药者应加强检查，《中国药典》2020 年版四部中对微生物限度检查按给药途径要求不同分类检查，并要求方法验证试验。部分制剂通则项下增加了无菌检查项目。

（4）注射剂、滴眼剂要求比较严格，更应该加强对有毒物质的检查，《中国药典》不溶性微粒检查法中增订了小容量注射剂的检查。

（5）中药复方制剂中所用原料（有效成分、有效部位）或半成品，在提取分离、精制纯化过程中有可能引入有害的有机溶剂时，应进行有机溶剂残留量检查。可参见《中国药典》2020 年版四部附录中有机溶剂残留量测定法进行。

6. 增加检查项　中药新药，如外用药含有乙酸，由于乙酸易挥发而影响疗效，应做限量检查，规定列入文中。规定限量指标检查项时，应有 1～3 个批次多个数据指标的要求。

7. 毒性药材　对有毒性的药材，应对其有毒成分制订限度检查。

（七）浸出物

中药新药亦可测定浸出物以控制质量。必须指出，在确实无法建立含量测定时，可暂按浸出物（液体制剂可测定总固体）测定作为质量控制项目，但必须具有针对性和控制质量的意义，如含量测定项所测含量值甚微时，应同时建立浸出物项目。

含糖类等辅料比较多的中药制剂，如选择水、乙醇、甲醇为溶剂建立浸出物测定意义不大，难以反映内在质量，故选溶剂时，还要考虑中药制剂中辅料对溶剂的影响，若处方中含挥发性成分，可以用乙醚作溶剂，测定挥发性醚浸出物。制剂含挥发性成分较多，也可作为含量测定项。如处方中药味含皂苷成分较多，可先用乙醚去脂后，用正丁醇作溶剂测定正丁醇浸出物。

（八）含量测定

中药材含多种成分，制剂多为复方，按君、臣、佐、使配伍，为中药特色之一，均应择其重点建立含量测定项目。复方制剂的含量测定，每一制剂可根据不同的处方组成，建立一项至多项含量测定。

1. 项目选定原则

（1）制剂应首先择其君药及所含贵重药建立含量测定项，如含毒性药，更应研究建立含量测定项，量微者也要规定限度试验，列入检查项中。如君药、贵重药、剧毒药同时存在，则要求均测定。对出口中成药，多要求建立两项以上的含量测定；尤其对于注射剂，更要研究建立多项含量测定，以保证药物安全有效。外用药也同样要求研究建立含量测定项，控制质量。

（2）对前述有关药味基础研究薄弱或在测定中干扰成分多，也可依次选定臣药等其他药味进行含量测定。

（3）单方制剂所含成分必须基本清楚，如明确为生物碱类等，并搞清其中主要成分的分子式与结构式，既要能测定其总成分，又要便于以主要成分计算。

2. 测定成分的选定原则

（1）有效成分或指标性成分清楚的可进行针对性定量测定。

（2）成分类别清楚的，可对总成分如总黄酮、总皂苷、总生物碱等进行测定。

（3）所测成分应归属于某一单一药味，如成药中含有两种以上药味具相同成分或同系物（母核相同），最好不选此指标，因无法确证某一药材原料的存在及保证所投入的数量和质量。但如为君药，或其他指标难于选择测定，也可测定其总含量，但同时须分别测定药材原料所含该成分的含量，并规定限度。如黄连与黄柏、枳实与枳壳、川芎与当归等常同时处于同一处方中，并为君药，则可测定成药中的小檗碱、橙皮苷、阿魏酸等，并同时分别控制各药材原料有关成分的含量。

（4）对于因药材原料产地和等级不同而含量差异较大的成分，需注意检测指标的选定和产地的限定。

（5）检测成分应尽可能与中医用药的功能主治相近，如山楂在成药中若以消食健胃功能为主，则应测定其有机酸含量；若以活血止痛治疗心血管病为主，则应测定所含黄酮类成分。

（6）中药与化学药结合的制剂则要求不仅中药君药，其所含化学药也必须建立含量测定项目。

（7）复方制剂中由于某些药味基础研究工作薄弱，测定干扰难以克服或含量极低，无法进行某些成分含量测定的，也可选择适宜的溶剂进行浸出物测定，如含挥发性成分或脂溶性成分可作醚浸出物的测定，前者还可测定挥发性醚浸出物；如含多种苷类成分药味较多，也可测正丁醇浸出物。溶剂的选择应有针对性，能达到控制质量的目的，一般不采用水或乙醇，因其溶出物量太大，某些原料或工艺的影响难以反映质量的差异。

（8）有些制剂确因处方药味多，干扰大，或含量极少，而非实验设计不合理或操作技术问题所致的含量测定困难，可以暂时只对原料药材（主药之一）规定含量测定项目，间接控制成药的质量，并继续进行成品的含量测定方法研究。

3. 含量测定方法 含量测定方法很多，常用的如经典分析法（容量法，重量法）、分光光度法（包括比色法）、气相色谱法、高效液相色谱法、薄层色谱法、其他理化测定方法及生物测定法等。制定时应注意专属性与可控性。

4. 含量测定方法的考察 中药新药可以引用《中国药典》或文献收载的与其相同成分的测定方法，但因品种不同，与自行建立的新方法一样，均要进行方法学考察研究。

（1）提取条件的选定：优选提取条件对测定结果有直接影响。提取条件的确定，一般要有不同溶剂、不同提取方式、不同时间及不同温度、pH 等条件比较而定，可参考文献，重点对比某种条件，也可用正交试验全面优选条件，再配合回收率试验或与经典方法比较，从而估计方法的可靠性。

（2）分离、纯化：排除干扰物质，保护色谱柱以提高分析准确性，特别是采用色谱分析方法更应注意此点。

（3）测定条件的选择：如分光光度法（包括比色法）、色谱法最大吸收波长的选择，液相色谱法中固定相、流动相、内标物的选择，薄层扫描法层析与扫描条件的选择等。

（4）空白试验：在色谱法中常用阴阳对照法，即以被测成分或药材与除去该成分或该药材的成药做对照，可考察被测成分的斑点（或峰）位置是否与干扰组分重叠，以确证测定指标（如吸收峰、峰面积）是否仅为被测成分的响应，防止假阳性的误判。紫外分光光度法或比色法中的空白对照液常见的有溶剂空白、试剂空白（溶剂加显色剂），对复方制剂也须同色谱法做阴性对照，确证吸收度仅为被测成分的响应。对单一成分或大类成分测定，均须做此试验。

（5）线性关系的考察：分光光度法（包括比色法）须制备标准曲线，用以确定取样量并计算含量，但色谱法一般均采用对照品比较法、外标或内标法测定，但也必须进行线性考察。目的：①确定样品浓度与峰面积或峰高是否呈线性关系；②明确线性范围，适用的样品的进样量（或点样量）；③直线是足否能过原点，以确定是以 1 种浓度或 2 种浓度对照品（即一点法或二点法）测定并计算。

标准曲线相关系数即 r 要求 0.999 以上，薄层扫描方法可在 0.995 以上，应提供标准曲线图、回归方程，并说明线性范围。

（6）稳定性试验：用紫外分光光度法、比色法或薄层扫描法等测定时，应对被测液或薄层色谱色斑的吸收值稳定性进行考察，以确定适当的测定时间。

（7）精密度试验：如气相、液相色谱法对同一供试液多次进样测定，薄层扫描法同一薄层板及异板多个同量斑点扫描测定，可考察其精密度，对同一薄层斑点连续进行多次测定，则可考察仪器的精密度。

（8）重复性试验：按拟定的含量测定方法，对同一批样品进行多次测定（平行试验至少 5 次以上，即 $n>5$）计算相对标准偏差（RSD）。根据样品含量高低和含量测定方法的繁简具体要求，如含量很低，一般不大于 5%；含量较高的，则应从严要求。

（9）回收率测定：含量测定方法的建立，多以回收率估算分析的误差和操作过程的损失，以评价方法的可靠性，回收率试验采用加样回收试验，即于已知被测成分含量的成药中再精密加入一定量的被测成分纯品，依法测定。测定值应在线性范围内，用实测值与原样品含被测成分量之差，除以加入纯品量，计算回收率。

$$\frac{C - A}{B} \times 100\% = 回收率 \%　　　　　　　（式 6-1）$$

式 6-1 中，A 为样品所含被测成分量，B 为加入纯品量，C 为实测值。

在加样回收率试验中首先需注意纯品的加入量与取样量中被测成分之和必须在标准曲线线性关系范围内；外加纯品的量要适当，过小则引起较大的相对误差，过大则干扰成分相对减少，真实性差。一般加入量与所取样品含量之比控制在 1∶1 左右。

回收率试验至少需进行 5 次试验（$n=5$），或三组平行试验（$n=6$），加入欲测样品或成分量相同或不同，后者则可进一步验证测定方法取样量的多少更为适宜。

为了反映各次回收率的实验波动情况，建议除写出各次试验的实测数据，并计算实测值的均数（$\bar{x}$），标准偏差（s）及相对标准偏差（RSD），相对标准偏差较小的实验波动较小，重复性较好。计算方法如下：

$$均数(\bar{x}) = \frac{\sum X}{n} = \frac{X_1 + X_2 + X_3}{n}　　　　　（式 6-2）$$

$$标准差(s) = \sqrt{\frac{\sum_{i=1}^{n}(X_i - \bar{x})^2}{n - 1}}　　　　　（式 6-3）$$

$$相对标准差(RSD) = \frac{s}{\bar{x}} \times 100\%　　　　　（式 6-4）$$

n 为每次实测数据的确个数，$\sum X$ 为 n 次实测数据的总和，$\sum X^2$ 为 n 次实测数据之平方值的总和。

回收率一般要求在 95%～105%，有些方法操作步骤繁复，可要求在 90%～110%。

（10）样品测定：以说明所建方法的应用情况，至少测三批样品。

以上方法考察试验与结果均应记述于起草说明中。

5. 含量限度的制定 中药制剂含量限度规定的方式，根据现行各级标准有以下几种。

（1）规定幅度：如标准进口西洋参药材含人参总皂苷为 5%～10%，含西洋参制剂则应根据处方量及工艺制备相关数值规定制剂含量幅度。如保赤散含朱砂，规定含朱砂按 HgS 计算，应为 21.0%～25.0%。

（2）规定标示量：如九分散含马钱子，对士的宁含量规定为 5mg 的 ±10% 即为 4.5～5.5mg，因制马钱子粉中士的宁含量为 0.8%，按九分散处方量计算一次剂量士的宁为 5mg，即为标示量。

（3）规定下限：如香连丸，对所测成分如黄连中总生物碱以盐酸小檗碱计不得少于 5.6%，山茱萸中熊果酸、丹皮中丹皮酚分别不得少于 0.02%、0.07%（大蜜丸）。

必须强调，含量限度的制定，须注意是在保证药物成分临床安全和疗效稳定的情况下制定，并须有足够的具代表性的样品实验数据为基础，结合原料（药材）含量及收率综合分析制定。报临床用样品至少有 3 批、6 个数据；报生产用质量标准时必须累积数据至少为 10 批样品 20 个数据。

6. 含量限度低于万分之一者 应增加另一个含量测定指标或浸出物测定。

7. 在建立化学成分的含量测定有困难时 也可考虑建立生物测定或可量化的指纹色谱等其他方法。

（九）功能与主治

要突出主要功效，并应与主治衔接，先写功效，后写主治，中间以句号隔开，并以"用于"二字连接。

（十）用法与用量

①先写用法，后写一次量及一日使用次数。同时可供外用的，则列在服用量后，并用分号隔开。②用法如用温开水送服的内服药，则写"口服"，如需用其他方法送服的应写明。除特殊需要明确者外，一般不写饭前或饭后服用。③用量为常人有效剂量，儿童使用或以儿童使用为主的中药制剂，应注明儿童剂量或不同年龄的儿童剂量。毒剧药要注明极量。

（十一）注意

"注意"按照临床试验结果和药物性能描述，包括各种禁忌，如孕妇及其他疾患和体质方面的禁忌、饮食的禁忌或注明该药为毒剧药。

（十二）规格

①规格的写法有以重量计、以装量计、以标示量计等，以重量计的，如丸、片剂，注明每丸（或片）的重量；以装量计的，如散剂、胶囊剂、液体制剂注明每包（或瓶、粒）的装量；以标示量计的，注明每片的含量；②按处方规定制成多少丸（或片数）及散装或大包装的以重量（或体积）计算用量的中药制剂均不规定规格；③同一品种有多种规格时，重量小的在前，重量大的在后，依次排列；④规格单位在 0.1g 以下用"mg"，在 0.1g 以上用

"g"；液体制剂用 "ml"；⑤规格最后不列标点符号。

（十三）储藏

根据制剂的特性，写明保存的条件和要求。除特殊要求外，一般品种可注明 "密封"；需在干燥处保存，不耐热的品种，加注 "置阴凉干燥处"；遇光易变质的品种要加 "避光" 等。

（十四）有效期

应根据该药的稳定性研究结果制订。

三、中药新药质量标准制定中应注意的问题

（一）鉴别项和检查

中成药药味多，不可能逐一鉴别，一般选择君药、毒药或贵重药作为主要鉴别对象。薄层鉴别方法要求专属性强，分离度好、灵敏度高，同时应附有彩色照片。显微鉴别对成分不清、化学测定干扰较大的药材粉末入药的药味尤为重要，但应描述清楚，结论不要太笼统。如草酸钙结晶在药材组织细胞分布广泛，对具体药材而言，草酸钙结晶的类型、分布部位、密度等是相对稳定的，仅简单观察就描述是不全面的，专属性也差，这样就失去了鉴别的意义。对某些制剂原料中易混淆的异物应建立检查项目，用动物脏器的品种应增加生物活性测定，有效成分为大分子化合物的制剂应相应增加分子量检测项目。

（二）提取

对含药材原粉的制剂，如含量测定中采用取部分提取液的测定方法，则不宜将样品粉末直接置容量瓶中定容，因为中药含量测定的取样量往往较大，且药粉不溶于水，其固体体积不可忽视。例如，将 0.5g 九分散于 10ml 容量瓶中，以刻度吸管加入约 7ml 即已至量瓶刻度。可将样品称入具塞锥形瓶中，精密加入 10ml 计算含量。

（三）含量测定

一般对君药、毒药、贵重药均要设法进行含量测定，其中活性成分明确的应针对性定量。但尚有不合理或不完整的情况存在。应测定的成分没有测定，活性高、毒性大的成分没有制订出上、下限，如某处方中含有大量斑蝥素，挑选该原料时不仅需符合药典规定的低限，为了保证产品安全有效、质量稳定，还须制订出高限。

（四）大类成分（如总黄酮、总皂苷）的测定

（1）如所测总成分以某一单体成分为对照品制订标准曲线并计算，应首先考虑对照品溶液与供试品溶液最大吸收波长是否一致，有的相差很大或供试品溶液根本无最大吸收，方法则不能成立。

（2）阴性（空白）对照液即除去欲测成分的药材原料制备的样品液，依法测定其吸收图谱，与基线吻合，或略有吸收，在无其他方法可循的情况下，其吸收值若低至样品值 5%

以下，可忽略不计。因考察中药多为天然药物，含量幅度较大，又为大复方，故不可认为无吸收峰即视为无干扰。

（3）按上述方法制备背景空白以消除干扰是不可行的。由于处方原料不相同，工艺未知，配制出的背景空白不可能条件相同，吸收值差异较大，故此方法无推广价值。只有在原料来源不变，工艺稳定的情况下作为企业内部的质控方法暂时使用。

（4）为了消除其他组分干扰，采用导数光谱或二波长、三波长等方法测定单一或大类成分，仅可用于药味较少的制剂，其空白试验取多批次样品测定，结果一致才可采用。因中药复方与化学药不同，后者所谓干扰组分均为结构已知具有一定规格的成分，而中药则大部分为未知成分且不稳定，有些测定只有一次性的意义，不具重现性。

（五）回收率的测定

在一些实验设计中，常见到所谓的加样回收测定，不是在称样开始时即加入纯品，而是将其加至制备好的供试品溶液中，这样不能考察提取、纯化过程中被测成分是否损失。也有在薄层扫描试验中，于薄层板上依次点对照品溶液、供试品溶液及对照品与供试品重叠点于同一原点上，测定后计算，这只能反映板上的回收率，而不能代表全部含量测定方法的回收率。

（六）对照品问题

含量测定用对照品只能用化学纯品，不可用药材对照品，因为不可能得到所含成分含量同一的样品。

测定大类成分如皂苷也不宜采用总皂苷为对照品，因总皂苷组分复杂，各成分比例不稳定，不同批次的皂苷难于保持一致，从而使含量测定结果不稳定。

测定总皂苷时，采用同系物之一的化学单体并以其计算，定出限度是可行的。如测定人参总皂苷，以人参皂苷 Rg_1、Re 等作对照品并计算。但如处方中含有的不同药味均含皂苷，有的甚至不是皂苷而是其他各种苷类，例如，处方中有黄芪、人参、地黄、知母、赤芍等，而以黄芪甲苷或人参皂苷 Re 为对照品测定并计算含量，科学根据不足，不能成立。

第三节　中药新药指纹图谱研究

一、指纹图谱的概念

中药指纹图谱是运用现代分析技术对中药化学信息以图形（图像）的方式进行表征并加以描述的中药质量控制手段。中药指纹图谱经过制备、分析、比较、评价和校验等过程，对药材、半成品和成品质量进行评价。

现有的药物质量控制方法往往以一个或两个成分确定控制指标，难以准确、全面地评价中药质量，且重现性差。中药生产的原药材，批次与批次之间差异较大，在成分含量、成分组成及各成分含量比例方面都不能保持一致。中药指纹图谱的建立能够一定程度上解决这些问题，一个理想的指纹图谱不仅能够达到定性鉴别的目的，而且色谱图中大部分色谱峰理可达到基线分离，对大部分成分可进行定量分析，能够通过解决中间体、成品的批间一致性及稳定性问题，从而间接保障药品的安全性和有效性。同时，采用中药指纹图谱这种被国际社会认可的方式，有效地表征中药质量，有利于中药进入国际市场。

但指纹图谱质量控制模式常用的色谱光谱技术只能对中药中挥发油、生物碱、黄酮、皂苷、香豆素等生物小分子有效成分进行检测，对生物大分子物质如多糖和蛋白质等药效成分的分析检验还有一定难度，不能对药材或者提取物的整体药效作用完全表达。另外，中药指纹图谱的建立一般不要求所有峰与基线分离，使得指纹图谱中的色谱峰纯度不够，在选择特征组分峰时难免选择到与基线未完全分离的色谱峰，加上药材中化学成分的错综复杂，增加了分析结果的不确定性。中药复方与单味药材相比，除了一味药物自身成分的多样性之外，还会有药材与药材之间的影响，产生更多的反应物，使色谱峰纯度下降。同时，无法排除不同组分对同一色谱峰的干扰，亦无法确定某一组分对同一色谱峰的贡献。特征组分峰与化学成分的对应关系不确定，不同的指纹图谱可以表示样品之间的差别，但相同的指纹图谱并不能代表彼此具有相同的化学组分，造成指纹图谱对比后得出的结论不可靠的后果。

指纹图谱在中药质量控制中具有优势与局限性，但相比单一成分的定性定量的质量控制办法仍然是一个大的飞跃。要完全明确中药物质群体的化学组成必然是一个漫长的科学技术发展过程，在此过程中，将指纹图谱作为一种质量控制办法仍然是一条必经之路。

二、指纹图谱的研究方法

根据研究对象不同，指纹图谱研究的方法也不同。指纹图谱的研究方法主要包括光谱法、色谱法及其他方法的联用，其中发展最快、应用最广泛的方法是色谱法。

（一）色谱法

色谱法是借助物质在两相间不同的分配系数而使物质相互分离的方法。按照原理可分为：吸附色谱、分配色谱、离子交换色谱、排阻色谱和电色谱等；按流动性的不同则可分为：液相色谱法、气相色谱法和超临界流体色谱法。

高效液相色谱法（HPLC）一般常用于定量测定，是指纹图谱研究方法中的首选，具有柱效高、灵敏度高、分离速度快、分析时间少，应用范围广泛的特点，绝大部分有机化合物均可应用，可根据待测成分特性配以不同类型的检测器。高效液相色谱法在中药样品指纹图谱分析的应用方面已有几十年的经验，在中药质量控制中具有极其重要的位置。

气相色谱法（GC）是液相色谱法的有利补充，该方法灵敏度高、分离度好、分析速度快、定量分析的精密度优于1%，主要适于气体、挥发性和半挥发性液体及通过衍生化后能够气化，或者沸点在500℃以下、相对分子质量400以下的物质的定性、定量分析，不挥发性成分也可采用裂解气相色谱或闪蒸气相色谱来进行鉴定。气相色谱法是中药指纹图谱研究的主要方法之一。气相色谱-质谱-计算机联用技术的发展，在富含挥发油类药材的鉴别方面，已成为一种首选的方法。

薄层色谱法（TLC）是一种传统的定性、定量分析方法，是一种平面色谱，具有快速、经济、操作简单、适应范围广、重现性好、移动相组成灵活多样、色谱后衍生简单方便的特点，分析结果易于辨认，是目前用于中药鉴别中使用最多的方法。

高效毛细管电泳法（HPCE）是以毛细管为分离通道、以高压直流电场为驱动力的新型分离分析技术。借助特定的检测器，毛细管电泳几乎能分析所有化合物，小到无机离子、大到蛋白质和高分子聚合物，甚至整个细胞和病毒。高效毛细管电泳具有高灵敏度、高分辨率、高速度、样品用量低、成本低的优点，可用于中药材真伪及产地的鉴定，多种中药有效成分的分离和含量测定。

色谱技术的多样性使色谱法能适应于各类样品的分析。色谱技术具有高灵敏度、分离分析时间短、分辨率高、分离容量大等优点也使其在药物分析领域得到更大的利用空间。

（二）光谱法

光谱法包括紫外吸收光谱法（UV）和红外光谱法（IR）。

紫外吸收光谱又称电子吸收光谱，它是反映分子内电子吸收紫外和可见光波段的能量而产生跃迁的吸收光谱。不同的化合物可能有很相似的吸收光谱，两个纯化合物的紫外吸收光谱不同，可以断定为两种不同的物质，但相同的紫外光谱却未必是同一化合物。所以，对于中药制剂中多种成分混合物的分析，常要与高效液相色谱、高效毛细管电泳法等技术联用，借助色谱手段将化合物分离，再鉴别光谱特征。因此，紫外–可见光谱在中药分析中的应用局限于做总量测定。

红外吸收光谱又称分子的振转光谱。对每个化合物而言，红外吸收光谱可以提供 C—C、C＝C、C≡C、C—H、C—O、O—O、C＝N、C—N、O—H 等各种化学键的振动情况，能对各主要吸收峰做出明确的解析，并为化合物的结构提供可靠的信息。红外光谱最大的特点是对药材可以进行"无损伤"检测，得到的红外光谱是药材中各种成分红外光谱的叠加，是药材整体本质的反映。中药中各化学成分在质和量方面如果相对稳定，那么只要在 $4000 \sim 400 \mathrm{cm}^{-1}$ 范围内比较光谱的差异即可。

（三）其他方法

质谱（MS）是利用高速电子流轰击样品分子，使其断开，形成各种各样带电的碎片离子，然后在磁场或交变电场或在真空环境中，使这些高速运行的带电碎片离子获得分离，依据这些碎片离子，对分子的分子量和分子结构做出判断的一种分析技术。质谱以灵敏、精确为特征，通常只需微克级或更少量的样品便可分析鉴定。随着高分子质谱的产生，在分子量测定方面，其精确程度可达到小数点后第六位，可谓是目前最精确的测量方法，常与其他检测方法联用应用于科研中。质谱法对提取液中主要成分的含量要求较高，实验费用亦较大，在实际应用中的普及尚需时日。

磁共振波谱（NMR）是一种基于特定原子核在外磁场中吸收了与其裂分能级间能量差相对应的射频场能量而产生共振现象的分析方法。磁共振波谱通过化学位移值、谱峰多重性、偶合常数值、谱峰相对强度和在各种二维谱及多维谱中呈现的相关峰，提供分子中原子的连接方式、空间的相对取向等定性的结构信息，再利用分子特定基团的质子数与相应谱峰的峰面积之间的关系进行定量测定。

电化学分析是根据溶液中物质的电化学性质及其变化规律，建立在以电位、电导、电流和电量等电学量与被测物质某些量直接的计量关系的基础之上，对组分进行定性和定量的仪器分析方法。任何物质都有其自身的电学特点，通过各种装置或仪器很容易测得它们的电阻、电流、电位等电性能。另外还可通过电极反应来测定它们的电化学性质，如极谱法、电解法、阳极溶出法等。电化学检测法对由性质差异较小或结构较相似的化合物组成的复杂样品选择性极差，在分析中药的总生物碱、总皂苷、总蒽醌、总黄酮等提取物时，由于包含相当多的结构类似物或同分异构体，使得分析选择性降低，也提示使用该法分析中药质量时必须先使这些类似物相互获得分离预处理，而后再进行分析测定。

多维多信息指纹图谱，即采用多种分析仪器联用的模式，对中药进行分析，整合多种分析一起的信息，同时对中药的分析结果进行分析的方法。所谓多信息，即指注射剂的特征谱应努力做到包括化学和药效两方面的信息。多维多信息并不是什么新的分析技术，而是多种分析仪器联用的一种分析模式。目前最常用的是高效液相色谱（或毛细管电泳）/二极管阵列检测器/质谱/质谱方式所得的多维指纹图谱。建立多维多息特征谱的最大优点在于能较系统、较完整地解决中药注射剂面临的保证药效和质量的难题，为解决中药研究中缺少对照品的难题提供了一种可行之路。

除上述方法外，还有 X 射线衍射法、高速逆流色谱法（HSCCC）和 DNA 指纹图谱法等。

三、指纹图谱的研究流程

在中药指纹图谱研究过程中，完善的方案和正确的思路至关重要。中药成分复杂，思路正确可以确保研究进程不走弯路；方案细致周密，不仅可以减少实验强度，提高研究效率，而且往往可以获得满意的结果。

（一）研究对象及研究方法的确定

首先，是研究对象的确定。无论是单味中药还是中药复方，所含成分都比较复杂，一种药材可含多种活性组分，有多个临床应用。当研究某个注射剂或中药制剂的指纹图谱时，首先必须调研相关的文献、新药申报资料（质量部分和工艺部分）及其他研究结果，尽可能详尽地了解药材、中间体及成品中所含成分的种类及其理化性质，经综合分析后找出成品中的药效成分或有效组分，作为成品及中间体指纹图谱的研究对象，即分析检测目标。例如，黄芪多糖注射液是以黄芪中的多糖为原料，因此对黄芪多糖注射液进行指纹图谱研究时应以多糖作为研究对象；同样研究其中间体的指纹图谱时也应以多糖作为研究对象；而研究原药材的指纹图谱时应将黄芪中所含有的黄酮、皂苷及多糖作为研究对象。又如，一些注射剂品种为复方制剂，由两味或两味以上单味药组成，所含组分种类较多，成分复杂。研究复方注射剂指纹图谱时，应根据君臣佐使的原则，以君药、臣药中有效成分作为主要研究对象，以减少工作量，佐使药中的成分可采用其他指纹图谱方法进行辅助、补充研究。

其次，是研究方法的选择。一个中药制剂指纹图谱应可以同时采用两种或更多种方法来进行研究。指纹图谱研究方法应根据研究对象的物理化学性质来选择，目前，大多数化合物采用 HPLC 法。例如，黄芪多糖注射液，无论是原料中的黄酮、皂苷还是多糖均可采用 HPLC 法进行分析检测；对于挥发油类极性较小的成分，例如，土木香中的土木香内酯、异土木香内酯、二氢土木香内酯等挥发油成分，应采用 GC 法；而一些难以检测或采用以上方法得不到较理想的分离效果时，可采用 TLC 或尝试使用 CE 方法。另外，方法选择时尚需考虑药品检验系统复核时的设备、技术等因素。

（二）样品的收集

针对不同用途的原料药材，样品的收集要求不尽相同。

1. 原料药材　对于为制剂的原料药材进行的指纹图谱研究，要求药材具有一定的稳定性，原药材样品的收集应遵循的原则有：①药材应尽可能固定药材的品种、产地、药用部位、采收时间和炮制加工方法；②对已往生产中使用过的药材应结合临床使用情况选择性收集样品，对工艺稳定、疗效恒定、临床使用中很少出现异常医疗事故的药材批次应重点选择；③另外还应收集不同产地、不同采收期的药材，这些药材虽然含量高低不同，组成比例各异，但当正常使用的药材一旦出现偏差时，可通过这些批次的药材实行合理"勾兑"。通过指纹图谱的研究，可以对"勾兑"过程进行指导。

对于只针对药材进行的指纹图谱研究，则要求尽量多收集不同产区的药材样品，多基原药材还必须收集其他基原的药材样品，有条件的还可以收集亲缘关系较近的同属其他种的药材样品，以反映该品种作为植物学上"种"的指纹特征，即体现指纹图谱的专属性。研究过程中还应注意药材的不同采收时间和药材部位的不同对指纹图谱的影响。

样品的收集是研究指纹图谱最初也是最关键的步骤，由于不可能对一个药材的所有样本进行试验，而且生产环境条件对药材代谢产物有影响，所以要收集有代表性的样品；收集不少于 10 批供试品，样本的数和量要有足够的代表性。对于药材的批数，理论上是越多越好，10 批是最低要求，供试品应保证真实性，应有完整的采样原始记录。

2. 半成品（提取物）　半成品（提取物）是指通过药材混批经过规范的生产工艺所生产的实际样品。药材混批是指根据各批次药材的成分含量高低不同，进行组合，使药材内在质量基本一致，再进行其后的制剂工艺，通过该手段来保证提取物和制剂的质量可控。关键技术及相应参数应做好详细记录。在实际生产中，药材混批尚有难度，可以暂时通过半成品（提取物）不同批次间的混合来代替药材的混批。

3. 成品　产品批号、生产单位、成品批号与半成品（提取物）批号的相关性均须有明确的记录，以保证实验数据的可追踪性。产品的"对照用指纹图谱"是建立在标准化提取物或 10 批以上产品指纹图谱的基础上，各批样品须有留样，并记录参数，并附实验完毕后指纹图谱。

（三）供试品溶液的制备

1. 药材供试品溶液的制备　取样时，地上部分的药材，取样 0.5 ~ 1kg，分别称量茎、叶、花、果的大致比例并做记录；果实类药材，生产时去除种子的，供试品也应除去种子，并做记录。如果药材表观质量不均匀，如大小不一、肥瘦不等、粗细不匀等，应注意供试品的取样有代表性，其后的试验中，必要时应做比较试验，以考察所含成分有无显著差异。将选取的供试品适当粉碎后混合均匀，再从中称取试验所需的数量，一般称取供试品与选取样品的比例为 1∶10。因为指纹图谱需要提供量化的信息，称取供试品的精度一般要求取 3 位有效数字。选用适宜的溶剂和提取方法，制备药材供试液，可定量操作进行，尽量使药材中的成分较多地在色谱图中反映出来，并达到较好的分离。最终制备的供试品溶液还应能适应色谱试验的需要。一般情况下，供试品溶液尽量新鲜配制，如连续试验需要，供试品溶液应在避光、低温、密闭容器条件下短期放置，一般不超过两周，溶液不稳定的，一般不超过48h。最后，注明编号及批号。在制备过程中，主要操作过程及数据应详细记录。

2. 半成品（提取物）供试品溶液的制备　称取不同批次的半成品（提取物），按上述制备方法，制备成一定量的溶液，备用。标签须注明编号或批号，应与取样的药材编号一致，或有明确的关联，以保证数据的可追溯性。主要操作过程及数据应详细记录。

3. 成品（注射剂）供试品溶液制备　液体注射剂一般可直接或稀释后作为供试品溶液，必要时也可用适宜的溶剂提取并制备成一定量的溶液。固体形式的注射剂（冻干粉针）需注意注射剂的附加剂对色谱试验是否有干扰。如有干扰，需采取适宜的样品预处理方法以排除干扰。此外，注射剂中不同药材成分性质如果相差较大，色谱条件要求不同时，需要分别进行样品的预处理试验，便于制备两个以上的指纹图谱。主要步骤及数据应详细记录。

（四）参照物

指纹图谱的参照物质一般选取容易获取的一个以上注射剂中的主要活性成分或指标成分，主要用于考察指纹图谱的稳定程度和重现性，并有助于色谱的辨认。在与临床药效未能取得确切关联的情形下，参照物起着辨认和评价色谱指纹图谱特征的指引作用。指纹图谱比一般色谱复杂，内标物不易选择，也不易插入，指纹图谱不是含量测定，故内标物的作用也不等同于含量测定的内标物，因此应慎重考虑选用内标物质的必要性和可能性。参照物应说明名称、来源和纯度。如无参照物也可选指纹图谱中的稳定的色谱峰作为参照峰，说明其色谱行为和有关数据，并应尽可能阐明其化学结构及化学名称。

（五）系统适应性研究

指纹图谱研究常用的色谱技术有薄层色谱、液相色谱、气相色谱及其他色谱技术。须注意各种色谱技术的特点和不足，结合实际选用。指纹图谱不是含量测定，试验方法和试验条件的优选不能光考虑指标成分的分离特性，要从整体上考虑，不论何种色谱技术，必须满足专属性、重现性、可行性三个原则。专属性是指建立的指纹图谱必须能够表达该品种的唯一特点，即唯一性。重现性是指同一品种同一样品指纹图谱中构成指纹的各特征峰作为整体在不同实验室和不同操作者之间得到的色谱图整体特征要有较高的相似度，以表明方法的可行性。可行性是指色谱方法和试验条件易于推广和便于执行，即一旦由药品监督管理部门批准其成为质量标准的内容后，生产厂家、中等水平的分析实验室和省级以上的法定检验机构可执行该标准。

（六）指纹图谱方法学研究

指纹图谱的方法学研究与含量测定时的相同，主要包括指纹图谱稳定性、精密度及重复性等，指纹图谱可以通过相对峰面积和相对保留时间来进行相似度评价。

四、指纹图谱的评价

指纹图谱的评价分为直观分析和相似度评价两部分。

（一）直观分析

按《中药注射剂色谱指纹图谱实验研究技术指南（试行）》的要求，指纹图谱直观分析可以按如下方法进行：试验条件确立后，将获得的所有样品的指纹图谱逐一研究对比较，首先应将原药材、半成品（提取物）、成品的指纹图谱分别直观比较。一张指纹图谱，仔细观察，找出药材色谱具有指纹意义的各个峰，给以编号，对药材、半成品和成品之间的图谱进行比较，如有缺峰，则缺号，以保持峰的编号不变，便于清楚地考察相互之间的相关性。半成品（提取物）的指纹图谱与原药材的指纹图谱应有一定的相关性，即半成品（提取物）指纹图谱的特征应在原药材的指纹图谱中可以追溯，而原药材中的某些特征在提取物指纹图谱中允许因生产工艺关系而有规律的丢失。半成品（提取物）指纹图谱与成品（注射剂）的指纹图谱应有较高的相关性。

实例 6-3　复方半边莲注射液成品 HPLC 指纹图谱

具体如图 6-2~图 6-4 所示。

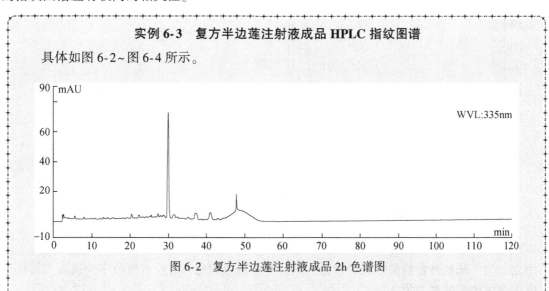

图 6-2　复方半边莲注射液成品 2h 色谱图

指纹图谱的辨认应注意指纹特征的整体性。其评价指标是供试品指纹图谱与该品种对照用指纹图谱（共有模式）及供试品之间指纹图谱的相似性。

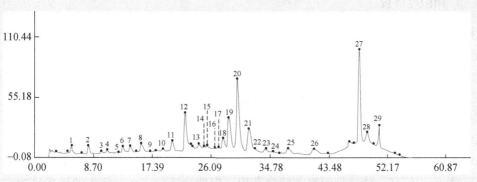

图 6-3　复方半边莲注射液半成品指纹图谱共有模式图

指纹图谱的相似性从两个方面考虑：一是色谱的整体"面貌"，即有指纹意义的峰的数目、峰的位置和顺序、各峰之间的大致比例（薄层色谱还有斑点的颜色）等是否相似，以判断样品的真实性；二是供试品与对照样品或"对照用指纹图谱"之间及不同批次样品指纹图谱之间总积分值做量化比较。如总积分面积相差较大（如±20%），则说明同样量的样品含有的内在物质有较明显的"量"的差异，这种差异是否允许，应视具体品种、具体工艺的实际情况，并结合含量测定项目综合判断。这种比较应在同一台仪器及条件下平行进行

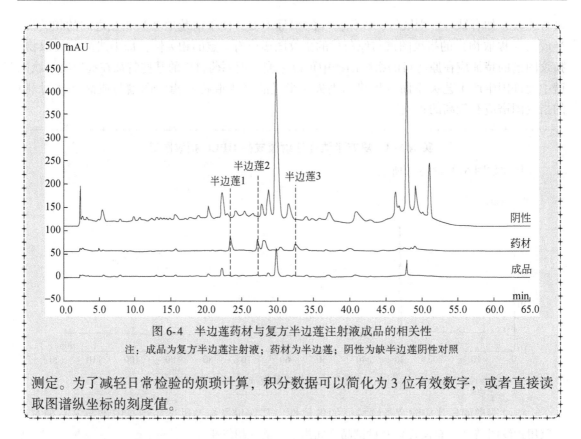

图 6-4　半边莲药材与复方半边莲注射液成品的相关性

注：成品为复方半边莲注射液；药材为半边莲；阴性为缺半边莲阴性对照

测定。为了减轻日常检验的烦琐计算，积分数据可以简化为 3 位有效数字，或者直接读取图谱纵坐标的刻度值。

（二）相似度评价

"模糊性" 和 "整体性" 是中药指纹图谱的基本属性，"模糊性" 强调待测样品与对照指纹图谱之间的相似性，不是完全的相同；"整体性" 强调完整地对比指纹图谱之间的相似性，而不是将其分解。"相似度" 的概念切合了指纹图谱的 "整体性" 与 "模糊性" 两个主要特征，在中药指纹图谱的研究中得到了认同。相似度是复杂的中药材进行质量控制，判别真伪的一个重要指标，是中药指纹图谱技术的一个有效手段，其计算方法非常重要。

中药指纹图谱的相似度计算是将指纹图谱向量化，也就是说，将一个样品的指纹图谱看成一个 n 维向量，如 $X = (x_1, \cdots, x_n)$，其向量的分量值是指纹图谱中每个峰的原始数据点，或者峰面积信息。计算相似度，就是利用一定的计算公式，对代表两张指纹图谱的向量 $X = (x_1, \cdots, x_n)$ 及 $Y = (y_1, \cdots, y_n)$ 进行多元统计学和化学计量学的计算，这个计算公式就是相似度计算方法。通过计算，得到一个确切的相似程度的数字（通常要求在 0.900 以上），这种处理可以避免人为的干扰，只要给出可以接受的数值（比如 0.900 以上），就可以判断两个样品相似与否，给指纹图谱的评价带来了极大的方便。

目前，有多种相似度计算方法，可以分为两大类，定性相似度和定量相似度。定性相似度能够反映中药化学成分的分布比例的相似情况，但是不具有定量评价功能。其主要计算方法有：相关系数法，夹角余弦，Nei 系数法，改进 Nei 系数法等。定量相似度能够从整体上反映化学成分含量之间的差异情况，主要计算方法有程度相似度、投影含量相似度、含量相似度等。

几种相似度算法，每一种指纹图谱相似度算法都有其自身的特点和适用范围，在中药质量控制的过程中，只有针对不同评价方法制定相应合理的评价指标，并结合化学模式识别如聚类分析、主成分分析及人工神经网络等，整个评价研究才对中药质量控制具有实际意义。

中药指纹图谱的研究在国内仍属起步阶段，今后应加强指纹图谱与药效相关性的研究，还应加速指纹图谱研究和应用的产业化推广，从而推动我国中药产业现代化研究进程。

第四节　GMP

一、GMP 的概念

GMP 是《药品生产质量管理规范》（good manufacture practice for drug）的英文简称。《药品生产质量管理规范》是用科学、合理、规范化的条件和方法来保证生产优良药品的一整套系统的、法定的技术规范，是药品生产和质量管理的基本准则和必要条件，它适用于药品制剂生产的全过程及原料药生产中影响成品质量的关键工序。

中国卫生部于 1995 年 7 月 11 日下达卫药发（1995）第 35 号 "关于开展药品 GMP 认证工作的通知"，同年，成立中国药品认证委员会。自 1998 年 7 月 1 日起，未取得药品 GMP 认证证书的企业，卫生部不予受理生产新药的申请；批准新药的，只发给新药证书，不发给药品批准文号。

根据中华人民共和国卫生部部长签署的 2011 年第 79 号令，《药品生产质量管理规范（2010 年修订）》（下称新版 GMP）已于 2010 年 10 月 19 日经卫生部部务会议审议通过，自 2011 年 3 月 1 日起施行。中国新版 GMP 以欧盟 GMP 为基础，与前版相比从管理和技术要求上有了相当大的进步。特别是对无菌制剂和原料药的生产方面提出了很高的要求。新版 GMP 认证有两个时间节点：药品生产企业血液制品、疫苗、注射剂等无菌药品的生产，应在 2013 年 12 月 31 日前达到新版药品 GMP 要求；其他类别药品的生产均应在 2015 年 12 月 31 日前达到新版药品 GMP 要求。未达到新版药品 GMP 要求的企业（车间），在上述规定期限后不得继续生产药品。

二、GMP 的基本要素

GMP 的基本规定依靠它的基本要素有机地组合成完整、严密的文本，成为药品生产和质量管理纲领性文件。研究 GMP 要素是为了继续准确地实施 GMP，其精髓和核心是确保产品生产过程中 "一切行为有法规，一切行为有记录，一切行为有监控，一切行为有复核"。

1. 全面质量管理　"质量" 是 GMP 的中心。质量在 GMP 中是广义的、全面的，除众所周知的产品质量外，还涵盖了生产、管理等工作质量；厂房、设施、设备、仪器仪表、计算机系统等硬件质量；规章制度、操作规程、SOP、计算机程序等软件质量；原辅物料、包装材料等物料质量和参与生产、检验、管理、维修等人员的质量。GMP 的宗旨是确保药品质量万无一失，它的万无一失是以每一支针、每一粒药为目标，以控制全过程不生产不合格品为保障，体现对用户的最大责任。企业对于质量的承诺，不能光看它崭新的厂房设施、成套的规章制度，关键是真正树立 GMP 的质量观念。

2. 全过程控制　为确保药品质量万无一失，GMP 强调对药品生产和管理实施 "全过程控制"。GMP 所述的全过程，不只是生产操作过程，而是涉及药品生产的所有范围。与传统的生产控制观念不同，它至少包括产前控制、生产控制和产后控制三个层面。

（1）产前控制：药品生产企业的厂址选择、厂房设计、设备采购、施工安装、原辅材料供应等硬件的准备，规章制度、操作规程、生产工艺等软件的制订，以及人员资质、专业培训等都会对药品生产产生影响。为此，GMP 在相应条款中都有严格要求。不仅要求把住进厂关，加强复核制度，有的还要求审核供应商。

（2）生产控制：生产控制的范围包括生产过程控制和生产环境控制两大方面。控制的重点是人为差错、药品的污染和交叉污染。相当多的企业十分重视厂房建成时的环境参数，如空气洁净度、温湿度等，却对生产过程中环境参数的变化并不关心。实际上，受药品生产影响，净化空气调节系统在使用一定周期后，净化空调箱、风管、风口、空气过滤器上都会产生或积聚微粒和微生物，它们通过气流流动传播到室内生产线、设备、容器和人体的表面，直接或间接地污染药品。定期监测空气洁净度、室内气压是鉴定药品是否在规定环境下生产的重要措施。防止生产过程的人为差错、污染和交叉污染是药品生产永恒的课题，因此，企业应理解 GMP 的内涵，根据企业自身特点，运用"全过程控制"概念，寻找企业自身可能造成人为差错、污染和交叉污染的隐患，针对性地采取措施。

（3）产后控制：药品的质量概念是产品有效期内药品必须安全、有效。因此，产品检验合格出厂并不意味着药品质量控制的结束。产品在有效期内的销售，以及因质量问题的退货、收回、处理、销毁等，应列入产品后期控制范围。产品质量不是生产企业说了算，必须经过市场、用户的考验。生产企业、药品销售和监管部门必须重视用户药品质量投诉和药品不良反应。

3. 责任　实现"全过程控制"不能只靠制度、规定，执行制度、规定，还要求参与药品生产和管理的人必须有法律责任感和道德责任感。GMP 把人员要求放在文本的首要位置，对企业主管生产和质量的负责人、生产和质量管理部门的负责人，提出了学识水平和工作经验的要求，对从事一般岗位和特殊岗位的生产操作和质量检验人员，分别提出了基本素质和必须培训上岗的要求，这些要求的核心就是人员的专业性和责任心。GMP 虽然不是法律文件，但它是根据我国《药品法》制定的衍生文件。从事药品生产和管理的人员应把遵循 GMP 作为自己应尽的责任，责任是 GMP 的重要内容。

三、实施 GMP 的重要性

实施 GMP，强化质量管理是企业生存之路、发展之路，也是我国药品生产企业与国际质量管理标准体系接轨并逐步走向世界的必由之路，它关系到人民用药安全有效的大问题，也关系到企业生死存亡的大问题。实施 GMP 是形势所迫，势在必行。

1. 有利于企业新药和仿制药品的开发　根据规定，自 1999 年 5 月 1 日起，由国家药品监督管理局受理申请的第三、四、五类新药，其生产企业必须取得相应剂型或车间的"药品 GMP 证书"，方可按有关规定办理其生产批准文号。同时，申请仿制药品的生产企业也必须取得相应剂型或车间的"药品 GMP 证书"，方可受理仿制申请。所以药品生产企业，只有获得"药品 GMP 证书"，才能开发新品种。

2. 换发《药品生产企业许可证》　新开办的药品生产企业必须通过 GMP 认证，取得《药品 GMP 证书》，方可发放《药品生产企业许可证》。在规定期内，未取得《药品 GMP 证书》的企业，将不予换发《药品生产企业许可证》。

3. 有利于提高企业和产品的竞争力　凡通过 GMP 认证的企业或车间，都发有《GMP

证书》，通过 GMP 认证的有关内容也可在企业和产品宣传推广上应用。这样必然会进一步提高企业和产品的形象和市场的竞争力。

4. 有利于药品的出口 GMP 已成为国际医药贸易对药品生产质量的重要要求，成为国际通用的药品生产及质量管理所必须遵循的原则，也是通向国际市场的通行证，企业获得《GMP 证书》，药品就可以走出国门，面向世界，扩大出口。

5. 有利于提高科学的管理水平 我们过去的管理，是一种传统的管理方法，只重视结果，不注重过程，而现在 GMP 管理，是一种科学的先进管理方法，它最大的特点是它不但重视结果，而且还重视过程，能够提高企业人员素质，增强质量意识，保证药品质量。

四、GMP 验证与认证

GMP 对各项工作严格要求，例如，物料复核、复验制度，设备仪器定期复检、校核制度，生产、检验操作记录复核、归档制度，重大质量问题报告制度等。其中最具 GMP 特色的是有关工作的确认、验证制度。验证是对任何程序、生产过程、设备设施、物料、系统确实能达到预期效果的最好证明。只有使用经过验证的厂房设施、生产工艺、清洁程序、检验方法，这样才能使药品质量得到保证。而所有的验证必须由具有责任心的人员经过规定的程序，以真实可靠的数据为依据。

（一）验证与 GVP 的概念

我国 GMP（2010 年修订）对验证的定义如下：证明任何程序、生产过程、设备、物料、活动或系统确实能达到预期结果的有文件证明的一系列活动。

"验证"一词的定义中强调了证据（书面保证）、质量要求，因此，验证是一个系统工程，是药厂将 GMP 原则切实具体地运用到生产过程中的重要科学手段和必由之路。

验证管理规范（good validation practice，GVP）是对验证进行管理的规范，是 GMP 的重要组成部分，具体表现在对仪器仪表的校验、设备确认和工艺验证。

（二）GMP 验证的主要内容

GMP 验证的内容包括厂房、设施与设备的验证，检验与计量的验证，生产过程的验证和产品验证。

1. 厂房、设施与设备的验证 厂房应严格按 GMP 要求进行设计和施工，其验证范围包括车间装修工程、门窗安装、缝隙密封及各种管线、照明灯具、净化空调设施、工艺设备等与建筑结合部位缝隙的密封性。

公用工程的验证范围包括供制备工艺用水的原水、注射用水、压缩空气，空调净化系统、蒸汽、供电电源及照明等，其中以工艺用水系统和空调净化系统的验证为重点。内容包括对原水水质、纯水与注射用水的制备过程、储存及输送系统，净化空调系统及其送风口、回风口的布置，风量、风压、换气次数等。对工艺用水系统验证内容还包括对制造规程、储存方法、清洗规程、检验规程和控制标准等项目的确认。

2. 检验与计量的验证 质控部门验证的重点为无菌室、无菌设施、分析测试方法、取样方法、热原测试、无菌检验、检定菌、标准品、滴定液、实验动物及检测仪器等，并有书面记录。

计量部门的验证按国家计量部门法规进行。

3. 生产过程的验证　是指在完成厂房、设施、设备的鉴定和质控、计量部门的验证后，对生产线所在生产环境及装备的局部或整体功能、质量控制方法及工艺条件的验证，以确保该生产过程的有效性、重现性。

对生产环境的验证应按生产要求的洁净级别对室内空气的尘粒和微生物含量、温湿度、换气次数等进行监测。对洁净室所使用或交替使用的消毒剂也应进行鉴定。

对生产设备安装验证的目的，是评定及通过测试来证实该设备能按生产需要的操作限度运转。内容包括检查设备的性能特点、各种设计参数，确定校正、维护保养和调节要求。鉴定所得到的数据可用以制定及审查有关设备的校正维修保养、监测和管理的书面规程。

生产过程中的质量控制方法的鉴定内容包括产品的规格标准和检验方法的确定。对检验方法验证的内容则包括对检验用仪器的性能试验、精密度测定、回收率试验、线性试验等。

凡能对产品质量产生差异和影响的重大生产工艺条件都应进行验证。验证的条件要模拟实际生产中可能遇到的条件，包括最差情况的条件。验证后的产品质量以上述的"生产过程中的质量控制方法"进行评估，并反复进行数次，以保证验证结果的重现性。

4. 产品验证　是在生产过程验证合格的基础上进行全过程的投料验证，以证明产品符合预定的质量标准。产品验证按每个品种进行，每个品种必须预先制定原辅料、包装材料、半成品的合格标准检验方法，并经验证，以保证产品在有效期内的稳定性。

成品的稳定性试验方法也要进行验证，试验方法应确能反映产品储存期的质量。

（三）再验证

所谓再验证，系指一项生产工艺、一个系统或设备或者一种原材料经过验证并在使用一个阶段以后旨在证实其验证状态没有发生变化而进行的验证。

根据再验证的原因，可以将再验证分为下述三种类型：①药监部门或法规要求的强制性再验证；②发生变更时的改变性再验证；③每隔一段时间进行的定期再验证。

1. 强制性再验证　强制性再验证至少包括下述几种情况：①无菌操作的培养基灌装试验；②计量器具的强制检定，包括计量标准，用于贸易结算、安全防护、医疗卫生，环境监测方面并列入国家强制检定目录的工作计量器具；③压力容器，如锅炉、气瓶等。

2. 改变性再验证　药品生产过程中，由于各种主观及客观的原因需要对设备、系统、材料及管理或操作规程做某种变更。有些情况下，变更可能对产品质量造成重要的影响，因此需要进行验证，这类验证称为改变性再验证。改变性再验证一般包括下述几种情况：①原料、包装材料质量标准的改变，物理性质的改变或产品包装形式（如将铝塑包装改为瓶装、以玻瓶改为塑瓶等）的改变；②工艺参数的改变或工艺路线的变更；③设备的改变；④生产处方的修改或批量数量级的改变；常规检测表明系统存在着影响质量的变迁迹象。

3. 定期再验证　由于有些关键设备和关键工艺对产品的质量和安全性起着决定性的作用，如无菌药品生产过程中使用的灭菌设备、关键洁净区的空调净化系统等，因此即使是在设备及规程没有变更的情况下，也应定期进行再验证。

历史数据的审查是定期再验证的主要方式，即首先审查自上次验证以来，从中间控制和成品检验所得到的数据，以确保生产过程处于控制之中。对于某些关键生产工序还需要做附加实验。

(四) GMP 认证

1. GMP 认证的概念 药品 GMP 认证是国家依法对药品生产企业（车间）和药品品种实施 GMP 监督检查并取得认可的一种制度，是国际药品贸易和药品监督管理的重要内容，也是确保药品质量稳定性、安全性和有效性的一种科学的先进的管理手段。

药品 GMP 认证对象包括：生产企业（车间）的 GMP 认证对象——生产企业（车间）；药品品种的 GMP 认证对象——具体药品。

（1）药品 GMP 认证范围：①新开办的药品生产企业，以及药品生产企业新增的生产范围；②药品生产企业新建、改建、扩建生产车间（生产线）或需增加的认证范围。

（2）药品 GMP 认证的依据和标准：主要包括《中华人民共和国药品管理法》、《中华人民共和国药品管理法实施条例》、《药品生产质量管理规范》、《中华人民共和国药典》、《中华人民共和国卫生部药品标准》、《中国生物制品规程》、《药品生产质量管理规范认证管理办法》等法律法规。

2. GMP 认证程序 药品 GMP 认证程序依次为：GMP 认证申请→对申请资料进行技术审查→现场检查→审批与发证→监督管理。依据《药品生产质量管理规范认证管理办法》第二章第五条规定，申请药品 GMP 认证的生产企业，应按规定填报《药品 GMP 认证申请书》，并报送相关资料。

【※法规摘要※】

第四十七条 药品审评中心根据申报注册的品种、工艺、设施、既往接受核查情况等因素，基于风险决定是否启动药品注册生产现场核查。

对于创新药、改良型新药以及生物制品等，应当进行药品注册生产现场核查和上市前药品生产质量管理规范检查。

对于仿制药等，根据是否已获得相应生产范围药品生产许可证且已有同剂型品种上市等情况，基于风险进行药品注册生产现场核查、上市前药品生产质量管理规范检查。

《药品注册管理办法》（2020）

实例 6-4 柴藿颗粒质量标准草案及起草说明

一、柴藿颗粒质量标准草案

【名称】柴藿颗粒。

【处方】柴胡 10g，广藿香 10g，黄芩 10g，连翘 10g，大青叶 10g，青蒿 10g，石膏 20g。

【制法】以上七味，柴胡、广藿香、连翘蒸馏提取挥发油，用 β-环糊精包合，得挥发油包合物，备用；蒸馏后的水溶液另器收集，药渣与其余黄芩等四味加水浸泡 1h，煎煮三次，每次 1h，合并煎液，滤过，滤液与上述水溶液合并，减压干燥，粉碎成细粉，加入上述挥发油包合物和适量的糖粉和糊精，混匀，制成颗粒，干燥，即得。

【性状】该品为棕黄色至棕褐色的颗粒；气微，味苦，微甜。

【检查】 按《中国药典》2020 年版四部 0104 颗粒剂项下有关的各项规定制定。

【鉴别】

（1）取该品 6g，置 500ml 圆底烧瓶中，加水 200ml，混匀，连接挥发油测定器，自测定器上端加水至刻度，并溢流入烧瓶中为止，再加入乙酸乙酯 1ml，连接回流冷凝管，加热至沸，并保持微沸 30min，放冷，分取乙酸乙酯层，作为供试品溶液。另取广藿香对照药材 1g，加石油醚（30~60℃）25ml，加热回流 30min，滤过，滤液挥干，残渣加乙酸乙酯 1ml 使溶解，作为对照药材溶液。取百秋李醇对照品，加乙酸乙酯制成每 1ml 含 1mg 的溶液，作为对照品溶液。照薄层色谱法（《中国药典》2020 年版四部 0502）试验，吸取上述三种溶液各 5μl，分别点于同一硅胶 G 薄层板上，以石油醚（30~60℃）–乙酸乙酯–冰醋酸(95∶5∶0.2)为展开剂，展开，取出，晾干，喷以 5%三氯化铁乙醇溶液，热风吹至斑点显色清晰。供试品色谱中，在与对照品色谱和对照药材色谱相应的位置上，显相同颜色的斑点。如图 6-5 所示。

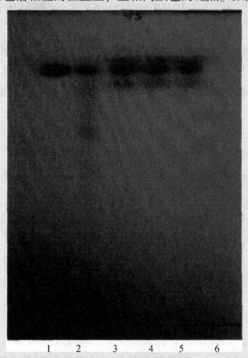

图 6-5　广藿香的 TLC 鉴别图

1. 百秋李醇对照品；2. 广藿香对照药材；3~5. 柴藿颗粒制剂三批样品；6. 缺藿香的阴性样品

（2）取本品 2g，加 50%甲醇 10ml，超声处理 20min，滤过，滤液作为供试品溶液。另取黄芩对照药材 0.5g，加乙酸乙酯–甲醇（3∶1）的混合溶液 20ml，加热回流 30min，放冷，滤过，滤液蒸干，残渣加甲醇 2ml 使溶解，取上清液作为对照药材溶液。取黄芩苷对照品，加甲醇制成每 1ml 含 1mg 的溶液，作为对照品溶液。照薄层色谱法（《中国药典》2020年版四部 0502）试验，吸取上述三种溶液各 5μl，分别点于同一硅胶 G 薄层板上，以乙酸乙酯–丁酮–甲酸–水（5∶3∶1∶1）为展开剂，展开，取出，晾干，喷以 2%三氯化铁乙醇溶液，热风吹至斑点显色清晰。供试品色谱中，在与对照品色谱和对照药材色谱相应的位置上，显相同颜色的斑点。如图 6-6 所示。

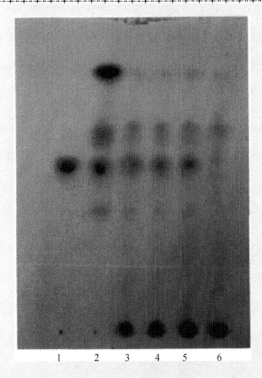

图 6-6 黄芩的 TLC 鉴别图

1. 黄芩苷对照品；2. 黄芩对照药材；3~5. 柴藿颗粒制剂三批样品；6. 缺黄芩的阴性样品

（3）取该品 3g，加 10ml 水溶解，用水饱和的正丁醇提取 3 次，每次 20ml，合并正丁醇液，用 3%NaOH 洗涤 2 次，每次 15ml，弃去洗涤液，正丁醇液再用正丁醇饱和的水 20ml 洗涤 1 次，分取正丁醇层，蒸干，残渣加甲醇 2ml 溶解，作为供试品溶液。另取连翘对照药材 1g，加石油醚（30~60℃）20ml，密塞，超声处理 15min，滤过，弃去石油醚液，残渣挥干石油醚，加甲醇 20ml，密塞，超声处理 20min，滤过，滤液蒸干，残渣加甲醇 3ml 使溶解，作为对照药材溶液。取连翘苷对照品，加甲醇制成每 1ml 含 1mg 的溶液，作为对照品溶液。照薄层色谱法（《中国药典》2020 年版四部 0502）试验，吸取上述三种溶液各 5μl，分别点于同一硅胶 G 薄层板上，以三氯甲烷-甲醇（5∶1）为展开剂，展开，取出，晾干，喷以 10%硫酸乙醇溶液，在 105℃加热至斑点显色清晰。供试品色谱中，在与对照品色谱和对照药材色谱相应的位置上，显相同颜色的斑点。如图 6-7 所示。

【含量测定】

（1）黄芩：照高效液相色谱法（2020 年版四部 0512）测定。

色谱条件与系统适用性试验：以十八烷基硅烷键合硅胶为填充剂；以甲醇-0.2%磷酸（46∶54）为流动相；检测波长为 280nm。理论板数按黄芩苷峰计算应不低于 2500。

对照品溶液的制备：精密称取黄芩苷对照品适量，加甲醇制成每 1ml 含 0.316mg 的溶液，即得。

供试品溶液的制备：取装量差异项下的该品研细，取约 1g，精密称定，置 25ml 量瓶中，加 50%甲醇适量，超声处理 20min 使溶解，放冷，加 50%甲醇稀释至刻度，摇匀，用 0.45μm 微孔滤膜过滤，取续滤液即得供试品溶液。

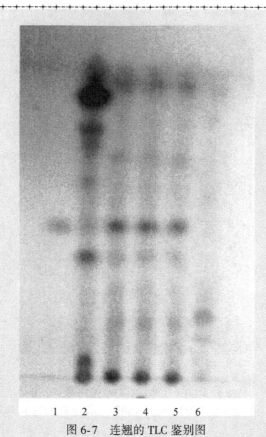

图 6-7　连翘的 TLC 鉴别图

1. 连翘苷对照品；2. 连翘对照药材；3～5. 柴葛颗粒制剂三批样品；6. 缺连翘的阴性样品

测定法：分别精密吸取对照品溶液 10μl、供试品溶液 5μl，注入高效液相色谱仪，测定，即得。

该品每袋含黄芩以黄芩苷（$C_{21}H_{18}O_{11}$）计，不得少于 120mg。

（2）连翘：照高效液相色谱法（2020 年版四部 0512）测定。

色谱条件与系统适用性试验：以十八烷基硅烷键合硅胶为填充剂；以乙腈-水（24：76）为流动相；检测波长为 277nm。理论板数按连翘苷峰计算应不低于 3000。

对照品溶液的制备：精密称取连翘苷对照品适量，加甲醇制成每 1ml 含 0.506 mg 的溶液，即得。

供试品溶液的制备：取该品约 3g，精密称定，用 10 ml 水溶解，用水饱和的正丁醇提取 3 次，每次 20 ml，合并正丁醇液，用 3%NaOH 溶液洗涤 2 次，

每次 15ml，弃去洗涤液，正丁醇液再用正丁醇饱和的水 20ml 洗涤 1 次，回收溶剂致干，残渣加甲醇溶解并置 10ml 容量瓶中，加甲醇稀释至刻度，摇匀，用 0.45μm 微孔滤膜过滤，取续滤液作为供试品溶液。

测定法：分别精密吸取对照品溶液 10μl、供试品溶液 15μl，注入高效液相色谱仪，测定，即得。

该品每袋含连翘以连翘苷（$C_{27}H_{34}O_{11}$）计，不得少于 3.9 mg。

【功能与主治】解表透热，利咽消肿。用于暑湿感冒。症见发热、咽痛、咳嗽、苔腻等。

【用法与用量】口服。成人：一次 20g；儿童：1 岁以下每次 3~5g；1~3 岁每次 5~7g；3~7 岁每次 7~10g；7~14 岁每次 10~15g；一日 3 次。

【规格】每袋装 10 克。

【储藏】密封，置阴凉干燥处。

二、柴藿颗粒质量标准草案起草说明

【名称】采用中药材名称加剂型命名。

【处方】该方按君、臣、佐、使排列，君药为柴胡、广藿香，臣药为黄芩、连翘。以上处方无特殊炮制。

(一) 药材

1. 柴胡　该品为伞形科植物柴胡 *Bupleurum chinense DC.* 的干燥根。应符合《中国药典》（2020 年版一部）293 页项下的有关规定。

2. 广藿香　该品为唇形科植物广藿香 *Pogostemon cablin*（Blanco）*Benth.* 的干燥地上部分。应符合《中国药典》（2020 年版一部）46 页项下的有关规定。

3. 黄芩　该品为唇形科植物黄芩 *Scutellaria baicalensis Georgi* 的干燥根。应符合《中国药典》（2020 年版一部）314 页项下的有关规定。

4. 连翘　该品为木犀科植物连翘 *Forsythia suspense*（Thunb.）*Vahl* 的干燥果实。应符合《中国药典》（2020 年版一部）177 页项下的有关规定。

5. 大青叶　该品为十字花科植物菘蓝 *Isatis indigotia Fort.* 的干燥叶。应符合《中国药典》（2020 年版一部）22 页项下的有关规定。

6. 青蒿　该品为菊科植物黄花蒿 *Artemisia annua L.* 的干燥地上部分。应符合《中国药典》（2020 年版一部）207 页项下的有关规定。

7. 石膏　该品为硫酸盐类矿物硬石膏族石膏，主含含水硫酸钙（$CaSO_4 \cdot 2H_2O$）。应符合《中国药典》（2020 年版一部）98 页项下的有关规定。

(二) 辅料

1. β-环糊精　该品为环状糊精葡萄糖基转移酶作用于淀粉而生成的 7 个葡萄糖以 α-1,4-糖苷键结合的环状低聚糖。按干燥品计算，含（$C_6H_{10}O_5$）$_7$ 应为 96.0%~102.0%。该品应符合《中国药典》2020 年版四部 718 页 β-环糊精项下的有关规定。

2. 糊精　该品系由淀粉或部分水解的淀粉，在干燥状态下经加热改性而制得的聚合物。该品应符合《中国药典》2020 年版四部 833 页糊精项下的有关规定。

3. 蔗糖　该品为 β-D-呋喃果糖基-α-D-吡喃葡萄糖苷。该品应符合《中国药典》2020 年版四部 823 页糊精项下的有关规定。

【制法】略。

【性状】根据三批样品实际观察结果，规定该品性状为：该品为棕黄色至棕褐色的颗粒；气微，味苦，微甜。

【检查】

（1）粒度检查：按《中国药典》2020 年版四部 0104 颗粒剂项下粒度和粒度分布测定法（0982 第二法，双筛分法）对三批中试产品进行测定，不能通过一号筛与能通过五号筛的总和，不得过 15%，测定结果见表 6-1。

表 6-1　三批中试样品的粒度测定结果

批号	粒度（%）
20211101	1.0
20211102	0.0
20211103	2.0

结果表明，三批中试样品的粒度测定结果符合规定。

（2）水分检查：《中国药典》2020 版四部水分测定法（0832）第一法（烘干法）对三批中试产品进行测定，不得过 6.0%，测定结果见表 6-2。

表 6-2　三批中试样品的水分测定结果

批号	水分（%）
20211101	2.8
20211102	4.6
20211103	3.0

结果表明，三批中试样品的水分测定结果符合规定。

（3）溶化性检查：按《中国药典》2020 年版四部 0104 颗粒剂项下溶化性检查方法对三批中试产品进行检查，结果均能全部溶化，符合规定。

（4）装量差异检查：按《中国药典》2020 年版四部 0104 颗粒剂项下检查装量差异方法对三批中试样品的装量进行测定，该品每袋标示装量为 10g，装量差异限度应为±5%，测定结果见表 6-3。

表 6-3　三批中试样品的水分测定结果

批号	装量差异（g）
20211101	9.976 2~10.126 4
20211102	9.874 3~10.235 6
20211103	9.893 2~10.312 5

结果表明，三批中试样品的装量差异结果符合规定。

（5）微生物限度检查：按《中国药典》2020 年版四部非无菌产品微生物限度检查法（1105），该品控制菌检查方法委托云南植物药业研究，最终确定该品采用常规稀释法进行检查，对三批中试样品中微生物限度进行检查，结果见表 6-4。

表 6-4 三批中试样品微生物检查

批号	20211101	20211102	20211103
细菌	20cfu/g	20cfu/g	50cfu/g
霉菌和酵母菌	<10cfu/g	<10cfu/g	<10cfu/g
大肠埃希菌	未检出/g	未检出/g	未检出/g

结果表明，三批中试样品的微生物限度测定结果符合规定。

【鉴别】该标准对处方中除石膏以外的六味药进行了薄层色谱研究，对石膏进行了理化鉴别研究，最后建立了藿香、黄芩、连翘三味药的薄层色谱鉴别方法，具有图谱清晰、斑点分离较好、专属性强等特点。

（1）广藿香的薄层色谱鉴别：广藿香为方中君药，主含挥发油，其挥发油的主要成分为百秋李醇，故设计以百秋李醇对照品和广藿香对照药材为对照进行薄层色谱研究。样品采用水蒸气蒸馏将样品中所含挥发油提取并溶解于乙酸乙酯中，定容，作为供试品溶液。在硅胶 G 薄层板上，以石油醚（30~60℃）-乙酸乙酯-冰醋酸（95:5:0.2）为展开剂，展开，取出，晾干，喷以 5% 三氯化铁乙醇溶液，热风吹至斑点显色清晰。供试品色谱中，在与对照品色谱和对照药材色谱相应的位置上，显相同的紫蓝色斑点。阴性无干扰。另以石油醚（60~90℃）-乙酸乙酯（10:1）为展开剂进行验证，亦得到相似的分离效果，但《中国药典》系统分离效果好，故收入正文。

（2）黄芩的薄层色谱鉴别：黄芩为方中臣药，主含黄芩苷、黄芩素、汉黄芩素，黄芩苷为其特征性成分及主要有效成分。故设计以黄芩苷对照品和黄芩对照药材为对照进行薄层色谱研究。样品采用 50% 甲醇超声处理，滤过，定容，作为供试品溶液。在硅胶 G 薄层板上，以乙酸乙酯-丁酮-甲酸-水（5:3:1:1）为展开剂，展开，取出，晾干，喷以 2% 三氯化铁乙醇溶液，热风吹至斑点显色清晰。供试品色谱中，在与对照品色谱和对照药材色谱相应的位置上，显相同的暗绿色斑点。阴性无干扰，故将其收入正文。另以乙酸乙酯-丁酮-甲醇-水（5:3:1:1）为展开剂进行验证，亦得到相似的分离效果。

（3）连翘的薄层色谱鉴别：连翘亦为方中臣药，主要含有苯乙醇苷类、木脂体及其苷类、黄酮类等成分，其中以苯乙醇苷类中的连翘苷和连翘酯苷为主要有效成分。设计以连翘苷对照品和连翘对照药材为对照进行薄层色谱研究。样品采用正丁醇萃取，3% 氢氧化钠洗涤，蒸干，残渣加甲醇溶解定容，作为供试品溶液。在硅胶 G 薄层板上，以三氯甲烷-甲醇（5:1）为展开剂，展开，取出，晾干，喷以 10% 硫酸乙醇溶液，在 105℃ 加热至斑点显色清晰。供试品色谱中，在与对照品色谱和对照药材色谱相应的位置上，显相同颜色的红色斑点，阴性无干扰，故将其收入正文。另以氯仿-丙酮-甲醇-甲酸（12:2.5:2:0.2）为展开剂进行验证，亦得到相似的分离效果。

（4）大青叶的薄层色谱鉴别：大青叶中主要含有靛蓝、靛玉红，靛玉红为大青叶的特征成分之一，故设计以靛玉红对照品和大青叶对照药材为对照进行薄层色谱研究。样品采用三氯甲烷加热回流提取，滤过，滤液浓缩定容，作为供试品溶液。在硅胶 G 薄层板上，以环己烷-三氯甲烷-丙酮（5:4:2）为展开剂，展开，取出，晾干。供试品色谱中，在与对照品色谱和对照药材色谱相应的位置上，显相同的淡粉红色斑点，阴性无干扰。另以甲苯-

丙酮（4∶1）为展开剂进行验证，得到相似的分离效果。由于薄层色谱图中其斑点颜色较淡，不易看出，据文献报道靛玉红为脂溶性成分，在水中溶解度极小，而该制剂工艺为水提，靛玉红的提取率极低。因此，柴藿颗粒中大青叶的薄层色谱鉴别不列入标准正文。

（5）青蒿的薄层色谱鉴别：青蒿素为青蒿的特征成分，故设计以青蒿素对照品和青蒿对照药材为对照进行薄层色谱研究。样品采用加热回流提取，滤液用乙酸乙酯振摇提取，合并乙酸乙酯液，蒸干，残渣加乙醇溶解定容，作为供试品溶液。在硅胶 G 薄层板上，以石油醚（60～90℃）-乙醚（4∶5）为展开剂，展开，取出，晾干，喷以 2% 香草醛的 10% 硫酸乙醇溶液，在 105℃ 加热至斑点显色清晰。供试品色谱中，在与对照品色谱和对照药材色谱相应的位置上，显相同颜色的淡蓝色斑点，阴性无干扰，另以石油醚（60～90℃）-乙酸乙酯（85∶15）为展开剂进行验证，得到相似的分离效果。据文献报道青蒿素受热不稳定，该薄层色谱鉴别中点样量较大才能看到较淡的点，故柴藿颗粒中青蒿的薄层色谱鉴别不列入标准正文。

（6）柴胡的薄层色谱鉴别：柴胡为方中的君药，所含柴胡皂苷 a 和柴胡皂苷 d 为其特征成分，故设计以柴胡皂苷 a 和柴胡皂苷 d 对照品为对照进行薄层色谱研究。样品采用甲醇超声处理，放冷，滤过，滤液蒸干，残渣加水溶解，用乙醚提取，弃去乙醚液，用水饱和的正丁醇提取，合并正丁醇液，用氨试液洗涤，再用正丁醇饱和的水洗涤 1 次，合并正丁醇液，蒸干定容，作为供试品溶液。在硅胶 G 薄层板上，以三氯甲烷-乙酸乙酯-甲醇-水（7∶10∶5∶2）于 10℃ 以下放置的下层溶液为展开剂，展开，取出，晾干，喷以 10% 硫酸乙醇溶液，在 105℃ 加热至斑点显色清晰。供试品色谱中，在与对照品色谱相应的位置上，显相同颜色的斑点，阴性样品在相应的位置上有严重的干扰。由于此方法对于柴藿颗粒中柴胡的鉴别没有专属性，故不列入标准正文。

（7）石膏的理化鉴别

1）样品制备方法：取该品 3g，研细，加蒸馏水 10ml，振摇，超声使其溶解，滤过，取滤液作为供试品溶液。按处方除去石膏配制成石膏阴性样品，取石膏阴性样品 3g，按供试品溶液制备方法制备，作为阴性样品溶液。

2）钙盐的鉴别：取上述 2 种溶液各 1ml，分别稀释 20 倍，加甲基红指示液 2 滴，用氨试液中和，再滴加盐酸至恰成酸性，加草酸铵试液，即生成白色沉淀；分离，沉淀不溶于乙酸，但可溶于稀盐酸；阴性样品无沉淀产生。

3）硫酸盐的鉴别：取上述 2 种溶液各 1ml，滴加氯化钡试液，即生成白色沉淀。分离，沉淀在盐酸或硝酸中均不溶解；阴性样品无此反应。同时上述样品加盐酸，不生成白色沉淀（与硫代硫酸盐区别）。

【含量测定】黄芩味苦、性寒、清热、泻火、燥湿，为该方的臣药之一，是治疗暑湿感冒的要药，黄芩苷为黄芩的特征性有效成分，故选择黄芩苷作为控制本制剂质量的指标成分。黄芩苷含量测定，文献报道的方法基本为 HPLC，故该研究建立高效液相色谱法测定制剂中黄芩苷含量的方法，具有分离效果好、灵敏、准确等优点。

色谱条件：色谱柱：Diamoiisil C_{18}（2）色谱柱（250mm×4.6mm，5μm）；流动相：甲醇-0.2% 磷酸（46∶54）；检测波长 280 nm；流速 1ml/min；柱温：30℃。在选定条件下，黄芩苷和样品中其他组分色谱峰可达到基线分离，理论塔板数按黄芩苷峰计算应不低于 2500。

（1）对照品溶液的制备：精密称取黄芩苷对照品适量，加甲醇制成每1ml含0.316mg的溶液，即得。

（2）供试品溶液的制备：取柴藿颗粒制剂研细，取本品约1g，精密称定，置25ml容量瓶中，加50%甲醇适量，超声处理20min使溶解，放冷，加50%甲醇稀释至刻度，摇匀，用0.45μm微孔滤膜过滤，取续滤液作为供试品溶液。

（3）阴性样品溶液的制备：按柴藿颗粒制剂处方比例及工艺制备方法，制备缺黄芩的阴性样品，再按供试品溶液的制备方法制备阴性样品溶液。

（4）测定方法：分别吸取对照品溶液10μl、供试品溶液及阴性对照品溶液5μl各注入高效液相色谱仪，测定，即得。

在上述色谱条件下，黄芩苷峰与供试品中其他组分色谱峰可达基线分离，且与其他相邻色谱峰分离度大于1.5；理论塔板数按黄芩苷峰计不低于2500。同时缺黄芩的阴性样品溶液进样测定时，在黄芩苷峰位置处无吸收峰，即阴性无干扰，对照品、供试品、阴性样品溶液色谱图分别见图6-8~图6-10。

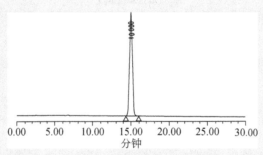

图6-8 黄芩苷对照品色谱图

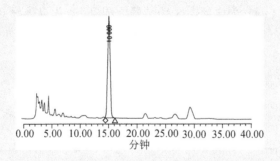

图6-9 供试品色谱图

（5）线性关系考察：分别精密吸取黄芩苷对照品溶液（0.316 mg/ml）2μl、4μl、6μl、8μl、10μl、12μl注入液相色谱仪，按前述色谱条件进行分析，测定色谱峰面积，结果见表6-5。

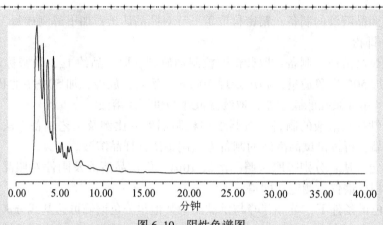

图 6-10　阴性色谱图

表 6-5　黄芩苷对照品标准曲线测定结果

试验次数	进样量（μg）	峰面积
1	0.632	1 653 983
2	1.264	3 810 129
3	1.896	5 977 573
4	2.528	8 090 635
5	3.16	10 231 417
6	3.792	12 393 721

以黄芩苷进样量（μg）为横坐标（X），峰面积（A）为纵坐标（Y），绘制标准曲线，见图 6-11。结果表明，黄芩苷进样量在 0.632~3.792μg 范围内与峰面积呈良好的线性关系，回归方程为 $y = 3E + 6x - 481\ 319$，$R^2 = 1$。

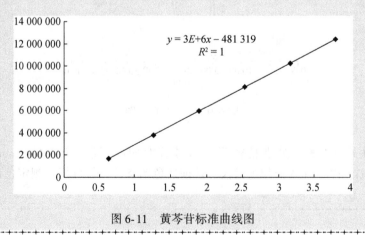

图 6-11　黄芩苷标准曲线图

（6）精密度试验：精密吸取对照品溶液（0.316 mg/ml）10μl，注入液相色谱仪，按上述色谱条件进行分析，测定6次，测其色谱峰面积，结果见表6-6。

表6-6　精密度试验结果

试验次数	峰面积	平均值	RSD（%）
1	10 247 048		
2	10 255 809		
3	10 210 956		
4	10 187 620	10 200 506	0.45
5	10 140 599		
6	10 161 003		

由表6-6可见，对照品峰面积平均值为10 200 506，RSD为0.45%，表明精密度良好。

（7）重复性试验：取批号为20210603的样品6份，按前述的方法提取制成供试品溶液，分别精密吸取5μl注入液相色谱仪，测定其峰面积并计算制剂中黄芩苷的含量，结果见表6-7。

表6-7　重复性试验结果（$n=6$）

编号	样重（g）	峰面积	含量（mg/g）	平均含量（mg/g）	RSD（%）
1	1.046 03	10 418 314	15.381		
2	1.075 34	10 385 442	14.933		
3	1.024 18	9 856 669	14.862	15.185	1.90
4	1.043 64	10 437 681	15.445		
5	1.089 89	10 576 164	14.985		
6	1.016 75	10 206 476	15.502		

如表6-7所示，含量平均值为15.185 mg/g，RSD=1.90%，表明该含量测定方法具有良好的重复性。

（8）稳定性试验：精密吸取重复性试验1号供试品溶液5μl，按前述色谱条件，分别于0、2、4、8、12、24h进样测定其色谱峰面积，结果见表6-8。

表6-8　稳定性试验结果

试验次数	时间（h）	峰面积	平均值	RSD（%）
1	0	10 243 981		
2	2	10 256 487		
3	4	10 298 740	10 333 030	0.74
4	8	10 415 554		
5	12	10 381 904		
6	24	10 401 512		

如表 6-8 所示，供试品溶液中黄芩苷峰面积值的 RSD=0.74%，表明供试品溶液在 24h 内稳定。

（9）加样回收率试验：精密称取已知含量（黄芩苷含量为 15.185 mg/g）的样品（批号：20210603）6 份，分别精密加入浓度为 0.517mg/ml 的黄芩苷对照品溶液 5ml，按供试品溶液的制备方法制备样品后分别进样 10μL，按样品测定方法测定其含量，按下述计算式计算回收率，结果见表 6-9。

$$回收率(\%) = \frac{测得黄芩苷量(mg) - 制剂中黄芩苷的量(mg)}{加入黄芩苷的量(mg)} \times 100\% \qquad (式6-5)$$

表 6-9　黄芩苷加样回收试验结果

编号	样重（g）	样品含量（mg）	加样量（mg）	测得（mg）	回收率（%）	平均值（%）	RSD（%）
1	0.223 16	3.389	2.585	5.938	98.61		
2	0.270 90	4.114	2.585	6.745	101.78		
3	0.215 75	3.276	2.585	5.839	99.15	101.46	2.14
4	0.222 73	3.382	2.585	6.060	103.60		
5	0.276 54	4.199	2.585	6.903	104.60		
6	0.249 83	3.794	2.585	6.406	101.04		

结果表明：六次试验的加样回收率测得结果均在 95%~105%，说明该方法的回收率良好。

（10）样品测定：取 3 批次样品，每批取 2 份，按供试品溶液的制备方法制备，分别精密吸取对照品溶液 10μl，样品各 5μl，按前述色谱条件测定，记录色谱图，计算含量，结果见表 6-10。

表 6-10　样品测定结果（n=2）

批号	样品重量（g）	含量（mg/g）	平均含量（mg/g）	RSD（%）
20211101	1.085 6	14.824	15.057	2.18
	1.110 3	15.289		
20211102	1.106 5	14.786	14.887	0.95
	1.093 7	14.987		
20211103	1.098 5	15.594	15.444	1.37
	1.108 9	15.294		

对三批中试产品中的黄芩苷进行含量测定，试验结果每克含黄芩苷为 14.887~15.444 mg，平均为 15.129 mg/g，考虑该品含量随原料含量有一定波动，并考虑生产加工过程中的损耗和保存期等不稳定因素，故将三批中试样品中黄芩苷含量的平均值下调 20%，暂定制剂中含黄芩以黄芩苷计，不得低于 12mg/g，即不少于 120mg/袋，待以后在进一步研究中积累数据再做调整。

第七章 中药新药的稳定性研究

第一节 概 论

新药的稳定性是指药品在生产制备后，经过运输、储藏、周转、直至临床应用前的一系列过程中质量变化的程度。作为新药研制，除了要求新药要有一定的安全性和有效性外，还必须要求新药具备一定的稳定性。

一、中药新药稳定性研究的目的与意义

新药研究的目的是为了生产新的药品，而药品作为商品流通时必然需要一定数量的储备，不是即产即用，而是允许在生产后的使用期限内均可供临床应用，药品必须保持质量不降低，其可能产生的质量变化，不超过一定的允许范围，也就是能保持与生产制备当时所具有同样的安全和有效程度。对新药稳定性的要求是要始终保证该药品在使用期限内临床应用的安全与有效。

稳定性研究是药品质量控制研究的主要内容之一，与药品质量研究和质量标准的建立紧密相关。稳定性研究具有阶段性特点，贯穿药品研究与开发的全过程。新药在申请临床试验时需报送初步稳定性试验资料及文献资料，在申请上市许可时需报送稳定性试验资料及文献资料，上市后还应继续进行稳定性研究，标准转正时，据此确定有效期。

药品不论是液体制剂还是固体制剂，在储存的过程中都有可能产生一些质量上的变化，时间越长，变化越明显。如在外观性状上液体制剂发生变色、混浊、沉淀、澄明度不合格、乳析、分层等，固体制剂发生吸潮、软化、固结、膨润、变形、破裂、黏着、流动性降低、崩解度不合格等，在内在质量上发生含量下降、成分分解、变质、甚至产生有毒或有不良反应的分解产物。药品的稳定性研究就是探究药品在储藏期内质量变化的规律，保证药品在使用期限内不致发生明显的质量上的变化，还要研究各种影响药品稳定性的因素，研究如何提高药品稳定性的措施和合适的储存条件，以及研究稳定性的测试方法。进行新药稳定性研究除了能保证新药产品的质量外，还能避免由于制剂的不稳定而导致商品退货所造成的经济损失。稳定性研究对新药研究中拟定制剂处方，选择制剂剂型和决定生产工艺也都有重要作用，可以预先避免对稳定性有影响的方剂配伍、制剂剂型和生产工艺，使新药研究能较顺利地取得成功。

二、中药新药稳定性的研究范畴

安全性、有效性和稳定性是对药物制剂的最基本要求，而稳定性又是保证药物有效性和安全性的基础。药物制剂在生产、运输、储存乃至使用过程中，会因各种因素的影响发生分解变质，从而导致药物疗效降低或毒副作用增加，也可能造成较大的经济损失。研究药物制

剂稳定性，考察影响药物制剂稳定性的因素及采用增加药物稳定性的各种措施、预测药物制剂的有效期，对保证药物制剂质量、减少经济损失至关重要。

相对于化学药物制剂，影响中药制剂稳定性的因素更复杂，研究难度更大。药物制剂的稳定性主要是指药物在体外的变化，即化学稳定性、物理稳定性和微生物稳定性，而治疗学稳定性与毒理学稳定性是化学稳定性、物理稳定性和微生物稳定性在药理效应和临床疗效上的综合体现。因此，在实际工作中，往往从化学、物理学和生物学三个方面来评价药物制剂的稳定性。

（一）化学稳定性

一般指药物由于水解、氧化、光解等化学降解反应，使药物含量（或效价）降低、色泽产生变化等。制剂的化学稳定性若发生变化，不仅影响其外观，而且可引起有效成分的含量变化和临床疗效的降低，甚至导致药品失效，毒副作用增加，危害较大。

（二）物理学稳定性

受某些物理因素的影响，制剂的物理性能发生变化，如混悬液中药物粒子粗化、沉淀和结块；乳剂的分层和破裂；溶液剂出现浑浊、沉淀；固体制剂的吸湿；片剂崩解度、溶出度的改变等。制剂物理性能的变化，不仅使制剂质量下降，还可以引起化学变化和生物学变化。

（三）生物学稳定性

制剂由于受微生物的污染，而使产品腐败、变质。

制剂稳定性的各种变化既可能单独发生，也可能同时发生，一种变化还可能成为另一种变化的诱因。

三、中药新药稳定性研究的现状

西药制剂稳定性研究起步早，积累的资料较为充足，而对中药新药稳定性的研究，则起步较晚。我国自 1981 年开始出现对威灵仙注射液中原白头翁素稳定性的研究报道。研究发现 pH、温度、光线、添加剂等因素对原白头翁素的稳定性均有影响。对恒温加速试验数据处理后，认为原白头翁素的化学动力学为伪一级反应，预测有效期 $t_{0.9}^{25℃}$ 为 2.3d。1985 年国家施行的《新药审批办法》把中药制剂的稳定试验作为新药的申报资料之一，对中药制剂的稳定性研究也起到了较大的促进作用。由于中药成分的复杂性，1992 年《补充规定》要求必须报送稳定性研究资料；1999 年又颁布了稳定性技术要求，中药新药的稳定性研究工作向严格、规范、标准迈进了一大步。但中药稳定性研究中仍存在着一些需进一步探讨的问题。如考察稳定性指标的选择、复方中各成分相互干扰的问题，辅料对稳定性的影响及反应机理等，有些试验方法尚需进一步完善。

现有关中药制剂稳定性研究的报道很多，其内容包括单项考察影响中药制剂或有效成分稳定性的因素，以及综合考察成品有效期等方面的研究。涉及的剂型，除常见的注射剂、口服液、滴眼剂、片剂、丸剂和颗粒剂外，还有气雾剂、制剂的中间体微型胶囊和 β- 环糊精包合物等。中药复方制剂和固体制剂的稳定性研究报道呈现增加趋势。所测定的稳定性指标成分如黄芩苷、雷公藤甲素、丹参酮 II A 等，大部分与制剂的疗效相吻合。采用的试验方法主要包括留样观察法、长期试验法和加速试验法等。

总之，中药制剂稳定性的研究近年来有了较快的发展，这一领域的工作是保证中药制剂质量和临床疗效的前提。我们需要吸收国内外先进的方法与技术手段，进行多方面的理论探讨和实验研究，以提高中药制剂稳定性的研究水平，争取更进一步的发展。

第二节　稳定性研究内容

根据研究目的和条件的不同，稳定性研究内容可分为影响因素试验、加速试验和长期试验。

一、影响因素试验

影响因素试验是在剧烈条件下探讨药物的稳定性，目的是了解影响药物稳定性的因素及药物可能的降解途径和降解产物，为制剂处方设计、工艺筛选、包装材料和容器的选择、储存条件的确定、有关物质的控制等提供依据。同时为加速试验和长期试验应采用的温度和湿度等条件提供参考，还可为分析方法的选择提供依据。

影响因素试验一般包括高温、高湿、强光照射试验。一般将原料药供试品置适宜的开口容器中，摊成≤3mm 厚的薄层，疏松原料药可略厚进行试验。对于固体制剂产品，一般采用除去外包装，并根据试验目的和产品特性考虑是否除去内包装，置适宜的开口容器中进行。供试品用 1 批进行，如试验结果不明确，应加试两个批号的供试品。

（一）高温试验

试验供试品开口置适宜的恒温设备中，设置 温度一般高于加速试验温度 10°C 以上，考察时间点应基于原料药本身的稳定性及影响因素试验条件下稳定性的变化趋势设置。通常可设定为 0 天、5 天、10 天、30 天等取样，按稳定性重点考察项目进行检测。若供试品质量有明显变化，则适当降低温度试验。

实例 7-1　高温条件下考察包装材料对青蒿琥酯纳米乳制剂稳定性的影响

青蒿琥酯纳米乳供试品分别用 10ml 的棕色安瓿和 10ml 棕色西林瓶密封包装。各取 20 支西林瓶封装和安瓿封装的青蒿琥酯纳米乳制剂，置于药物稳定系检测仪，调节湿度为 RH75%，温度 60°C 放置 10 天，于第 0、5、10 天取样检测。每次检测各组青蒿琥酯纳米乳各自随机抽取 3 支，记录平均值。与 0 天检测结果比较，观察在高温条件下各组青蒿琥酯纳米乳体系的外观、pH、平均粒径、载药量等参数随时间的变化（表 7-1，表 7-2）。

表 7-1　高温对用安瓿封装的青蒿琥酯纳米乳的影响

时间（天）	外观	pH	平均粒径（nm）	AS 含量（mg/ml）	AS 保存率（%）
0	淡黄色，透明	6.79	14.87	31.27	100
5	淡黄色，透明	6.83	14.92	30.43	97.31
10	淡黄色，透明	6.78	14.69	30.71	98.21

表 7-2　高温对用西林瓶封装的青蒿琥酯纳米乳的影响					
时间（天）	外观	pH	平均粒径（nm）	AS 含量（mg/ml）	AS 保存率（%）
0	淡黄色，透明	6.85	14.77	31.23	100
5	淡黄色，透明	6.82	14.54	31.71	101.54
10	淡黄色，透明	6.77	14.63	30.90	98.94

高温试验结果表明，用西林瓶和安瓿封装的青蒿琥酯纳米乳在第 5 天和第 10 天的外观色泽、pH、乳滴平均粒径和载药量等性质均与第 0 天一致。说明两种方式包装的青蒿琥酯纳米乳均能够在高温环境下稳定保藏。

（二）高湿试验

试验供试品开口置恒湿密闭容器中，在 25℃ 分别于相对湿度 90%±5%条件下放置 10 天，于第 5 天和 第 10 天取样，按稳定性重点考察项目要求检测，同时准确称量试验前后供试品的重量，以考察供试品的吸湿潮解性能。若吸湿增重 5%以上，则应在 25℃、相对湿度 75%±5%条件下同法进行试验；若吸湿增重 5%以下，且其他考察项目符合要求，则不再进行此项试验。

恒湿条件可采用恒温恒湿箱或通过在密闭容器下部放置饱和盐溶液来实现。根据不同的湿度要求，选择 NaCl 饱和溶液 （15.5~60℃，相对湿度 75%±1%） 或 KNO_3 饱和溶液 （25℃，相对湿度 92.5%）。

对水溶性液体制剂可不进行此项试验。

实例 7-2　高湿试验

将纳米粒装入 10ml 的安剖瓶中，开口置恒湿密闭界器中，在 25℃ 分别于相对湿度 75%±5%及 90%±5%条件下放置 10 天，于第 0、5、10 天取样检测，考察是否有沉淀、絮凝或者分层等现象。取样时，样品若无明显变化，则测定其粒径分布 （图 7-1）。

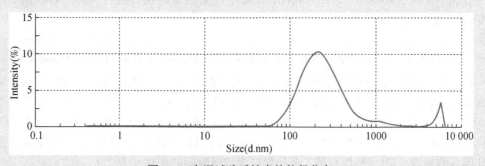

图 7-1　高湿试验后纳米粒粒径分布

在湿度 75%±5%及 90%±5%条件下放置 5 天，样品肉眼观察外观无明显变化；10 天时，其中 1 瓶样品出现少量沉淀，其余样品稳定。取有少量沉淀的样品测定其粒径分布，结果见图 7-1：PDI 为 0.516，表明体系中纳米粒分布不均匀，平均粒径增长为 245.2nm，其中 94.4%粒径 64.6~495.0 nm，大约 5.6%纳米粒凝聚成团，粒径增长至 4731.8~5678.2nm。结果表明，高湿条件不会使样品质量产生明显变化。

(三) 强光照射试验

光线不仅会引起一些制剂产生颜色变化，并能激发一些化学反应，加速药物的分解。对于在制备、储存过程中易受光线影响而降解、变色的固体制剂，可采用强光照射试验，以考察其降解速度。

将供试品开口放置在光橱中或其他适宜的光照装置内，于照度为4500Lx±500Lx的条件下放置10天，在第0、5、10天取样检测。关于光照装置，现已有定型设备"可调光照箱"可供选用。也可采用光橱，光橱应不受自然光的干扰，并保持照度恒定。

实例7-3 柚子籽油微乳强光照射试验

取柚子籽油微乳三批，每批三份，密封于安瓿瓶中，置于4500Lx±500Lx的光照箱中，考察10天，分别在第0、5、10天观察微乳形态，测定pH、折光率等，然后取适量样品破乳、总化，测定亚油酸和油酸的保留率。

光照试验整个过程中柚子籽油微乳均呈亮黄色、透明均一、流动性良好的游离状态，无结块、破乳现象，pH有所下降，折光率基本保持不变，但亚油酸、油酸保留率均有所下降，如表7-3、图7-2所示。与柚子籽油相比，柚子籽油微乳亚油酸、油酸保留率下降量均较小，下

表7-3 4500Lx下微乳外观形态及其他理化性质变化情况

时间（天）	微乳批号	pH	折光率	外观形态
0	120116			亮黄色、透明均一、流动性
	120117	6.81	1.388	良好
	120118			
5	120116	6.23	1.387	亮黄色、透明均一、流动性
	120117	6.04	1.388	良好
	120118	6.32	1.386	
10	120116	5.75	1.383	亮黄色、透明均一、流动性
	120117	5.97	1.384	良好
	120118	6.02	1.385	

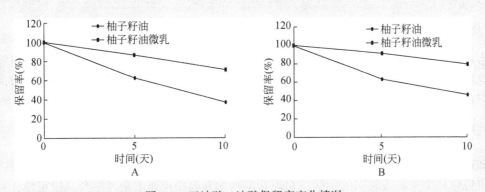

图7-2 亚油酸、油酸保留率变化情况

A. 4500 Lx 光照试验亚油酸变化；B. 4500Lx 光照试验油酸变化

降趋势缓慢，柚子籽油微乳的亚油酸和油酸的保留率在第 10 天分别为 71.27%、89.37%，高于柚子籽油（分别为 38.02%、59.72%），说明柚子籽油微乳光稳定性增强。柚子籽油及其微乳中亚油酸的下降量都明显比油酸更大，这也是由于亚油酸的多不饱和结构所造成的。综上所述，光照试验表明柚子籽油微乳比柚子籽油光稳定性更好。

固体制剂的光加速试验中，药物光解后的含量变化可采用相应的化学分析方法测定。但某些固体制剂在储存或光加速试验过程中，往往颜色变化已超出规定范围，而含量变化用常规的方法却无法区别。测定固体制剂颜色变化以往常采用目测法或吸收度法。这些方法的不足在于缺乏客观指标，不能正确反应实际变色情况。近年来推荐使用漫反射光谱法（diffuse reflectance spectroscopy，DRS）测定固体制剂表面颜色的变化。此法提供了一个客观、准确的检验指标，它可对固体制剂直接测定，并且不破坏固体制剂原来的形态。

【知识拓展】

漫反射光谱法在测定固体制剂颜色变化中的应用

当光照射到固体制剂表面时，将产生漫反射。以硫酸钡、碳酸镁或氧化镁作为白的参比标准，可测定其相对反射率 r（简称反射率）。有色物质的浓度越高，即颜色越深，反射率越小。与反射率有关的 Reimssion 函数与有色物质的浓度呈线性关系。Reimssion 函数 θ 的定义式是：

$$\theta = \frac{(1 - r)^2}{2r} \qquad (式 7-1)$$

通过反射率的测定，即可求出 Reimssion 函数 θ。θ 与有色物质的浓度 C 成正比：

$$\theta = A \cdot C \qquad (式 7-2)$$

式中，A 为比例常数。θ 可直接反映制剂的变色程度，θ 值越大，颜色越深。

在光加速试验中颜料的褪色反应常为一级反应，θ 值的对数与光照 I 及时间 t 的关系为：

$$\lg\theta_t = -\frac{K}{2.303}It + \lg\theta_0 \qquad (式 7-3)$$

式中 θ_t 和 θ_0 分别为 t 时和零时的 θ 值，K 为反应速率常数，It 为光照强度与时间的乘积。

（四）其他因素

根据药品的性质必要时可以设计其他试验，如考察 pH、氧、低温、冻融、光照等因素对药品稳定性的影响。对于需要溶解或者稀释后使用的药品，如注射用无菌粉末、溶液、片剂等，还应考察临床使用条件下的药物稳定性。

二、加速试验

加速试验是在加速、超常条件下进行的药物稳定性试验，目的是在较短的时间内，通过加快市售包装中原料或制剂的化学、物理和生物学方面变化速度来考察药品稳定性，对药品在运输、保存过程中可能会遇到的短暂的超常条件下的稳定性进行模拟考察，为制剂设计、质量评价和包装、运输、储存条件提供试验依据，并初步预测样品在规定的储存条件下的长期稳定性。

(一) 常规试验法

一般取拟上市包装的三批样品进行，建议在比长期试验放置温度至少高 15℃ 的条件下进行。一般可选择 40±2℃、相对湿度 75%±5% 条件下进行 6 个月试验。在至少包括初始和末次等的 3 个时间点（如 0、3、6 月）取样，按稳定性考察项目检测。如在 25℃±2℃、相对湿度 60%±5%，条件下进行长期试验，当加速试验 6 个月中任何时间点的质量发生了显著变化，则应在中间条件 30±2℃、相对湿度 65%±5% 同法进行 12 个月试验。

实例 7-4 两面针镇痛缓释片稳定性的研究

取两面针镇痛缓释片供试品三批，在温度 40±2℃，相对湿度 75%±5% 的条件下保存。分别于 1 个月、2 个月、3 个月、6 个月取样一次，按新药审批方法《有关中药部分的修订与补充规定》质量稳定性研究 "片剂" 项下技术要求进行检查。检测结果与零月进行对比，结果见表 7-4。

表 7-4 加速试验结果

批号	时间（月）	外观性状	2h（%）	6h（%）	12h（%）	重量差异	薄层鉴别	氯化两面针碱（mg/片）	总生物碱含量（mg/片）
080601	0	棕褐色，气微味苦	22.4	56.7	90.5	合格	检出	0.71	10.11
	1	棕褐色，气微味苦	23.1	55.3	90.3	合格	检出	0.69	10.9
	2	棕褐色，气微味苦	24.7	57.6	90.2	合格	检出	0.68	10.08
	3	棕褐色，气微味苦	23.2	57.2	90.5	合格	检出	0.70	10.09
	6	棕褐色，气微味苦	22.9	56.8	90.6	合格	检出	0.67	10.05
080602	0	棕褐色，气微味苦	22.1	58.6	91.2	合格	检出	0.71	10.27
	1	棕褐色，气微味苦	23.7	56.9	90.4	合格	检出	0.73	10.29
	2	棕褐色，气微味苦	23.5	56.4	90.3	合格	检出	0.71	10.26
	3	棕褐色，气微味苦	22.3	56.7	91.2	合格	检出	0.70	10.31
	6	棕褐色，气微味苦	22.7	56.2	90.1	合格	检出	0.69	10.28
080603	0	棕褐色，气微味苦	24.6	57.7	91.8	合格	检出	0.72	10.07
	1	棕褐色，气微味苦	25.1	56.3	90.2	合格	检出	0.71	10.05
	2	棕褐色，气微味苦	24.9	59.2	90.7	合格	检出	0.72	10.06
	3	棕褐色，气微味苦	23.1	59.2	90.6	合格	检出	0.69	10.03
	6	棕褐色，气微味苦	24.2	57.2	90.2	合格	检出	0.69	9.98

检测结果显示该品在加速试验条件下 6 个月期间，其性状、鉴别、检查、释放度、含量测定等指标与零月比较基本一致，说明在其现有包装材料下，该品稳定性良好。

对采用不可透过性包装的液体制剂，如溶液剂、混悬剂、乳剂、注射液等的稳定性研究，可不要求相对湿度。对于包装在半透性容器中的药物制剂，例如低密度聚乙烯制备的输液袋、塑料安瓿、眼用制剂容器等，则应在温度 40℃±2℃、相对湿度 25%±5% 的条件进行试验。

膏药、胶剂、软膏剂、凝胶剂、眼膏剂、栓剂、气雾剂、泡腾片及泡腾颗粒等制剂宜直接采用 30±2℃、相对湿度 65%±5% 的条件进行试验。

对温度敏感药物（需在 4~8℃ 冷藏保存）的加速试验可在 25±2℃、相对湿度 60%±5%

条件下同法进行。对拟冷冻贮藏的制剂，应对一批样品在5℃±3℃或25℃±2℃条件下放置适当的时间进行试验，以了解短期偏离标签贮藏条件（如运输或搬运时）对制剂的影响。

（二）温度加速试验法

一般来说，温度升高，反应速度加快。根据Van't Hoff经验规则，温度每升高10℃，反应速度增加2~4倍。由于不同反应增加的倍数可能不同，所以该规则只是粗略的估计。温度对于反应速度常数的影响，可用Arrhenius指数定律表示为：

$$K = Ae^{-E/RT}$$　　　　　　　　　（式7-4）

其中K是反应速度常数；A是频率因子；E为活化能；R为气体常数，其值为8.314 J/(mol·K)；T为绝对温度。Arrhenius指数定律定量地描述了温度与反应速度之间的关系，是预测药物稳定性的主要理论依据。

经典恒温法是稳定性加速试验中常用的试验方法，其理论依据是Arrhenius指数定律，对数形式为：

$$\lg K = -\frac{E}{2.303RT} + \lg A$$　　　　　　　　　（式7-5）

用经典恒温法进行稳定性加速试验应注意以下问题：①对于溶液等均相系统制剂，一般可以得到比较满意的结果，但是对于非均相系统制剂（混悬液、乳剂）通常不适用。②加速试验过程中，如果反应级数或者反应机制发生改变，则不能应用经典恒温法，因为Arrhenius公式只考虑温度对反应速率的影响，因此，只有其他条件保持恒定，才能得出准确的结果。③试验结果只能用于所研究的处方，而不能随意推广到同一药物的其他处方。

（三）湿度加速试验法

中药制剂，特别是以中药提取物为原料的固体制剂，有较强的吸湿性。吸湿可引起制剂结块、流动性降低、潮解、晶型改变等，吸湿后制剂更容易氧化、水解、霉变，使制剂的质量、有效性、安全性等发生变化，因此对这些中药制剂的吸湿性开展研究是相当必要的。

吸湿不但引起固体制剂的物理变化，而且常常是引发化学变化的前提条件。为考察中药固体制剂及其在包装条件下的吸湿性能，应进行湿度加速实验、引湿实验。高湿度试验在影响因素试验中已有论述，此处重点讨论引湿实验、平衡吸湿量与临界湿度的测定。

湿度加速试验主要包括以下方面。

1. 药物引湿性试验　根据《中国药典》2020年版第四部收载的药物引湿性试验指导原则。药品引湿性是指在一定温度及湿度条件下，该物质吸收水分多少的特性。此法仅作为表述药品引湿性的一种指征，适用于《中国药典》收载且满足该品种正文项下干燥失重或水分限度要求的药品。同时亦可作为药品选择适宜包装材料和储存条件的参考。

试验方法为：取一定量的供试品置已精密称重（m_1）的具塞玻璃称量瓶（外径50mm，高15mm）中，精密称重（m_2）。把称量瓶敞口置于25±1℃恒温干燥器中（下部放置氯化铵或硫酸铵饱和溶液）或人工气候箱（设定温度为25±1℃，相对湿度为80%±2%）内，放置24h，盖好称量瓶盖子，精密称重（m_3）。按下式计算增重百分率：

$$增重百分率 = \frac{m_3 - m_2}{m_2 - m_1} \times 100\%$$　　　　　　　　　（式7-6）

引湿性特征描述与引湿增重的界定：引湿增重不小于 15% 为极具引湿性；引湿小于 15% 且不小于 2% 为有引湿性；引湿增重小于 2% 且不小于 0.2% 为略有引湿性；吸湿足量水分形成液体为潮解。

2. 平衡吸湿量与临界相对湿度的测定　　药物制剂的平衡吸湿量和临界相对湿度（CRH）是稳定研究的重要信息，对处方设计、包材选择、生产和储存条件的确定都有重要的指导意义。一般采用以下方法进行测定：精密称取样品（100~200mg）7~9 份，分别置于敞口的、已经称过重量并进行编号的称量瓶中，然后放入盛有不同相对湿度（RH）的密闭干燥器中，相对湿度范围一般要求 10%~100%，可用不同盐的饱和溶液或不同浓度的硫酸制备恒湿溶液。常见的恒湿溶液见表 7-5。经不同时间连续测定，或放置 7 天，样品吸湿量如不再变化，即达吸湿平衡。再精密称取样品重量，增加的重量即为各相对湿度下的平衡吸湿量。当达到某一相对湿度时，吸湿量迅速增加，此时的相对湿度即为 CRH。以吸湿率为纵坐标，相对湿度为横坐标作图，即得吸湿曲线，将吸湿直线部分延长与横坐标相交，即得样品的 CRH。药物是否容易吸湿，取决于其 CRH 的大小。该试验可以定量地研究湿度对药物的影响，为制订产品的处方及工艺条件提供依据，产品的生产和储存环境必须控制在 CRH 以下，以保证产品的质量。

表 7-5　恒湿溶液

盐类	相对湿度（%）		
	20℃	25℃	37℃
CH_3COOK	20		20.4
$CaCl_2 \cdot 6H_2O$	32.3		
$MgCl_2 \cdot 6H_2O$		33	31.9
$Zn(NO_3)_2 \cdot 6H_2O$	42		
$K_2CO_3 \cdot 2H_2O$		42.8	
$Na_2Cr_2O_7 \cdot 2H_2O$	52		50.0
$NaBr_2 \cdot 2H_2O$	58	59.7	
$(CH_3COO)_2Mg \cdot 4H_2O$	65		
$NaNO_3$		73.8	
$NaCl$		75.3	75.1
NH_4Cl	79.5	79.3	
$(NH_4)_2SO_4$	81	81	
KCl		84.3	82.3
$KHSO_4$	86	87	
$ZnSO_4 \cdot 7H_2O$	90		91.0
KNO_2		92.5	
$Na_2SO_4 \cdot 10H_2O$	95		
$CuSO_4 \cdot 5H_2O$	98		
H_2O	100	100	100

实例 7-5　化胃舒颗粒剂的 CRH 的考察

主药-微晶纤维素-糊精（1：1：1）制备成颗粒，在 7 种湿度梯度下进行考察 CRH。在每种湿度下，放置干燥至恒定质量的颗粒及化胃舒浸膏粉样品，每份约 2g，精密称定质量，平摊于干燥已精密称定质量的培养皿中，置于干燥器中 12h 以上，脱湿至平衡，备用。将底部盛有饱和盐溶液的玻璃干燥器放置 48h，使其达到平衡。将上述装有颗粒、浸膏粉的培养皿精密称定质量，于 25℃下保存 7 天，取出培养皿，精密称定，计算吸湿率，结果见表 7-6，以吸湿率为纵坐标，相对湿度为横坐标作图，对作图中曲线两端做切线，两切线的交点对应的横坐标即为临界相对湿度，结果见图 7-3。

表 7-6　浸膏粉与颗粒各个湿度下的吸湿率

饱和盐溶液	RH（%）	吸湿率（%）	
		化胃舒浸膏粉	化胃舒颗粒
CH_3COOK	23	3.91	3.32
K_2CO_3	43	7.34	4.27
$Mg（NO_3）_2$	55	11.04	6.15
KI	69	16.94	8.80
NaCl	75	20.06	10.71
KCl	84	25.87	16.53
KNO_3	92	31.23	22.36

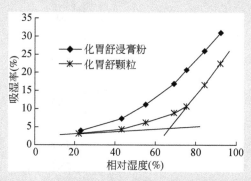

图 7-3　化胃舒浸膏粉及颗粒临界相对湿度

如图 7-3 所示，浸膏粉吸湿率远高于颗粒剂，很难绘出临界相对湿度。实验过程中发现，当环境湿度高于 43% 时，化胃舒浸膏粉开始发生潮解现象，且随着湿度的增加，浸膏粉潮解加重，当环境湿度高于 75% 时，浸膏粉甚至表现出类似溶解的现象，而在同样的湿度环境中，颗粒剂可以一直维持自身形态，由图 7-3 绘制的两条切线可知，颗粒的临界相对湿度为 67%。由此说明，所选处方可以有效抑制药物吸湿。提示在制粒过程中，应控制环境湿度在 67% 下，以降低颗粒从环境中对水分的吸湿程度，避免水分进入颗粒而影响主要成分的含量及稳定性。

三、长期试验

长期试验是在接近药品的实际储存条件下或上市药品规定的储存条件下进行的稳定性试验，目的是考察药品在运输、保存、使用过程中的稳定性，能直接地反映药品稳定性特征，是确定有效期和储存条件的最终依据。

取三批样品，市售包装，在 25±2℃、相对湿度 60%±5% 的条件下放置 12 个月，或在温度 30℃±2℃、相对湿度 65%±5% 的条件下放置 12 个月，每 3 个月取样一次，分别于 0 个月、3 个月、6 个月、9 个月、12 个月取样，按稳定性重点考察项目进行检测。12 个月后仍需继续考察的，分别于 18 个月、24 个月、36 个月取样进行检测。将结果与 0 个月比较以确定药品的有效期。

对温度敏感药物的长期试验可在 5±3℃ 条件下放置 12 个月，按上述时间要求进行检测，12 个月后仍需按规定继续考察，制订在低温储存条件下的有效期。对采用半通透性的容器包装的药物制剂，长期试验应在 25±2℃、相对湿度 40%±5%，或 30℃±2℃、相对湿度 35%±5%。的条件下进行。对于需要溶解或者稀释后使用的粉针剂、注射液等，应考察临用时配制和使用过程中的稳定性。

实例 7-6　新复方大青叶片的长期稳定性试验

恒温恒湿箱调至 25±2℃、相对湿度 60%±10% 的考察条件后，将模拟上市包装的新复方大青叶片放入，并于 0 个月、3 个月、6 个月、9 个月、12 个月、18 个月、24 个月分别取样检测有关项目，考察结果见表 7-7。

表 7-7　新复方大青叶片的长期稳定性试验结果

批号	时间（月）	性状	崩解时限（min）	含量（μg/片）		微生物限度检查		
				没食子酸	腺苷	细菌	霉菌	大肠埃希菌
090901	0	符合规定	29	112.56	52.14	<10	<10	未检出
	3	符合规定	28	112.67	52.24	-	-	-
	6	符合规定	29	111.89	52.11	-	-	-
	9	符合规定	28	112.45	53.26	-	-	-
	12	符合规定	30	112.21	52.17	-	-	-
	18	符合规定	31	112.33	53.22	-	-	-
	24	符合规定	33	112.43	53.15	<10	<10	未检出
090902	0	符合规定	29	114.23	52.33	<10	<10	未检出
	3	符合规定	29	114.34	53.23	-	-	-
	6	符合规定	28	114.29	52.51	-	-	-
	9	符合规定	30	114.78	52.28	-	-	-
	12	符合规定	31	115.12	52.29	-	-	-
	18	符合规定	33	113.97	52.29	-	-	-
	24	符合规定	33	114.22	52.32	<10	<10	未检出

续表

批号	时间（月）	性状	崩解时限（min）	含量（μg/片）		微生物限度检查		
				没食子酸	腺苷	细菌	霉菌	大肠埃希菌
090903	0	符合规定	29	116.32	52.38	<10	<10	未检出
	3	符合规定	28	116.52	52.32	–	–	–
	6	符合规定	29	116.65	52.45	–	–	–
	9	符合规定	30	116.73	52.37	–	–	–
	12	符合规定	29	115.98	53.26	–	–	–
	18	符合规定	32	115.78	53.36	–	–	–
	24	符合规定	32	116.38	52.57	<10	<10	未检出
090802	0	符合规定	47	–	–	<10	<10	未检出
	3	符合规定	48	–	–	–	–	–
	6	符合规定	48	–	–	–	–	–
	9	符合规定	50	–	–	–	–	–
	12	符合规定	52	–	–	–	–	–
	18	符合规定	56	–	–	–	–	–
	24	符合规定	57	–	–	<10	<10	未检出

在室温条件下对三批中试样品（090901、090902、090903）和原工艺生产的090802批，考察24个月，样品的性状几无变化，含量、崩解时限、微生物限度检查等各项指标均符合质量要求，虽然各批产品崩解时限稍有延长，但延长的幅度不大，可能与包装材料有一定的透气性有关，且与中药部分为水提取，含有部分多糖、黏液质等易吸潮的成分也有一定的关系。对照品产品变化较大，虽然仍符合药典标准，已十分接近国家规定，但已超出企业内控标准。说明按原工艺进行生产，工艺控制稍有不严，或存储期稍有延长，或储存条件稍有改变，就有可能导致产品不合格，说明原工艺生产的产品稳定性较差。

四、上市后的稳定性研究

药品在注册阶段进行的稳定性研究，一般并不是实际生产产品的稳定性，具有一定的局限性。采用实际条件下生产的产品进行的稳定性考察的结果，是确认上市药品稳定性的最终依据。

在药品获准生产上市后，应采用实际生产规模的药品继续进行长期试验。根据继续进行的稳定性研究的结果，对包装、储存条件和有效期进行进一步的确认。

药品在获得上市批准后，可能会因各种原因而申请对制备工艺、处方组成、规格、包装材料等进行变更，原则上应进行相应的稳定性研究，以考察变更后药品的稳定性趋势，必要时应与变更前的稳定性研究资料进行对比，以评价变更的合理性。

第三节　稳定性研究的结果评价

通过对影响因素试验、加速试验、长期试验获得的药品稳定性信息进行系统的分析和判断，确定药品的储存条件、包装材料/容器和有效期。

一、储存条件的确定

应综合影响因素试验、加速试验和长期试验的结果，同时结合药品在流通过程中可能遇到的情况进行综合分析。确定的储存条件应按照规范术语描述，具体条件的表示方法按2020 版《中华人民共和国药典》贮藏项下规定书写。

二、包装材料/容器的确定

一般先根据影响因素试验结果，初步确定包装材料和容器，结合加速试验和长期试验的稳定性研究的结果，进一步验证采用的包装材料和容器的合理性，内包装需符合《直接接触药品的包装材料和容器管理办法》。

（一）玻璃

玻璃的化学性质较为稳定，不易与药物和空气中的氧发生作用，也不能透过空气和水分。玻璃容器对制剂的稳定性影响主要有三个方面：①释放碱性物质；②脱落不溶性玻璃碎片；③透光。

玻璃主要是以二氧化硅四面体为骨架，钠、钾、钙、镁、铝、硼和铁等元素的氧化物可以改进其理化性能。如中性玻璃（低硼硅酸盐玻璃）化学性质较好，可以作为近中性或弱酸性注射液的容器；含锆玻璃和中性玻璃则具有更高的化学稳定性，耐酸、耐碱性均好，可以作为酸性或碱性注射液的容器；普通的钠钙玻璃因含 Na^+ 量较高，与药物水溶液中的 OH^- 作用生成 NaOH，改变药液的 pH，可使对 pH 敏感的药物变质，另一方面 NaOH 与玻璃表面的 SiO_4 作用产生 SiO_2，SiO_2 进入溶液即成微粒。故这种玻璃不能用作注射液的容器，只能用来包装一般的口服或外用制剂。普通的钠钙玻璃在盛装一些盐类如枸橼酸、酒石酸或磷酸的钠盐，甚至盛装水在热压条件下往往也会出现"脱片"现象。

棕色玻璃能阻挡波长小于 170nm 的光线透过，故棕色玻璃容器适于盛装对光敏感的药物制剂。但应注意棕色玻璃中的氧化铁容易脱落进入制剂而对某些成分氧化反应起到催化作用。

（二）塑料

通常用作药品包装材料的塑料包括聚氯乙烯（PVC）、聚苯乙烯（PS）、聚乙烯（PE）、聚丙烯（PP）、聚对苯二甲酸乙二酯（PET）、聚碳酸酯（PB）等高分子聚合物。塑料中常常加入增塑剂、防老剂等附加剂。有些附加剂具有毒性，用于药品包装的塑料应选用无毒制品。但塑料包装也存在问题：①透过性：外界的空气及空气中的水分、氧等可以透过塑料进入包装内部，内部的气体、水分、溶液等也可以透过塑料而进入周围的空气中，故塑料包装易引起药物的氧化、挥发油逸失、吸潮、乳剂脱水甚至破裂变质等物理学和化学变化。②泄漏与吸附：塑料中的物质可以泄漏到溶液中去，药液中的物质也可以被塑料吸附。如尼龙就可以吸附多种抑菌剂，但聚乙烯、聚苯乙烯都不与抑菌剂结合。包装材料的选择十分重要。高密度聚乙烯的硬度较大，水蒸气与气体透过速度较低，可以作为一般片剂和胶囊剂的包装容器，对于吸湿性强的或含有挥发性成分的药物则宜选用阻隔性能好的铝箔塑料复合膜包装。

（三）橡胶

橡胶广泛用于制瓶塞、垫圈、滴头等。橡胶同样存在泄漏和吸附问题，橡胶成型时，加入的硫化剂、填充剂、防老剂等附加剂，当与药液接触时可泄漏出来污染药液。最突出的是硫、锌和一些有机物，可以在输液中出现微粒。

在热压灭菌（115℃，30min）时橡胶中的成分可被水浸出，干扰溶液中药物成分的化学分析，也可增加毒性。橡胶可吸附药液中的主药和抑菌剂，特别是对于抑菌剂的吸附可使抑菌效能降低。若橡胶用环氧树脂涂层，可以明显减少上述现象，但仍不能防止橡胶对抑菌剂的吸附。因此，预先将洗净的橡胶塞浸于比使用浓度更高的抑菌剂溶液中较长时间，使吸附饱和后使用，则可以克服上述缺点。此外，将聚四氟乙烯涂于橡胶上，基本可以防止橡胶的吸附作用。也能防止橡胶中成分溶入水中。

（四）金属

锡管、铝管可作为软膏剂、眼膏剂的包装材料。但为确保制剂的稳定性首先要求镀层（或搪层、涂层）金属与产品不发生化学反应，其次要求完全、牢固地覆盖下层金属，不得有微孔和裂隙，不应产生脆裂等现象。

锡的化学性质较稳定，但可被氯化物或酸性物质所腐蚀。在锡的表面涂乙烯或纤维素漆薄层，可增加抗腐蚀性能。铝箔的主要包装形式是泡形、条形等。铝箔具有良好的防湿、遮光、隔气等保护功能，但价格较贵，厚的铝箔密封性好，但费材较多；薄的铝箔气孔多，但热密封强度差。这些缺点不利于包装药品。现在使用的铝塑复合膜则可取长补短，属较理想的包装材料。鉴于包装材料与药物制剂稳定性关系密切，在包装设计、产品试制过程中，要进行"装样试验"，对各种包装材料认真选择。

三、有效期的确定

药品的有效期应根据加速试验和长期试验的结果分析确定，一般情况下以长期试验的结果为依据。

由于实验数据的分散性，一般按95%的可信限进行统计分析，得出合理的有效期。如三批统计分析结果差别较小，则取其平均值为有效期，如差别较大则取其最短的为有效期。若数据表明测定结果变化很小，提示药品是很稳定的，则可以不做统计分析。

第四节　中药制剂稳定性研究的关键与难点

一、正确选择稳定性考核指标

稳定性评价指标是否恰当决定了试验结果的可靠性。选择能够定量地反应药物的稳定性变化的检测指标是稳定性研究首先必须解决的问题，也是中药制剂稳定性研究的难点问题。

研究过程应选择能反映一定治疗活性的单一成分、多种成分、总浸出物、总提取物或者综合指标作为测定的考察指标。选择测定指标时，首先必须明确该成分是制剂的药效成分，非药效成分作为测定指标则不能反映稳定性的真实变化。如某些制剂有效成分为苷类，而质量标准中建立的含量测定方法为水解产物苷元的话，此指标就不能真实地反映出样品的稳定性。

对于不稳定且具有药效活性的成分，应选作为测定考核指标，如蛇胆川贝液中的胆酸和贝母碱、养血止痛丸中的丹参酮、咽喉清水蜜丸中的橙皮苷和冰片等。在复方制剂中测定多种成分时，应选择其中较不稳定的有效成分作为制定有效期的依据，如银黄微型灌肠剂按绿原酸和黄芩苷计，有效期分别为 1.99 年和 3.82 年，确定其有效期为 2 年。

二、稳定性指标测定方法的建立

中药成分复杂，中药制剂药效成分之间、有效成分与分解产物之间的互相干扰，成分与疗效之间呈非线性关系等特殊性，所以对中药检测方法要求更高，应选择专属性强、灵敏度高的测定方法，且须将新的检测手段，如指纹图谱技术、近红外技术、GC-MS 技术、HPLC-MS 等现代分析技术，应用到中药研究中，为中药制剂的稳定性研究提供充足的依据。

若质量标准规定的含量测定方法，由于降解产物的干扰不能准确测定有效成分的含量变化时，应考虑选择其他灵敏度高、专属性强的含量分析方法。如何首乌中二苯乙烯苷在 310nm 波长处有最大吸收，但其降解物在该波长处的吸收不仅不降，而且随加热时间成线性增加，因此，在采用分光光度法难以考察二苯乙烯苷的降解情况时，宜采用高效液相色谱法。

三、稳定性加速试验的适用范围

以 Arrhenius 指数定律为基础的加速试验法，只适用于活化能在 41.84～125.52kJ/mol 的热分解反应。由于光化反应的活化能只有 8.37～12.55kJ/mol，温度对反应速度的影响不大，不宜用热加速反应。某些多羟基药物，活化能高至 209～292.6kJ/mol，温度升高反应速度急剧增加，用热加速试验预测室温的稳定性没有实际意义。此外，要求加速过程中反应级数和反应机理均不改变。

【※法规摘要※】

稳定性研究的内容应根据注册申请的分类及药品的具体情况，围绕稳定性研究的目的（如确定处方工艺、包装材料、贮存条件和制定有效期），进行设计和开展工作。

1. 新药 对于申报临床研究的新药，应提供符合临床研究要求的稳定性研究资料，一般情况下，应提供至少 6 个月的长期试验考察资料和 6 个月的加速试验资料。有效成分及其制剂还需提供影响因素试验资料。

对于申请生产的新药，应提供全部已完成的长期试验数据，一般情况下，应包括加速试验 6 个月和长期试验 18 个月以上的研究数据，以确定申报注册药品的实际有效期。

2. 已有国家标准药品 已有国家标准品种的注册申请，一般情况下，应提供 6 个月的加速试验和长期试验资料。有关研究可参考"申请生产已有国家标准中药、天然药物质量控制研究的指导原则"。

3. 其他 药品在获得上市批准后，可能会因各种原因而申请改变制备工艺、处方组成、规格、包装材料等，原则上应进行相应的稳定性研究，以考察变更后药品的稳定性趋势。必要时应与变更前的稳定性研究资料进行对比，以评价变更的合理性，确认变更后药品的包装、储存条件和有效期。

《中药、天然药物稳定性研究技术指导原则》

第八章　中药新药药理研究

中药新药药理学研究的目的：一是判断一个新药是否有预防、治疗和诊断疾病的作用，即是否有效，有效程度如何；二是和已知现有药物比较有何特长；三是通过药理作用机制的探讨为进一步了解药物作用或开发新药提供依据。临床前药理评价是新药评价的核心之一，有效与否决定该药能否进入临床评价，其主要内容包括主要药效学、一般药理学、药动学和药物作用机制研究。主要药效学，即与防治作用有关的主要药理作用研究；一般药理学，即除主要药效作用外，对机体其他系统（主要指神经系统、心血管系统、呼吸系统或其他系统）的作用；药代动力学研究，即研究药物进入机体后是如何进行代谢、转化和排泄的；药理作用机制研究，就是明确药物进入体内后是如何发挥药效的。中药新药药理评价是新药研究的核心之一，中药新药只有有效才有进一步开发的价值。

第一节　主要药效学研究

一、药效学研究的意义

（一）新药研究的需要

中药新药的药效学研究应遵循中医药理论，运用现代科学方法研究新药对机体的作用及其作用机制，以整体动物或其器官、组织、细胞、分子等为研究对象，采用实验特有的手段评价药物的量效、时效和不同给药途径与疗效间的关系，以及与其他同类药品的对比试验以确定应用前景等，为临床研究提供可靠的剂量、疗程及用药方法等科学依据，使得临床药效学试验研究顺利进行。

（二）药效学研究可认识中药的多靶点作用

中药药效学研究日益成为国内外药学界的热点。中药，无论是单味还是复方，其物质基础不同于西药，即西药的化学实体为单一化合物，具有特定的作用靶点，有专一性、针对性的作用方式。而中药是活性物质群，这些物质群按照一定的中医理论要求配伍组合，作用于多个机体的靶点，经多途径的整合发挥作用，呈现多效性。例如，人参因含有人参皂苷类、脂肪酸、挥发油、氨基酸、糖类、黄酮、维生素、核苷及其他碱基等物质，因此，人参具有改善中枢神经系统、循环系统、血液和造血系统、内分泌系统、免疫系统等多方面（靶点）功能，这些功效并非人参中某一单体成分的作用，而是其中所含人参皂苷等活性物质群共同起到的效用。

(三) 药效学研究有利于发现药物的新用途

中药的药效学实验往往是直接作用于动物或人体的全身，如果试验设计时思考周全，观测指标选择恰当合理，用药周期和给药途径正确的话，经常会发现一种中药（不论单味或是复方）同时对多个观测指标（甚至不同系统的无关指标）均有疗效。这对于有心的科学研究者而言，无疑是发现中药新适应证的最好启迪。若对这种启示再加以实验证实，可以发现药物的新用途。

(四) 药效学研究指导中药制药工艺优化

由于中药化学成分的复杂性，以及多味中药配伍制备过程中的各药物成分间的增溶助溶或拮抗等作用，往往造成同一处方不同制备工艺制得的成药，其临床疗效大不相同，由此可见，药效学试验是优选中药制备工艺的有效方法，药效学实验的结果指导中药制药工艺的优化。

二、药效学研究的方法

中药药效学是研究药物对机体的作用，包括药物作用的物质基础和作用机理。是中药药理学的重要组成部分，目前中药药效的研究方法注重多学科的相互交叉和融合。

(一) 药效物质基础研究方法

1. 拆方研究　中药药效的物质基础研究主要分为全方研究和拆方研究两大类，其中拆方研究又分为简单拆方研究、撤药分析方法及正交设计法。

中药复方的拆方研究阐明方剂药物配伍的科学性、寻找方剂内主要作用药物及其有效成分、阐明方剂中药物用量的重要性，同时也为方剂剂型改革提供理论依据及思路。因此拆方研究在目前较为普遍，基本上也是目前中药药效物质基础研究的常规方法。

2. 中药复方有效部位研究　为了避免仅对复方中的几味中药的个别成分进行定性、定量分析研究来确定整个复方的疗效和质量所造成的偏颇，研究者提出有效部位即药效成分群的概念，也就是整个复方中具有相近化学性质的一大类化合物，如挥发油类、生物碱类、黄酮类、皂苷类等，结合复方中各药已知化学成分的药理作用和整个复方的药理研究及该复方中君、臣、佐、使的配伍，有目的地将分离所得各有效部位进行整体动物实验、组织器官、细胞和分子4个药理水平上的药效研究，从而确定出君、臣、佐、使的有效部位及配伍规律，如有必要可将有效部位分离到各个化学成分，再进行分析，这样在复方（药材）、有效部位、有效成分3个化学层次，采用4个药理水平，对复方的成份、药效和机理进行深入全面研究。

3. 组合化学研究　从组合分子水平上研究中药及其药效的物质基础，阐明中药的功效活性部位与药效的相互关系及其作用机制。将中药系统定位为一个"功效系统"和"分子库"，提出具有药效作用的相同或相似分子骨架的一类分子组合，定义为"功效分子族"；单味中药主要药效分子组合，定义为"表征性组合分子"；单味药中辅助药效分子组合，定义为"非表征性组合分子"，用现代天然产物化学、组合化学、药理学、细胞生物学和分子生物学的方法学和手段，将复杂的分子组合拆分为几个分子族，分别进行研究。

4. 配位化学研究　　中药有效化学成分（ECC）研究应根据中药 ECC 的配位化学学说，运用系统论的原则和方法论及贝塔朗菲定律，以中药中的化学物种形态为核心，以有机成分和微量元素的相互作用为基础，来开展中药 ECC 的研究工作，认为中药中的 ECC 之间的协同和拮抗作用影响和改变中药 ECC 的生物活性，其中微量元素和有机成分的配合物是决定中药 ECC 生物活性的关键环节。

5. 现代科学技术在中药药效物质基础研究中的应用　　指纹图谱技术在中药材的真伪品鉴别及质量标准控制上得到广泛的应用，基于中药所含化学成分的多样性所提出"中药指纹图谱"旨在标示中药化学物质特性，并力图使化学成分的色谱/光谱具有"指纹"特异性，用于评价中药及其产品质量。

现代分离技术方法在提取中药复方中的有效部分上也得到了广泛的应用，根据中药所含的几大类成分，采用系统分离，结合现代分离方法，如超临界液体萃取、现代分离技术（大孔树脂、聚酰胺、氧化铝等）、超声提取、膜分离（UF、MF、NF）、超滤、微透析、固相萃取、逆流色谱、超临界流体色谱等手段，将复方中提取分离成为如皂苷类、生物碱类、挥发油、黄酮类等各类有效成分。鲁氏等利用膜分离方法从麻黄水提液中萃取分离麻黄碱，结果小于 8h 麻黄水提液的膜分离液为无色溶液，经纸层析实验表明该溶液几乎为纯净的麻黄碱溶液，说明膜萃取法可分离出较为纯净的麻黄碱。

（二）中药药效作用机理研究方法

1. 体外细胞培养法　　体外细胞培养法可采用外周血单核细胞、血小板、巨噬细胞，也有的采用体细胞（如成纤维细胞、肾小球系膜细胞等），另一大类为肿瘤细胞。与含有一定浓度中药（或含药血清）的培养液培养一定时间后，检测自然杀伤（NK）细胞活性、淋巴因子激活的杀伤细胞（LAK）活性、上清液中各种细胞因子浓度及对细胞增殖的抑制率、细胞表面标志物的表达等指标。

2. 中药血清药理学　　中药血清药理学是指在动物经口投药后的一定时间采血分离血清，用此血清进行体外实验的一种实验方法，此法能避免中药复方制剂直接体外给药的诸多干扰因素，其特点为不但能反映中药母体药物及其可能的代谢产物的药理作用，而且还能反映有可能由药物诱导机体内源性成分所产生的作用。最近一些文献对中药血清药理学的方法学研究进行概述，对整体动物选择给药剂量、采血时间、血清灭活与保存、血清增加量和对照组的设立等几个要素进行规范化研究，并介绍逐步建立的一些规范化技术。

3. 中药脑脊液药理学　　由于中枢神经系统血脑屏障的存在，使得神经胶质细胞和神经元的微观生存环境和屏障以外的其他体细胞对一些药物的反应有很大区别，有研究利用体外细胞培养的方法，用 3 种浓度药物观察普通血清、含药血清、脑脊液、含中药脑脊液对于星形胶质细胞和神经元的影响，结果发现利用含药脑脊液进行中药对中枢神经系统的药效观察明显优于血清药理学方法。

4. 肠内菌代谢研究　　通过对药物肠内菌代谢的研究，有助于发现天然前体药物，可以揭示中药复方中的一些有效成分。例如，大黄及番泻叶的主要成分番泻苷，静脉注射时无作用，口服后则产生作用。其原因是番泻苷经番泻苷代谢菌水解为番泻苷元，又被肠内链球菌代谢酶 NADH-黄素还原酶还原为有活性的大黄酸蒽酮。

5. 蛋白质组学和基因芯片技术　　将中药复方成分的多组分、作用的多靶点和多途径等特点与基因、蛋白质表达关联起来，比较各自不同的表达差异谱，确定不同有效成分对应基因和蛋白质表达靶点，并根据表达量的多少与复方的君、臣、佐、使理论和使用剂量相关联，同时分析不同有效成分对应基因及蛋白质表达靶点的相互作用，分析复方各组成单药之间的密切联系，阐明复方的组成原理。

6. 药代动力学与药效学结合研究 国外中药复方药效学研究与药代动力学结合，应用PK/PD 模型加以分析，找出浓度-效应-时间三维关系，进行复方药动学研究，在阐明药物作用机理、筛选活性化合物、提示剂型改革方向、指导制定临床用药方案等方面发挥了重要作用。

三、药效学研究的内容

（一）基本要求

1. 研究者的资质 试验主要负责人应具有药理、毒理专业高级技术职称和有较高的理论水平、工作经验与资历。确保试验设计合理，数据可靠，结果可信，结论判断准确。试验报告应有负责人签字及单位盖章。

2. 研究机构的资质 研究单位应具有较高的科研水平、技术力量及组织管理能力，具有较好的客观条件、实验室、仪器设备等。从事新药安全性研究的实验室应符合国家食品药品监督管理总局《药品非临床研究质量管理规范》（GLP）的相应要求，药理研究也可参照实行。

3. 规范原始记录 实验记录应符合国家食品药品监督管理总局《药品研究实验记录暂行规定》要求。实验记录应真实、完整、规范，对试验中出现的新问题或特殊现象均应写明情况，防止漏记和随意涂改。描记和形态学检查应有相应的记录图或照片，不得伪造、编造数据。实验记录的内容通常应包括下列几项：①实验名称：每项实验应首先注明课题名称和实验名称。②实验设计或方案，这是实验研究的实施依据。各项实验的首页应有一份详细的实验设计或方案。③实验时间：每次实验须按年月日顺序记录实验日期和时间。④实验材料：受试样品、对照样品及其他实验材料的来源及批号；实验动物的种属、来源及合格证；菌种、瘤株、细胞株及其来源；实验仪器设备名称、型号；主要试剂的生产厂家、规格和生产批号；自制试剂的配制方法、时间和保存条件等。实验材料如有变化，应在相应的实验记录中加以说明。⑤实验环境：根据实验的具体要求，记录实验当天的天气情况和实验微小气候，如温度、湿度、光照及通风等。⑥实验方法：常规实验方法应在首次实验记录时注明方法来源，并简述主要步骤。改进、创新的实验方法应详细记录实验步骤和操作细节。⑦实验过程：详细记录操作过程，观察到的现象，异常现象的处理，影响因素的分析等。⑧实验结果：准确记录计量观察指标的实验数据和定性观察指标的实验变化。⑨结果分析：每次实验结果应做数据处理和分析，并有明确的文字小结。⑩实验人员：应记录所有参加实验研究的人员。

（二）实验设计

在进行药效学研究工作之前，首先应该在查阅和熟悉文献的基础上，制订试验设计或方案，拟定开展药效学试验的范围和方法，观察指标，确定阳性对照药，选择动物模型和采用的动物，设立分组和剂量，给药途径，所需仪器设备及其他材料，安排试验进度，参加人员及分工等。这是实施的依据，当然也不是一成不变的，在实施过程中，根据具体情况，可以进一步修改、补充、完善及调整。

1. 实验设计的根据和原则　　实验设计应依据《药品注册管理办法》及有关药政法和规定；参照新药的组方、剂型、给药途径，特别是功能主治；临床经验及有关科研和文献资料。其原则是要实事求是，体现出高水平，坚持中药特色及有新意。实验设计的基本原则是"随机、对照、重复"。

2. 根据新药实际设计试验　　①根据主治、参考功能选择相应的实验方法，这适合大多数中药，包括以西医病名为主治的新药。例如，主治阳痿证的药物，应首选与生殖系统（特别是性功能）有关的实验；同时参照新药的功能和（或）疾病的主要症状，以相应的实验，作为辅助药效，从多方面证实新药的药效。例如，健脾补肾可选用一些健脾调整胃肠功能的实验。治疗急性支气管炎的药物，除了抗感染、抗炎作用外，针对疾病的症状，做镇咳、祛痰及解热实验等。②应根据新药的主要功能和病证的临床症状，设计药理实验方案。例如，治疗脾虚证的药物，根据脾虚证的表现即消化系统功能减退，副交感神经系统功能偏亢，免疫功能和代谢能力偏低等。药效学试验应以运化水谷及健脾益气为主，故选做有关胃肠功能的实验，对脾虚模型动物的治疗作用，以及抗应激实验和免疫功能测定等。③对缺乏动物模型的新药之试验方法如系统性红斑狼疮、皮肌炎、系统性硬皮病等免疫性疾病、精神病及梅核气、奔豚证等，应根据疾病的病因、病理变化、临床症状及新药的主要功能等，设计药理试验方案，用间接的药效提示新药的作用。再结合临床研究，对新药的有效性做出评价。例如，银屑病的确切病因尚不明确，可能与遗传、代谢障碍、感染，免疫功能紊乱等因素有关；基本病理特点为皮损部位表皮细胞过度增殖和角化不全。药效学可选择调节表皮细胞生长，影响免疫功能、抗炎和止痒作用，以及活血化瘀等试验。

3. 新药研究的实验方案应按 SFDA 要求设计　　中药及其复方的药理作用广泛，常为多成分、多靶点、多系统的综合效应，故应选择相应的方法从多方面反应新药的药效。但必须紧扣功能主治，避免"以广取胜"。主要药效研究，应选择能够反映药效本质的实验方法和观察指标，首先应确定主要作用（关键性药效），一般主要作用设 1～3 项，每项应选做 2～3 种实验方法，从多指标验证其药效。其他作用（辅助性药效）可酌情做 2～5 项，每项选做 1～2 种实验方法。应分清主次，突出重点。

新药的药效应能证实其主要治疗作用，以及较重要的其他治疗作用，主要的药效作用应该明确，并力求反映量效和（或）时效关系。有时药效不够明显或仅见作用趋势，统计学处理无显著差异，应如实上报作为参考，但仅适用于辅助药效。对于提纯的有效单体或含杂质较少的有效部位的新药及中药注射剂，可应用更高的技术手段，运用体内、体外多种试验方法，从多方面、多层次、全面深入地阐明其药理作用，也可只做能充分证实其主要治疗作用的药效，但应有明确的量效关系和时效关系，并有一定的作用机制研究尽可能用实验证明其有效成分或有效部位（群）就是主要药理作用的成分。

对于局部用药治疗远隔部位或全身疾患的药物，如局部或穴位贴效治疗高血压、冠心病等，如有可能应进行透皮吸收试验，以了解药物吸收剂量及速度等，有助于评价药效。但很多中药成分复杂，目前还难以确定有效成分，进行透皮吸收试验尚有困难。至于药物的作用机制、药代动力学及复方中药的配伍试验等，在可能情况下适当选做。由于中药的特点及技术上的困难等因素，目前不宜强求。

中药材新的药用部位，以人工方法在动物体内的制取物和引种（养殖）药材的药效学试验，均应与原药材做对比试验。以中药疗效为主的中药和化学药品复方制剂，需做该组方中的中药、化学药品、制剂三者在药效、毒理方面的对比试验，以发现组分间的任何协同或拮抗作用，要有资料证明该复方制剂在药效或毒副反应等方面具有一定的优点，包括药效作用的增强和（或）互相补充，毒副反应的降低等。

（三）药效学实验的方法

1. 体外实验　又称离体实验，是在体外进行的实验观察方法，包括离体器官、离体组织、细胞体外培养及试管内试验等。它可以排除体内多种因素的干扰，重复性好，结果易于分析，具有省药、省动物等优点，适用于分析实验，特别是作用机制的研究。但存在一定的缺点和局限性，尤其是中药粗制剂，直接与器官、细胞等接触，杂质和理化性质均能影响实验的结果，如药物的溶解性、粒度、pH、无机离子及鞣质、不溶物质等。往往在体外实验中具有较好的作用，在体内不一定呈现相应的效果。再则，离体实验失去了机体完整统一的内环境和神经体液调节，与临床状态相距较远。药物需经体内代谢成活性成分后才有相应的药理作用。因此，离体实验与体内实验结果不一致的现象时有发生。栀子苷的利胆作用很弱，在体内的代谢物京尼平作用增强，正如磺胺类物体外的抗菌作用甚弱一样。

血清药理学的实验方法适用于中药，特别是复方进行药效评价及其作用机制的研究，还可进行血清药物化学及药动学的研究。受试动物多用大鼠、豚鼠、家兔等。每天服药1次或2次（间隔2~4h），连用3天亦可每天1次，连续7天。给药剂量可参考公式：剂量＝在体实验的给药量×反应系统中被稀释的倍数。但可能因血药浓度不完全随给药剂量相应增加，以及受灌胃浓度和容量的限制等，不可能达到公式要求的用药剂量。也可采用临床日用量的倍数给药，加5倍、10倍、30倍、50倍等，以及采用制成的血清冻干粉，加入反应系统，使之达到需要的浓度。给药后采血的参考时间，如每天给药2次，连续3天，为末次给药后的0.5~1h。血清药理实验，虽然可以克服离体实验中存在的某些缺点，但尚未完全成熟，还存在着一定的问题：例如，血清的来源和含药浓度、加药剂量（不能添加100%浓度的血清），以及动物给药的剂量、给药方式，采血时间、血清处理等诸多因素，需要进一步完善和确定，故影响其推广应用。另外，对不通过血液而起作用的药物，尤其是中药对整体的调节功能，便不能反映和观察其药效。因此，体外实验不能完全取代体内实验。

2. 体内实验　又称在体实验，是用整体动物进行药理实验的方法。根据实验需要可以选用正常动物或病理模型动物，按照实验的周期可以分为急性实验和慢性实验。前者一般指观察一次给药后机体在短时间内出现的反应，如麻醉动物血压试验、急性毒性试验等，但中药往往起效较慢，作用较温和，即使急性实验，有时也需持续多次给药，如3~7天甚至更长时间后才能出现效应。慢性实验指观察机体在较长时间内多次给药出现的反应，如寿命实验、慢性造瘘（胃肠癌、子宫癌等）、长期毒性实验等。在体实验比较接近临床状态，尤其符合中药多成分、多靶点、多系统的调节整体作用，并可弥补离体实验的不足和局限性，故中药的药效学实验应以体内实验为主体外实验为辅。结合中医临床用药的实践，以消化道给药为主，其他给药途径为辅。倘若为中药有效成分或有效部位（群）、制剂较纯者，或临床为注射给药者，可用体外实验或注射给药进行主要药效学实验。

（四）药效学实验的动物模型

人类疾病的动物模型是生物医学科学研究中所建立的具有人类疾病模拟性表现的动物实验对象和材料，使用动物模型，是研究和评价新药防治作用的必不可少的方法和手段。

1. 药效学研究中动物模型选择的一般要求　　动物模型应首选符合中医病或证的模型，若目前尚无与所研究药效对应的理想动物模型，则可选用近似的或能体现有关病、证的某一阶段或某种典型症状或辅理变化的动物模型。评价模型好坏的标准在于模型是否能反映病证的本质，是否简便可行，指标是否可观测、分析。

2. 动物模型的分类

（1）自发性动物模型（spontaneous animal models）：是指实验动物未经任何有意识的人工处置，在自然情况下所发生的疾病，或者由于基因突变的异常表现通过遗传育种保留下来的动物疾病模型；其中包括突变系的遗传疾病和近交系的肿瘤疾病模型。突变系的遗传疾病很多，可分为代谢性疾病、分子疾病和特种蛋白质合成异常性疾病。如无胸腺裸鼠、胸萎缩症小鼠、肥胖症小鼠、癫痫大鼠、高血压大鼠、无脾小鼠和青光眼兔等。

近交系的肿瘤模型随实验动物种属、品系的不同，其肿瘤发生的类型和发病率有很大差异。

很多自发性动物模型在研究人类疾病时具有重要的价值，如自发性高血压大鼠，中国地鼠的自发性糖尿病，小鼠的各种自发性肿瘤，山羊的家族性甲状腺肿等。利用这类动物疾病模型来研究人类疾病的最大优点，就是疾病的发生、发展与人类相应的疾病很相似，均是在自然条件下发生的疾病，其应用价值就很高，但是这类模型来源较困难，费用也比较高。

（2）诱发性或实验性动物模型（experimental animal models）：实验性动物模型是指研究者使用物理的、化学的和生物的致病因素作用于动物，造成动物组织、器官或全身一定的损害，出现某些类似人类疾病时功能、代谢或形态结构方面的病变，即人为诱发动物产生类似人类疾病模型。例如，结扎家兔冠状动脉复制心肌梗死模型，用化学致癌剂亚硝胺类诱发癌，γ 射线照射诱发粒细胞白血病等。即使人类同一疾病可用多种方式，多种动物诱发类似的动物模型。如采用手术摘除犬、大鼠等的胰腺，化学物质链脲佐菌素损伤地鼠胰岛细胞，接种脑炎心肌炎病毒于小鼠等复制糖尿病动物模型。

诱发性动物模型主要用于药理学、毒理学、免疫学、肿瘤和传染病等的研究，其优点：制作方法简便，实验条件比较简单，其他因素比较容易控制，在短时间内可以复制大量的动物模型。但诱发的动物模型与自然产生的疾病模型在某些方面有所不同，如诱发肿瘤与自发肿瘤对药物敏感性有差异。而有些人类疾病不能用人工方法诱发出来，它有一定的局限性。

3. 设计动物模型的注意事项

（1）注意致模因素的选择：致模因素的选择是复制动物模型的关键步骤。应明确研究目的，清楚相应人类疾病的发生、临床症状和发病机制，熟悉致病因素对动物产生的临床症状和发病情况，致病因素的剂量。动物的遗传背景、性别、年龄等对模型的复制都有一定的影响，选择适当的致病因素和尽量选择与人类相似性的实验动物作动物模型，以增加所复制动物模型与人类疾病的相似性，例如，以草食性动物兔复制动脉硬化模型需要胆固醇剂量远比人类高得多，而且病变部位并不出现在主动脉弓，病理表现为纤维组织和平滑肌增生为主，这些现象与人的情况就有一定的差距，这就要求研究人员要全面了解致病因素与所选动物的相关信息，掌握致病因素的剂量，分析能否达到预期结果。

（2）注意动物因素的选择：复制动物模型应注意选用标准化和使用有价值的动物。复制动物模型时应遵循适于大多数研究者使用，容易复制、便于操作和采集各种标本的原则。动物来源应注意选用标准化实验动物，家畜和野生动物作为模型资源的补充。

标准化实验动物作模型资源的优点：生活在标准化的环境内，有清楚的遗传背景和微生物控制标准，具有较强的敏感性，较好的重复性和反应均一的特点；有严格的饲养规程；易获取大样本实验和观察。缺点：在人工控制下培育的动物与自然生长繁殖的动物有所不同，而且标准化环境的维持消耗大量资金。

（3）注意近交系的应用：近交系的选择应注意遗传背景清楚，反应均一、个体差小，广泛地应用于动物模型复制，但在设计中必须慎重考虑一些因素：近交系的繁殖方法与自然状态不同。例如，自发性糖尿病 BB Wistar Rat 具有人类糖尿病临床特征，但实践中常并发有神经系统严重病，睾丸萎缩、甲状腺炎、恶性淋巴瘤等，因此要有目的的选择，不可盲目的采用近交系，近交系形成的亚系不能视为同一品系。要充分了解新品系的特征及有关资料。即使已形成模型的品系由于育种和环境改变，仍有可能发生基因突变和遗传演变。即存在变种甚至断种的危险，国外常用两种近交系的杂一代（F1）作为模型，其个体之间均一性好，实验的耐受性强。近交系的不足除上近交系、杂交一代外，封闭群动物（远交系）虽然个体间的重复性和一致性没有近交系、F1动物好，但遗传特性及反应保持相对稳定，其生命力强、繁殖率高、抗病力强，可以大量生产，其某些方面可选用。

（4）注意环境因素的影响：复制模型的成败与环境因素密切相关，居住、饲养改变、光线、噪声、氧气浓度、温度、湿度、屏障系统故障等，任何一项被忽视都可能带来严重影响。除此以外，复制操作如固定、麻醉、手术、药物和并发症等处置不当，同样会产生不良后果，因此在复制模型时充分考虑环境因素和操作技术。

（5）模型的相对性：目前可供中药新药研究使用的中医症候的动物模型很多，制作方法包括病因模拟和症状模拟。病因模拟饥饿引起脾虚、风寒湿引起痹症等。这种方法所复制的中医症候动物模型，从形式上看很有中医代表性，但是中医对于病因造成症候发生这一过程的认识很笼统，其中尚有一部分还没有从个性中找出共性，甚至从偶然性中找出必然性；再者所认识到的同一致病因素又会造成多种症候发生，两种不同的致病因素也会造成同一症候发生；而且还有相当一部分致病因素又难以作用于动物等。症状模拟如用大剂量醋酸氢化可的松复制阳虚模型，出现体重减轻、拱背少动、反应迟钝、体毛不荣等。这种方法存在的问题在于中医症候不仅是几个症候相加，也是对病因、病症、邪正盛衰等情况的概括。

复制祖国医学中"证"的动物模型难度较大，因为中医的证是疾病的病因、病位及病邪性质的概括，且临床多以患者主观感觉反应出来，确切的客观指标尚在探索之中，即使客观表象如舌象、脉诊及神志等也不易在动物身上模拟出来。所以，应该尽量采用多种病因，以不同的方法同时建立几种相对应的模型，并且不断加强方法和思路的学习以改进和提高，才能更好地将动物模型应用于药效学研究中。

（五）药效学实验指标的选择

观测指标应选用特异性强、敏感度高、重现性好、客观、定量或半定量的指标进行观测。

1. 特异性强　所选指标应该针对新药的功能主治，如降脂药，检测血脂水平是关键指标。抗恶性肿瘤药，体内、体外抑瘤率，动物荷瘤生存时间是关键性指标。在中药新药药效学研究中，有时也会遇到难以确定的特异性指标，此时可通过选择多个指标来共同佐证主要药效。

2. 敏感性高　所选指标要求能准确反映药物的防治作用。敏感性差的指标往往会漏掉某些阳性变化，造成假阴性结果。

3. 重现性好　所选指标要稳定、重现性好，结果才可靠，若重现性差，则该指标不可选。

4. 可观性强、可定量或半定量　检测指标尽量采取可用仪器观测的数据来表示，以便排除主观意愿，进行统计分析。

各种指标均有其优点，例如，生理、生化指标可以定性定量及动态观察，但有时定位欠佳，可受多种因素干扰，稳定性较差；而形态学指标可定性、定位，但难于定量及动态观察。如果一项指标难于满足要求，可综合选用生理、生化、形态学等多方面的指标，使实验结果更为全面和准确。但若单一指标已能达到要求，则不必为了多和全面勉强采用多指标的检测。

（六）药效学研究中的动物选择

选择什么样的动物来进行药效学实验是关系药效学实验成败的一个关键，在不适当的动物身上进行实验，常可导致实验结果的不可靠。因此，在选择动物时应考虑以下几个方面。

1. 种属　不同种属的哺乳动物的生命现象，特别是一些最基本的生命过程，有一定的共性。这正是在医学实验中可以应用动物实验的基础。但另一方面，不同种属的动物，在解剖、生理特征和对各种因素的反应上，又各有个性。例如，不同种属动物对同一致病因素的易感性不同，甚至对一种动物是致命的病原体，对另一种动物可能完全无害。因此，熟悉并掌握这些种属差异，有利于动物的选择，否则可能贻误整个实验。例如，在研究醋酸棉酚对雄性动物生殖功能的影响时，不同动物的反应很不一样，小鼠对醋酸棉酚很不敏感，不宜选用。而大鼠和地鼠很敏感，很适宜。又如，以家兔作为研究排卵生理的实验时，则应知道，家兔是"诱发性排卵动物"，即一般情况只有交配才引起排卵，这一特点可以用来方便地实验各种处理因素的抗排卵作用。但另一方面，这种排卵和人及其他一些哺乳动物的自发性排卵有较大差异，在应用这些实验结果时应注意。

在不同种属动物身上做的实验结果有较大差异。由于不同种属动物的药代动力学不同，对药物反应性也不同，所以药效就不同。吸收过程的差异：如大鼠吸收碘非常快，而兔和豚鼠则吸收得慢，因而碘在两者的药效也就有差异。排泄过程的差异：如大鼠体内的巴比妥在3天内可排出90%以上，而鸡在7天内仅排出33%。因此，巴比妥对鸡的毒性比对大鼠大得多。氯霉素在大鼠体内主要随胆汁排泄，存在肠循环现象，半衰期较短，药物作用时间的长短就有差异。代谢过程的差异：如磺胺药和异烟肼在犬体内不能乙酰化，多以原型从尿中排出，在兔或者豚鼠体内能够乙酰化，多以乙酰化形式随尿排出；而在人体内部分乙酰化，大部分是葡萄糖醛酸结合，随尿排出。乙酰化后不但失去了药理活性，而且不良反应增加。可见这两种药物对不同种属动物的药理和毒性都有差别。

不同种属动物对药物的反应也有差异，大鼠、小鼠、豚鼠和兔对催吐药不产生呕吐反应，在猫、犬和人则容易产生呕吐；组胺使豚鼠支气管痉挛窒息而死亡，对于家兔则是收缩血管和右心室功能衰竭而死亡；苯可使家兔白细胞减少及造血器官发育不全，而对犬却引起白细胞增多及脾脏和淋巴结增生；苯胺及其衍生物对犬、猫、豚鼠能引起与人相似的病理变化，产生变性血红蛋白，但在家兔身上则不易产生变性血红蛋白，在小鼠身上则完全不会产生。

不同种属动物的基础代谢率相差很大。常用的实验动物中以小鼠的基础代谢最高，鸽、豚鼠、大鼠次之，猪、牛最低。

2. 种系　实验动物由于遗传变异和自然选择作用，即使同一种属动物，也有不同品系。经过采用不同遗传育种方法，可使不同个体之间在基因型上千差万别，表现型上同样参差不齐，因此，同一种属不同种系动物，对同一刺激的反应有很大差异。不同品系的小鼠对同一刺激具有不同反应，而且各个品系均有其独特的品系特征。例如，DBA/2 小鼠 100%的可发生听源性癫痫发作，而 C57BR、CdJN 小鼠对放射线却具有抗力；C57L/N 小鼠对疟原虫易感，而 C58/LwN、DBA/LJN 小鼠对疟原虫感染有抗力；STR/N 小鼠对牙周病易感，而 DBA/2N 对牙周病具有抗力；C57BL 小鼠对肾上腺皮质激素（以嗜伊红细胞为指标）的敏感性比 DBA 小鼠高 1.5 倍，DBA 小鼠对雌性激素比 C57BL 小鼠敏感；摘除 C57BL 小鼠的卵巢对肾上腺无明显影响，但摘除 DBA 小鼠的卵巢却使肾上腺增大，对 CE 小鼠甚至引起肾上腺癌。乙烯雄酚可引起 BALB/c 小鼠的睾丸瘤，而 C3H 小鼠则不能。

3. 年龄和体重　年龄是一个重要的生物量。动物的解剖生理特征和反应性随年龄而明显的变化，一般幼年动物比成年动物更敏感。如果用断奶鼠做实验其敏感性比成年鼠高。这可能与机体发育不健全，解毒排泄的酶系尚未完善有关。但有时因过于敏感而与成年动物试验结果不一，所以一般认为，不能完全取代成年动物试验。老年动物的代谢功能低下，反应不灵敏，不是特别需要，一般不选用。因此，一般动物实验设计应选成年动物进行。一般慢性试验，观察时间长，可选用年幼、体重较小的动物做实验；研究性激素对机体影响的实验，一般用年幼或新生的鼠；制备 Alloan 糖尿病模型和进行一些老年医学的研究应选用年老动物；10~28 周龄小鼠用氯丙嗪后出现血糖升高，而年老的小鼠则是血糖降低；吩噻嗪类药物产生锥体外系症状随年龄的增加而增加；咖啡因对年老大鼠的毒性较大，对年幼大鼠的毒性较小。

有人将大鼠、小鼠按年龄分成年幼、成年和老年 3 组，观察年龄对乙醇、汽油、戊烷、苯和二氯乙烷等急性毒性的影响。小鼠以 6~8 周、14~18 周和 18~24 周，大鼠以 1~1.5 个月、8~10 个月和 18~24 个月分成相应的 3 组。按 LD_{50} 及麻醉浓度来看，敏感性基本是幼年 >老年>成年。

对毒物反应的年龄差异，可能与解毒酶的活性有关。胎儿时因缺乏这种酶，故对毒物很敏感。新生儿约在出生后 8 周内解毒酶才达到成人水平。大鼠的葡萄糖醛酸转换酶，约在出生后 30 天才达到成年大鼠的水平。兔出生 2 周后，肝脏开始有解毒活性，3 周后活性更高，4 周后已与成年兔接近。

实验动物年龄与体重一般呈正相关，小鼠和大鼠根据体重推算其年龄。但其体重和饲养管理有密切关系，动物正确年龄应以其出生日期为准。常用几种成年实验动物的年龄和体重、寿命可参看表 8-1。

表 8-1　成年动物的年龄、体重和寿命比较

	小鼠	大鼠	豚鼠	兔	犬
成年日龄（天）	65~90	85~110	90~120	120~180	250~360
成年体重（g）	20~28	200~280	350~600	2000~3500	8000~1500
平均寿命（年）	1~2	2~3	>2	5~6	13~17
最高寿命（年）	>3	>4	>6	>13	34

4. 性别　许多试验证明，不同性别动物对同一药物的敏感性差异较大，对各种刺激的反应也不尽一致，雌性动物性周期不同阶段和怀孕、哺乳时的机体反应有较大的改变，因此，科研工作中一般优先选用雄性动物或雌雄各半做实验。动物性别对动物实验结果不受影响的实验或一定要选用雌性动物的实验例外。

药物反应有性别差异的例子很多。如激肽释放酶能增加雄性大鼠血清中的蛋白结合碘，减少胆固醇值，然而对雌性大鼠，它不能使碘增加，反而使之减少。麦角新碱给予 5~6 周龄的雄性大鼠，可以见到镇痛效果，如给雌性大鼠，则没有镇痛效果。3 个月龄的 Wistar 大鼠摄取乙醇量按单位体重计算，雌性比雄性多，排泄量也多。

5. 生理状况　动物的生理状况如怀孕、授乳时，对外界环境因素作用的反应性常较不怀孕、不授乳的动物有较大差异。因此，在一般实验不宜采用这种动物。但当为了某种特定的实验目的，如为了阐明药物对妊娠及产后的影响时，就必须选用这类动物（为了这种实验目的，妊娠小鼠是最适合的实验动物）。又如动物所处的功能状况不同也常影响对药物的反应，动物在体温升高的情况下对解热药比较敏感，而体温不高时对解热就不敏感；血压高时对降压药比较敏感，而在血压低时对降压药敏感性就差，反而可能对升压药比较敏感。

6. 健康状况　一般情况下健康动物对药物的耐受量比有病的动物要大，所以有病的动物比较容易中毒死亡。动物发炎组织对肾上腺激素的血管收缩作用极不敏感。有病或营养条件差的家兔不易复制成动脉粥样硬化动物模型。饮食量不足，体重减轻 10%~20% 后，麻醉时间显著延长。有些犬因饥饿、创伤等原因尚未正式做休克实验时，即已进入休克。动物发热可使代谢增加，体温升高 1℃，代谢率一般增加 7% 左右。维生素 C 缺乏的豚鼠对麻醉药很敏感。有人证明，在 15~17℃ 下饥饿 12h 的成年大鼠肾上腺的维生素 C 含量为 306mg/100g，但同样动物在 20~22℃ 正常情况下饲养 10 天，肾上腺的维生素 C 含量却为 456mg/100g。用植物油给大鼠食用后 2h，可使硫酸喷妥钠的麻醉时间减少 50%。

动物潜在性感染，对实验结果的影响也很大。如观察肝功能在实验前后的变化时，必须要排除实验用的家兔是否患有球虫病，不然家兔肝脏上已有很多球虫囊，肝功能必然发生变化，所测结果波动很大。

健康动物对各种刺激的耐受性一般比不健康、有病的动物要大，实验结果稳定，因此一定要选用健康动物进行试验，患有疾病或者处于衰竭、饥饿、寒冷、炎热等条件下的动物，

均会影响实验结果。选用的动物应没有该动物所特有的疾病，如小鼠的脱脚病（鼠痘）、病毒性肝炎和肺炎、伤寒；大鼠的沙门菌病、病毒性肺炎、化脓性中耳炎；豚鼠的维生素 C 缺乏症、传染性肺炎、沙门菌病；家兔的球虫病、巴氏杆病菌；犬的狂犬病、犬瘟热；猫的传染性白细胞减少症、肺炎；猕猴的结核病、肺炎、痢疾等。

此外，亦应注意动物因各种原因存在的潜在感染，应排除在实验动物之外。

（七）受试药物及阳性对照药

1. 受试药物　新药研究应遵循一定的工作程序，首先由药学工作者研制出处方固定、生产工艺科学，适合于放大中试验、质量标准可控的制剂，再由药理学工作者进行药效学、毒理学实验。《新药审批方法》中规定受试药应符合以下标准。

（1）处方固定、生产工艺及质量基本稳定，并与临床研究用药基本相同的剂量及质量标准。

（2）在注射给药或离体试验时应注意药物中的杂质、不溶物质、无机离子及酸碱度等因素干扰。受试物可用成品制剂或未加辅料的提取物，前者与临床用药一致，但体积大；后者一般可溶性好，含药量高，多采用，尤其是在急毒和长毒实验中。

2. 阳性对照药物　主要药效实验应设立对照组，包括空白对照组（正常级模型组，必要时设溶媒组）及阳性对照组。阳性对照药物可选用药典收载或正式批准生产的中药或西药，选用的药物应尽可能与新药的主治功能、剂型及给药途径相似，若有困难也可在功能、剂型上略有差异。

由于中药的作用范围较广泛，有的作用可能与一个阳性药不尽相同，可再选作用相似的其他中药或化学药，所以一个受试药可能有几个阳性对照药。根据需要，阳性药可设一个或多个剂量组。由于中药发挥作用较缓慢、温和，以口服给药为多，而有的阳性对照药（特别是化学药）作用快而明显，或者注射给药，所以给药时间和给药途径既要考虑受试药物能完全发挥作用，也要兼顾阳性对照药的作用特点，可以不强求同步一致。

3. 受试药物或阳性对照药的溶媒　可采用无生理性的蒸馏水、生理盐水、注射用水或饮用水等，某些不溶性或油剂可加助悬剂或增溶剂等。

（八）药效学实验的剂量确定及换算方法

1. 剂量确定方法

（1）临床等效剂量：人与动物对同一药物的耐受性相差很大，一般动物的耐受量比人大，也就是单位体重的用药量动物比人要大。其中一个重要的因素是动物个体小，单位体重重量内所占的体表面积大，因此，如果用体表面积来衡量则相对比较合理。所谓临床"等效"剂量，即指根据体表面积折算法换算的在同等体表面积（m^2、cm^2）单位剂量。

（2）根据临床用量的体积计算：这是中药药理试验中常用的方法。具有长期大量用药经验的中药及其制剂，可根据人用剂量按体重折算，用量一般以计算单位内所含生药量（g 或 mg）表示，以体重（kg 或 g）计算用量。动物试验用量为人用剂量的数倍至几十倍。其粗略的等效为 1（人）、3（狗、猴）、5（猫、兔）、7（大鼠、豚鼠）、10～11（小鼠）。以上剂量大致等于等效量，误差允许达 0.5～1 倍。例如，小鼠有效量为 1.0mg/kg，则大鼠大致为 0.7mg/kg，可在 0.35~1.4mg/kg 范围内。保健食品功能试验规定，剂量组中有一个剂量应相当于人摄食量的 5~10 倍，一般前者指大鼠倍数，后者为小鼠倍数。

（3）根据半致死量（LD_{50}）计算：凡能测出 LD_{50} 者，尤其是一二类新药，可用其 1/10、1/20、1/40 等相近剂量作为搜索药效实验高、中、低剂量组的基础。

（4）根据文献估计剂量：文献中相似药物的用量，若处方相似，提取工艺相似，可作为参考，估计出受试药的剂量范围。一般情况下，药效实验的高剂量应低于长期毒性实验的中剂量或低剂量，特殊情况能出现药效的预试剂量范围，然后在确定正式实验的剂量。

2. 实验动物用药量的计算方法　动物实验所用的药物剂量，一般按 mg/kg 体重或者 g/kg 体重计算，应用时须从已知药液的浓度换算出相当每千克体重应给的药液量（ml 数），以便给药。

3. 人与动物及各类动物间药物剂量的换算方法　人与动物对同一药物的耐受性相差很大。一般来说，动物的耐受性要比人大，也就是单位体重的用药量动物比人要大，人的各种药物的用量在很多书上可以查得，但动物用药量可查的书比较少，一般动物用的药物种类远不如人用的那么多。因此，必须将人的用药量换算成动物的用药量。一般可以用人与动物用药剂量的比例来换算，也可以用人与动物的体表面积计算法来换算。

（九）实验分组

1. 剂量的设置　剂量组：一般情况下，各种试验至少应设置 3 个剂量组，以便迅速获得关于药物作用较完整的资料，例如，受试药物有无作用，作用强弱，与剂量之间的关系等。理想的做法是从不起作用的剂量开始，一直到接近完全反应的剂量。根据剂量与效应的关系，画出剂量效应曲线。大动物（猴，狗等）试验或特殊情况下，如用来源较少、昂贵动物或试验难度大者，可设 2 个剂量组。

每组试验动物数：一般小鼠为 10 只，大鼠为 8 只。猫、狗等为 4 只以上，以避免个体差异和实验误差，以便进行统计学处理。

2. 动物分组时应遵循随机原则　动物分组时应遵循随机原则，可使用随机数字表，也可采用"均衡下的随机"，即先将能控制的主要因素（如性别，体重）先行均衡地归类分档，然后在每一档中随机地取出等量动物分配到各组，使那些难控制因素（如活泼、饥饱、疲劳程度及性周期等）得到随机化的安排。

（十）药效学实验的给药途径和方法

一般要求给药途径采用两种方式，其中一种应与临床相当，如确有困难，也可选用其他途径进行试验，并说明理由。经口服用的药物可采用灌胃、胃管、十二指肠等给药。给药容量根据试验用药剂量而定，但应该适宜。如果容量过小，容易产生误差，容量过大，则动物难于耐受乃至死亡，亦会给药效观察带来困难，如小鼠灌胃过多，会产生匍匐少动，与药物的镇静作用混淆。药理实验中最大的给药容量可参考附录表进行。

实例 8-1　甘草药理作用的实验研究

【目的】

（1）对甘草多糖在免疫和抗肿瘤方面的作用进行初步探讨。

（2）研究光甘草定（Glabridin）在不同体外氧化实验模型中的抗氧化活性，同时，利用大鼠肝脏微粒体中的细胞色素 P450/NADPH 氧化系统，对 Glabridin 的抗氧化活性进行对比研究。

（3）观察甘草抗病毒有效部位（GD4）抑制呼吸道合胞病毒（RSV）作用。

（4）筛选并考察其抗炎有效部位和单体对炎症靶点的影响，以阐明甘草的抗炎活性部位和单体及其作用机制。

【实验方法】

1. 抗肿瘤及其对免疫系统的影响　从甘草残渣中提取分离得到甘草多糖，采用血清溶血素及抗体生成细胞水平实验、碳粒廓清实验、S180 荷瘤小鼠实验测定其免疫和抗肿瘤作用。

2. 抗氧化　从光果甘草丙酮提取物中分离得到黄酮类单体成分——光甘草定，并对其抗氧化生物活性进行观察研究。以肝脏微粒体中的细胞色素 P450/NADPH 氧化系统作为体外抗氧化实验模型。微粒体中自由基诱发程度由探针物 DCFH-DA 的氧化产物 DCF 的浓度进行检测。以银杏叶提取物 EGB761 用作阳性对照物。

3. 抗病毒　采用煎煮法、二氯甲烷萃取法和柱层析法提取分离得到甘草抗病毒有效部位（GD4）。采用细胞病变抑制实验，观察 GD4 在 Hela 细胞中对 RSV 的抑制作用。

4. 抗炎　应用溶剂萃取和大孔树脂富集纯化制备甘草醇提物、组分及总黄酮，紫外分光光度法测定总黄酮的含量；IFN-γ 和 LPS 协同诱导细胞炎症模型；Greiss 反应法测定各层次提取物及黄酮类单体对细胞上清液中亚硝酸盐含量的影响；FRAP 法测定总抗氧化能力；RT-PCR 法考察 TFGR 及异甘草素对细胞内诱导型一氧化氮合酶 iNOS、COX-2、IL-1β、IL-6、PPAR-γmRNA 的影响；Western blot 法考察 TFGR 及异甘草素对细胞 iNOS、COX-2 及 MAPK 信号转导通路的影响。

【实验结果】

1. 甘草抗肿瘤及其对免疫系统的影响　结果如表 8-2～表 8-4 所示。

表 8-2　甘草多糖对小鼠血清溶血素及抗体生成细胞产生的影响（$\bar{x}\pm s$）

组别	剂量（mg/kg）	H CIgM	H CIgG	抗体生成细胞（OD）
正常对照组	–	163.72±45.25	148.92±22.71	0.253±0.049 4
香菇多糖组	200	201.19±32.31*	185.11±110.18	0.339±0.084 8
甘草多糖组	150	189.75±63.98	184.86±118.93	0.315±0.038 2
	300	197.57±128.64	185±115	0.319±0.056 6
	600	219.81±34.78*	195.32±40.45*	0.315±0.028 7*

注：与正常对照组比较，*P<0.05

表 8-3　甘草多糖对正常小鼠单核巨噬细胞吞噬功能的影响 ($\bar{x}\pm s$)

组别	剂量（mg/kg）	吞噬指数 K	校正吞噬指数 aR
正常对照组	—	0.014 3±0.006 3	4.022±0.666
香菇多糖组	200	0.021 0±0.002 9*	5.507±0.296**
甘草多糖组	150	0.020 9±0.004 5*	5.078±0.627*
	300	0.021 2±0.004 9*	5.512±0.653
	600	0.025±0.004 9**	5.563±0.335**

注：与正常对照组比较 * $P<0.05$，** $P<0.01$

表 8-4　甘草多糖对 S180 荷瘤小鼠抗肿瘤功能的影响 ($\bar{x}\pm s$)

组别	剂量（mg/kg）	胸腺指数	脾脏指数	平均瘤重	抑瘤率
荷瘤对照组	—	2.22±0.58	9.09±1.61	0.57±0.17	0
环磷酰胺组	30	2.37±0.61*	11.74±1.98*	0.29±0.11**	49.12
甘草多糖组	150	3.49±1.01**	11.8±1.91*	0.39±0.16*	31.58
	300	3.06±0.92*	11.83±1.93*	0.31±0.09*	45.61
	600	3.65±1.28*	11.93±1.73*	0.36±0.14**	36.84

注：与荷瘤对照组比较 * $P<0.05$，** $P<0.01$

结果表明，甘草多糖能促进小鼠血清溶血素 IgM 和 IgG 的生成，提高抗体生成细胞水平和胸腺、脾脏指数，增强巨噬细胞的吞噬活性，抑制肿瘤细胞 S180 的生长，与对照组比较均有显著性差异。

2. 结果显示　光甘草定以 0.10mg/ml、0.25mg/ml 和 0.5 mg/ml 浓度，分别抑制自由基浓度 67%、73% 和 83%。在较低浓度时，其抗氧化活性强度与 EGB761 类似。

3. 抗病毒作用研究　结果如表 8-5、表 8-6 所示。

表 8-5　不同浓度 GD4 和利巴韦林对 RSV 的抑制作用

组别	剂量（μg/ml）	每孔 CPE 程度*	平均 CPE 程度	CPE 病变抑制率（%）
GD4	120	0 0 0 0	0	100
	60	1 1 1 1	1	87.11
	30	3 1 1 2	1.75	57.17
	15	4 3 2 3	3	20.17
	7.5	4 3 3 4	3.5	5.1
	3.8	4 4 4 4	4	0
利巴韦林	50	0 0 0 0	0	100
	25	0 0 0 0	0	100
	12.5	0 1 0 0	0.25	96.9
	6.3	1 1 1 2	1.25	73.2
	3.1	2 3 3 3	2.75	24.1
	1.6	3 4 3 4	3.5	1.3
	0.8	4 4 4 4	4	0
正常细胞		0 0 0 0	0	
		4 4 4 4	4	

*：0. 细胞无 CPE；1.0~25% CPE；2.25%~50%CPE；3.50%~75% CPE；4.75%~100% CPE。表 8-6 同

表 8-6　不同给 GD4 和利巴韦林时间对 RSV 的抑制作用

组别	开始给药时间（感染后 h）	每孔 CPE 程度*	平均 CPE 程度	CPE 抑制率程度
GD4（120 Lg/ml）	0	0 0 0 0	0	4
	2	0 0 0 0	0	4
	4	0 0 0 0	0	4
	6	0 0 0 0	0	4
	8	0 0 0 0	0	4
	10	0 0 0 0	0	4
	12	0 0 0 0	0	4
利巴韦林（50 Lg/ml）	0	0 0 0 0	0	4
	2	0 0 0 0	0	4
	4	1 1 1 1	1	3
	6	1 1 1 1	1	3
	8	1 1 1 1	1	3
	10	1 1 1 2	1.25	2.75
	12	2 3 2 3	2.5	1.5
正常细胞		0 0 0 0	0	4
病毒对照		0 0 0 0	4	0

　　结果显示，GD4 半数中毒浓度（TC_{50}）为 0.23 mg/ml，抑制 RSV 的半数有效浓度（EC_{50}）为 28.73 μg/ml，治疗指数（TI）为 8.0；GD4 对 RSV 的抑制作用存在量效关系；在感染后至少 12 h 以内给药，GD4 能够有效地抑制 RSV 的复制。GD4 不含有甘草酸。

　　4. 筛选并考察其抗炎是有效部位和单体对炎症靶点的影响　结果如表 8-7 所示。

表 8-7　甘草提取物及单体对细胞 NO 产量的影响（$\bar{x} \pm s$）

组别	剂量（mg/L）	亚硝酸盐（μmol/L）	抑制率（%）	IC50（mg/L）
对照	–	1.28 ± 0.01	–	–
模型	–	64.65 ± 0.02	–	–
乙醇提取物	200	19.85 ± 0.022	70.7	109.57
	100	35.85 ± 0.032	45.46	
	50	43.25 ± 0.04	33.77	
	10	66.15 ± 0.04	−2.36	
乙酸乙酯提取物	200	3.26 ± 0.012	96.89	20.66
	100	3.39 ± 0.012	96.68	
	50	12.05 ± 0.022	83.02	
	10	52.41 ± 0.03	19.31	

续表

组别	剂量（mg/L）	亚硝酸盐（μmol/L）	抑制率（%）	IC50（mg/L）
石油醚提取物	200	5.16 ± 0.012	93.9	44.4
	100	17.20 ± 0.022	74.88	
	50	40.09 ± 0.01	38.76	
	10	56.62 ± 0.02	12.63	
正丁醇提取物	200	7.54 ± 0.032	88.19	100.13
	100	32.26 ± 0.012	41.32	
	50	40.27 ± 0.03	26.13	
	10	54.15 ± 0.03	−0.2	
水提取物	200	5.93 ± 0.012	92.68	71.72
	100	28.05 ± 0.012	57.76	
	50	56.98 ± 0.03	12.11	
	10	59.40 ± 0.02	8.29	
TFGR	60	5.67 ± 0.012	94.16	7.90
	40	5.76 ± 0.012	93.89	
	20	11.46 ± 0.022	77.67	
异甘草素	50	12.46 ± 0.062	103.48	10.98
	25	38.42 ± 0.022	54.48	
	12.5	43.73 ± 0.012	44.45	
	10	39.57 ± 0.10	38.94	
	5	47.20 ± 0.01	21.43	
甘草苷	100	54.57 ± 0.04	1.28	−
	50	53.17 ± 0.04	4.56	
	25	51.83 ± 0.04	7.68	

结果显示，甘草乙酸乙酯部位与其他提取物相比，在相同剂量时对亚硝酸盐含量的抑制率最高。乙酸乙酯提取物经大孔树脂富集的甘草总黄酮（甘草苷占60.08%）呈剂量依赖性抑制细胞上清液中亚硝酸盐的含量且优于乙酸乙酯提取物，并对刺激后的细胞活力有保护作用，且总抗氧化能力也强于其他提取物；TFGR 抑制 iNOS、IL-6 mRNA 并提高 PPAR-γ 基因水平，抑制 iNOS、COX-2、p-ERK 的蛋白表达；甘草黄酮类单体异甘草素能抑制 iNOS、COX-2 基因和蛋白表达水平和 IL-1β、IL-6 的基因表达，还能上调 PPAR-γ 的基因表达。

第二节　一般药理学研究

一、基本原理

一般药理学研究是指主要药效学作用以外广泛的药理学研究，包括安全药理学和次要药效学研究。安全药理学是研究药物在治疗范围内或治疗范围以上的剂量时，非期望出现或潜在的对生理功能的不良影响。观察受试药物对动物中枢神经系统、心血管系统、呼吸系统等的影响。并根据受试药物药理作用的特点，在泌尿系统、血液凝固及血小板功能、肠胃道、内分泌等方面进行追加和（或）补充试验。

通过一般药理学研究，评价受试药物在毒理学和（或）预测临床研究中除治疗作用以外的其他药理作用和（或）病理生理作用，尽可能地了解或推测药物不良反应机制。可为长期毒性试验设计或开发新的适应证提供参考，也可为临床试验和安全用药提供信息，最终避免和（或）阻止药物的不良反应的发生。

二、试验方法

（一）分组与给药

1. 分组　随机分组，除受试药物可采用不同剂量组外，还应选用合理的空白对照组或阴性对照组，必要时设阳性对照组。

2. 给药途径　整体实验原则上应与临床拟用途径一致。如采用不同的给药途径，应说明理由。

3. 给药剂量　参照受试药物药效学研究结果确定给药剂量，原则上应包括或超过主要药效学的有效剂量或治疗范围。

整体实验应设三个剂量组。低剂量应相当于主要药效学的有效剂量或 ED_{50}，高剂量以不产生严重毒性反应为限。离体实验受试物的上限浓度应尽可能不影响生物材料的理化性质和其他影响评价的特殊因素。

4. 给药次数与检测时间　一般采用单次给药。特殊情况时应根据具体问题合理设计给药次数。根据受试物的药效学和药代动力学特性，选择检测一般药理学参数的时间点。

（二）观察指标

一般药理学试验必须进行对心血管系统、呼吸系统和中枢神经系统的一般观察实验。当其他试验中观察到或推测对人和动物可能产生某些不良反应。应进一步追加对重要系统的深入研究或补充对其他器官系统的研究。

（三）常用方法

1. 中枢神经系统研究　直接观察给药后动物的一般行为表现、姿势、步态，有无流涎、肌颤及瞳孔变化等；定性和定量评价给药后动物的运动功能、行为改变、协调功能、感觉/运动反射和体温的变化。主要实验有小鼠或大鼠自主活动、小鼠爬杆或转棒时间、对阈下睡眠剂量戊巴比妥钠的影响，综合评价确立受试药对中枢神经系统的影响，如兴奋或抑制作用，运动协调性等。

2. 心血管系统研究　测定并记录清醒或麻醉动物给药前后血压（包括收缩压、舒张压和平均动脉压）、心电图（包括 QT 间期、PR 间期、ST 段和 QRS 波等）和心率等的变化。实验通常选用犬，也可选用大鼠。犬十二指肠给药分别观察记录给药前、给药后 30min、60min、90min、120min、150min、180min、210min、240min 不同时间点的变化。

3. 呼吸系统研究　测定并记录给药前后动物的呼吸频率、节律和呼吸深度等。静脉注射、皮下或肌内注射给药前后 0~2h，间隔 5~10min；灌胃给药、十二指肠给药前后 0~4h，间隔 15min。通常选用犬等动物，与心血管系统实验一起进行研究。

4. 追加或补充的安全药理学研究　根据前期对中枢神经系统、心血管系统和呼吸系统的一般观察、文献报道及临床研究等，提示药物可能产生某些不良反应时，应进行追加和（或）补充的安全药理学研究项目。

（1）追加的安全药理学研究：在上述安全药理学研究实验中，发现受试物对中枢神经系统有明显的镇静作用时，应进行进一步的研究（如强迫游泳实验、明暗穿箱实验、DA 受体结合试验等），观察受试物对动物行为药理、学习记忆、神经生化、视觉和听觉的影响等。

当实验结果发现药物明显改变血压或心电图时，应追加观察药物对动物心排血量、心肌收缩力、血管阻力等心功能的影响。还可选用离体实验，如血流动力学、离体心脏实验。

实验结果发现有明显的呼吸兴奋或抑制现象时，应追加观察药物对动物气道阻力、肺呼吸流量、肺动脉压力、血气分析的影响。

（2）补充的安全药理学研究

1）泌尿系统：测定动物尿量、尿比重、渗透压、pH、电解质和肾功能如尿素氮、肌酐、蛋白质等指标的检测。

2）自主神经系统：如观察与相关受体的结合、对激动剂或拮抗剂的功能反应、对自主神经的直接作用和对心血管反应、压力反射和心率等的影响。

3）肠胃系统：检测胃液分泌量和 pH、胃肠损伤病理变化、胆汁分泌、药物体内转运时间、体外肠道收缩等。

4）其他器官系统：在其他实验中尚未研究对下列器官系统的影响但又疑似有可能有影响（如潜在依赖性，对骨骼肌、免疫和内分泌功能的影响），但出于对药物安全性的全面评价时，应考虑药物对这些方面的影响。

三、注意事项

（1）在进行一般药理学研究时，应注意环境的温度，同时注意保持麻醉动物的体温，排除温度对试验结果的干扰。

（2）对中枢神经系统研究：在动物自主活动、爬杆或转棒时，考虑到动物个体差异会对药物的评价产生干扰，通常在给药前训练与筛选动物，挑选反应程度相近的动物。所得结果应进行定量或定性分析。各给药组还可进行给药前后自身统计学比较，并且在同一时间点与对照组进行比较。

（3）对心血管系统、呼吸系统的研究：由于动物给药个体差异较大，因此可在给药前后以其中 1~2 个指标为主进行分组，尽可能地使每组动物的主要指标在给药前无统计学差异，以便客观评价药物的作用。各组的检测指标在同一时间点与对照组比较外，更重要的是单个动物给药前后自身比较是否具有统计学与生物学意义。

（4）应根据详细的试验记录，选用合适的统计方法，对结果进行定性和定量的统计分析，同时应注意对个体试验结果的分析与评价。根据统计结果，分析受试物的一般药理作用，并结合其他安全性试验、有效性试验及质量可控性试验结果，进行综合评价。

（5）在麻醉动物进行心血管、呼吸系统实验中，常常要追加麻醉药，要分析追加麻醉药前后或动物开始清醒时指标的变化，应排除这些干扰因素。

（6）实验中选择不同时间点记录，同时也可参考药物作用显效与消失时间而进行时间点选择。

四、方法学评价

（1）一般药理学主要是观察药物在拟临床用量下对机体主要生命功能系统的影响，以便更全面了解药物所有的潜在作用、次要药效或毒性，尽可能地了解药物作用机制。

（2）由于动物神经系统、心血管系统、呼吸系统明显存在个体差异，故在对药物进行评价时更应注重给药前后的变化。

（3）若有条件，选用清醒动物进行心血管系统等试验，评价药物的作用更为客观。

（4）当药物出现潜在的非期望性不良的功能性变化，根据需要应进行追加或补充安全药理学研究，以便全面了解药物特点。

（5）有些中药难以有效溶解，多数以混悬液形式给药，因此应对混悬液的均一性和稳定性进行考察。

第九章　中药新药非临床药代动力学研究

第一节　概　　述

一、非临床药代动力学的概念

非临床药代动力学（pharmacokinetics，PK，简称药动学）研究是通过体外（in vitro）和动物体内（in vivo）试验，通过采集给药后不同时间点的生物样本（血液、尿液、组织等），采用现代化的仪器分析方法高效、准确测定生物样品中成分含量，应用动力学原理，定量揭示药物在体内的动态变化规律，获得药物的基本药代动力学参数，阐明药物吸收（absorption）、分布（distribution）、代谢（metabolism）和排泄（excretion）的体内过程（ADME）和特征，在新药开发的评价过程中起着重要作用。

鉴于中药新药非临床药代动力学研究样品分析的难度和中药制剂成分的多样性和复杂性，并非所有中药新药均需进行此研究。根据国家药监局关于发布《中药注册分类及申报资料要求》的通告（2020年第68号），对于提取的单一成份制剂，参考化学药物非临床药代动力学研究要求。其他制剂，视情况（如安全性风险程度）进行药代动力学研究或药代动力学探索性研究。缓、控释制剂，临床前应进行非临床药代动力学研究，以说明其缓、控释特征；若为改剂型品种，还应与原剂型进行药代动力学比较研究；若为同名同方药的缓、控释制剂，应进行非临床药代动力学比较研究。在进行中药非临床药代动力学研究时，应充分考虑其成份的复杂性，结合其特点选择适宜的方法开展体内过程或活性代谢产物的研究，为后续研发提供参考。

二、非临床药代动力学研究的意义

中药新药非临床药代动力学研究在新药研究开发中居承上启下作用，连接制剂、药效学和临床评价，具有重要意义。药物作用于机体后，药物或活性代谢物浓度变化、药代动力学参数是产生、决定或阐明药效或毒性大小的基础，可提供药物对靶器官效应（药效或毒性）的依据；在药物制剂学研究中，非临床药代动力学研究结果是评价药物制剂特性和质量的重要依据；在临床试验中，非临床药代动力学研究结果能为设计和优化临床试验给药方案提供参考信息。

三、非临床药代动力学研究的任务

中药新药非临床药代动力学研究的核心任务是建立中药新药体内与体外、药代动力学（PK）与药效动力学（pharmacodynamics，PD）、时间-浓度-效应之间的定量关系，进而在试验中求取具体参数，通过参数把握其在体内量变过程的规律，预测给药后任何时间的血药浓度或组织脏器的药物量，推断出首剂量、维持剂量和剂量间隔时间等参数，以指导临床试验和临床合理用药。

第二节　药代动力学基本概念及相关术语

一、药动学的基本概念

药代动力学研究是应用动力学原理，阐释药物在体内的动态变化规律，并提出描述此变化规律的数学模型。为直观、清晰地探讨药物体内过程，研究中引入了速度过程、房室模型、非房室模型等概念。

（一）药物转运的速度过程

药物进入机体后，体内的药物量或药物浓度将随时间推移而迅速变化，目前多用一级速度过程、零级速度过程、受酶活力限制的速度过程进行描述。

1. 一级速度过程　药物在体内某部位的转运速度与该部位的药量或血药浓度的一次方成正比，即为一级速度过程，亦可称为一级动力学过程或线性动力学过程。药物在常用剂量时，体内过程多为一级速度过程。具有如下特征：①半衰期与剂量无关；②单剂量给药的血药浓度-时间曲线下面积（AUC）与剂量成正比；③单剂量给药的尿排泄量与剂量成正比。

2. 零级速度过程　药物的转运速度在任何时间都保持恒定，与浓度无关，即为零级速度过程，亦可称为零级动力学过程。恒速静脉滴注的给药速率及控释制剂中药物的释放速度为零级速度过程。具有如下特征：①生物半衰期随剂量的增加而增加。

3. 非线性速度过程　药物浓度较高，因代谢酶被饱和或主动转运药物的载体被饱和时，出现的酶活力饱和的速度过程，即为受酶活力限制的速度过程，亦可称为米曼氏动力学过程。

（二）房室模型

房室模型（compartment model）又称为隔室模型。根据药物的体内过程和分布速度将机体分为若干药物"存储库"，即"房室"或"隔室"。只要体内某些部位接受药物及消除药物的速率常数相似，而不管这些部位的解剖位置与生理功能如何，都可归纳为一个房室。在同一隔室内，各部分药物处于动态平衡，但并不意味着浓度相等。"房室"不代表解剖或生理上的固定结构或成分。同一房室可由不同的器官、组织组成，而同一器官的不同结构或组织，可能分属不同的房室。不同的药物，其房室模型及组成均可不同。所以，隔室的划分具有"抽象性"，并非以解剖部位划分，亦非解剖学上分隔体液的隔室，而是按药物分布速度与完成分布所需要的时间来划分，不具有解剖学上的实体意义。目前常用的房室模型有一室模型（或单室模型）、二室模型、三室模型等，最简单的是一室模型。

1. 一室模型（one compartment model）　药物进入体内后能迅速地向全身组织、器官、体液分布，使药物在血液与各组织、脏器间达到动态平衡的"均一"状态，整个机体可视为一室，这种模型即为一室或单室模型。所谓的"均一"并不意味着各组织或体液浓度相等，而只说明各组织或体液达到平衡。同时血浆中药物浓度的变化，基本上只受消除速度常数的支配。单室模型的药物可迅速在体内达到分布平衡，故可不考虑分布的影响。

2. 二室模型（two compartment model）　药物在机体的某些部位迅速分布，但在另一些部位则需要一段时间才能完成分布。根据药物的转运速度将机体划分为分布均匀程度不同的两个独立系统，即二室模型。通常将血液及血液供应丰富、转运速率较快、能瞬时分布的部分，如心、肝、脾、肺、肾等血液丰富的组织器官，称作中央室，将血液供应较少、药物分布缓慢的部分，如骨骼、脂肪、肌肉等划归外周室，即为二室模型。

如果某些组织器官内药物分布极其缓慢，还可以从外周室拆分出第三隔室，分布较快的称为浅外室，分布慢的称为深外室，形成多室模型（multi-compartment model）。多室模型的药物，首先在中央室内分布平衡，然后中央室和周边室达到分布平衡，故血药浓度除受吸收和消除的影响外，在室间未达分布平衡前还受分布的影响。

隔室的划分具有相对性。房室模型的建立受到试验条件的优劣、生物样品分析的可靠性、数据的多少及完整性、数据处理方法及权重选择的制约。同一受试对象、同一品系的试验动物，因样品前处理、数据处理方法的不同有可能产生不同的房室模型。尽管如此，房室的划分是基于"数据质量"的处理方法，不能主观臆断，通过建立药物浓度-时间曲线图，以建立房室模型，具有客观性。房室越多，数据处理和参数阐释的难度越大，实用性越低，房室数不超过 3 个为宜。

（三）非房室模型

非房室模型（non-compartment model）又称为统计矩模型，已成为药代动力学新的数据处理方法。药物的体内过程可视为随机的统计过程。当中药成分群以不同途径进入机体后，由于各种随机因素使不同成分的体内时间过程不尽相同，有的被迅速代谢或排泄，有的与某些组织具有特殊亲和力而在体内长期滞留。成分群的体内行为各异，但吸收、分布、代谢、排泄的概率是相同的。不论是在给药部位或整个机体，各个药物分子滞留时间的长短均属于随机变量。药物的体内过程可视为此随机变量相应的总体效应。则药物浓度-时间曲线亦可以视为成分群体内不同滞留时间的概率分布曲线，可用统计学的概率分布曲线的统计参数描述。无论任何给药途径，均有零阶矩（zero order moment，AUC）、一阶矩（one order moment，MRT）、二阶矩（two order moment，VRT）三个统计矩。用统计矩模型研究药物的体内过程比经典的房室模型有更多优点。

零阶矩（AUC）：血药浓度-时间曲线下的面积（时间从零到无穷大），即

$$AUC = \int_0^\infty Cdt \qquad\qquad (式 9\text{-}1)$$

一阶距（MRT）：平均滞留时间，药物分子通过机体所需要的平均时间，和半衰期类似，为药物被消除 63.2% 所需要的时间。

$$MRT = \frac{\int_0^\infty tCdt}{\int_0^\infty Cdt} = \frac{AUMC}{AUC} \int_0^\infty Cdt \qquad\qquad (式 9\text{-}2)$$

二阶距（VRT）：为平均滞留时间的方差：

$$VRT = \frac{\int_0^\infty t^2 Cdt}{\int_0^\infty Cdt} = \frac{\int_0^\infty (t - MRT)^2 Cdt}{AUC} \qquad\qquad (式 9\text{-}3)$$

二、药代动力学参数

1. 速度常数 描述药物转运、消除快慢的动力学参数。速度常数越大，转运、消除速度越快。单位为时间的倒数（h^{-1}）。k_a：吸收速度常数；k：总消除速度常数；k_e：尿排泄速度常数；k_0：零级滴注给药的速度。

2. 表观分布容积（apparent distribution volume，V） 是体内药量（D）与血药浓度（C）的比值，即：

$$V = \frac{D}{C} = \frac{D}{AUC \cdot k_e} \qquad (式 9\text{-}4)$$

表观分布容积没有实际的生理意义，也不等于体液的真实容积，仅取决于药物本身的理化性质、体内分布特点，而与剂型、给药途径无关。其意义在于：①反映药物的分布特性。药物的水溶性或极性较大则难以穿越血管壁进入组织细胞内，血药浓度高，表观分布容积较小；脂溶性药物易于穿越血管壁进入细胞内，则血药浓度低，表观分布容积大。特定的药物，其值为确定的值。②除可以反映分布特点外，还可以进行体内药量 D 和血药浓度 C 的换算。

3. 生物半衰期（$t_{1/2}$） 体内药量或药物浓度消除一半所需要的时间。依据药物在人体内的分布情况，生物半衰期可分为吸收相、分布相、消除相半衰期。一般经过 $5\sim6$ 个半衰期，血浆中药物几乎被全部清除。

$$t_{1/2} = \frac{\ln2}{k_e} = \frac{0.693}{k_e} \qquad (式 9\text{-}5)$$

半衰期的意义：①衡量药物从体内消除速度的快慢。代谢快、排泄快的药物生物半衰期短；代谢慢、排泄慢的药物生物半衰期长；②半衰期的变化可以反映出消除功能的变化；③临床上可根据半衰期来确定给药间隔及每日的给药次数，以维持有效的血药浓度和避免蓄积中毒。

4. 药-时曲线下面积（area under concentration time curve，AUC） 以体内药量或药物浓度为纵坐标，时间为横坐标绘制的曲线为药-时曲线，以体内药量或药物浓度的对数为纵坐标，时间为横坐标绘制的曲线为半对数药-时曲线。纵轴和横轴间围成的范围面积即曲线下面积 AUC。根据微积分原理，曲线下面积即为纵坐标与横坐标的积分。

AUC 在药动学研究中极为重要，体现在：①反映药物的吸收程度，评估进入体内药量多少的一个客观指标；②进行生物利用度、清除率等药动学参数的估算；③统计矩算法的基本参数。

5. 清除率（Cl） 指机体或消除器官单位时间内清除药物的速度或效率，并非被清除的药物量。

$$Cl = \frac{D}{AUC} \qquad (式 9\text{-}6)$$

肾和肝脏是机体的主要清除器官，则药物的总清除率在理论上等于肝清除率（Cl_h）和肾清除率（Cl_r）之和。

6. 生物利用度（bioavailability，BA，用 F 表示） 血管外给药进入血液循环的速度和程度，可用吸收百分率或吸收速率来表示。静脉注射时不存在吸收过程可立即起效，则以静脉注射给药制剂为参比制剂所得进入体循环的相对量为绝对生物利用度，以非静脉注射给药制剂为参比制剂所得进入体循环的相对量为相对生物利用度。非注射给药下 AUC 与静脉注射的 AUC_{iv} 比值来计算绝对生物利用度。

$$F = \frac{AUC}{AUC_{iv}}$$

（式 9-7）

实例 9-1　丹酚酸 B 及其活性代谢产物在大鼠体内药动学研究

Wistar 大鼠 6 只，禁食不禁水 12 h 后按 500mg/kg 丹酚酸 B（5 ml/kg）灌胃给药，分别于给药前和给药后 0.083h、0.25h、0.5h、1h、1.5h、2h、2.5h、3h、4h、6h 于眼底静脉丛取血约 0.25ml 于肝素抗凝管中，离心分离血浆备用。以氯霉素为内标，醋酸乙酯液液萃取法萃取血浆，建立灵敏快速的同时测定大鼠血浆中丹酚酸 B 及其主要代谢产物丹参素的 LC-MS/MS 方法。在负离子模式下以选择反应监测（SRM）方式同时检测丹酚酸 B、内标氯霉素及代谢产物丹参素。采用 Topfit 2.0 软件非房室模型法拟合药动学参数，获取了丹酚酸 B 转换为丹参素的动态行为特征，药动学参数见表 9-1。

表 9-1　灌胃给予丹酚酸 B 后丹酚酸 B 和丹参素药动学参数

参数	单位	丹酚酸 B	丹参素
C_{max}	μg/ml	1.21~0.31	0.27~0.05
t_{max}	h	0.50~0.00	0.56~0.18
ke	h^{-1}	0.58~0.05	0.45~0.05
$t_{1/2}$	h	1.20~0.11	1.57~0.16
$AUC_{0\to t}$	μg·h/ml	1.31~0.30	0.39~0.05
$AUC_{0\to\infty}$	μg·h/ml	1.32~0.30	0.41~0.05

第三节　临床常用给药途径药动学房室模型参数的计算

一、单室模型

（一）静脉注射-血药浓度法

1. 模型的建立　单室模型药物静脉注射给药后，在体内没有吸收过程，迅速完成分布，药物只有消除过程，且药物的消除速度与体内该时刻的药物浓度（或药物量）成正比（图 9-1）。

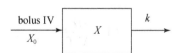

图 9-1　静脉注射单室模型数学模式图

注：X_0 为静脉注射给药剂量，X 为 t 时刻药物量，k 为消除速率常数

单室模型药物静注后按一级速度方程消除：

$$\frac{dX}{dt} = -kx \qquad\qquad (式9\text{-}8)$$

式中 $\frac{dX}{dt}$ 表示体内药物的消除速度；k 为一级消除速率常数；负号表示体内药量 X 随时间 t 的推移不断减少。

2. 血药浓度与时间的关系 对式（9-8）积分得：

$$X = X_0 e^{-kt} \qquad\qquad (式9\text{-}9)$$

实践中体内药物量往往无法测定，通常测定血中药物浓度，所以上式两端除以表观分布容积 V 得单室模型静脉注射给药，体内药物浓度随时间变化的指数函数表达式：

$$C = C_0 \cdot e^{-kt} \qquad\qquad (式9\text{-}10)$$

静脉注射血药浓度–时间曲线如图9-2所示。

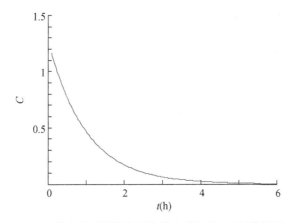

图9-2 单室模型静脉注射给药血药浓度–时间曲线图

将式9-10两边取对数，得：

$$\ln C = -kt + \ln C_0 \qquad\qquad (式9\text{-}11)$$

或：

$$\lg C = -\frac{k}{2.303}t + \lg C_0 \qquad\qquad (式9\text{-}12)$$

3. 基本药动学参数的计算 药物浓度在体内随时间的变化规律取决于表观一级消除速率常数 k 与初始浓度 C_0，因此求算参数时，首先求出 k 与 C_0。当静脉注射给药以后，测得不同时间 t_i 血药浓度 C_i（$i=1，2，3，4，\cdots，n$），以 $\lg C$ 对 t 作图，可得一条直线，如图9-3所示。用作图法根据直线斜率（$-k/2.303$）和截距（$\lg C_0$）求出 k 和 C_0。

作图法求算参数时人为误差大，实际工作中多采用最小二乘法进行线性回归，可求出斜率 b 和截距 a，按下式即可求出 k 和 C_0。

$$k = -2.303b \qquad\qquad (式9\text{-}13)$$

$$C_0 = \lg^{-1}a \qquad\qquad (式9\text{-}14)$$

4. 其他参数的求算

（1）半衰期（$t_{1/2}$）：

$$t_{1/2} = \frac{0.693}{k} \qquad\qquad (式9\text{-}15)$$

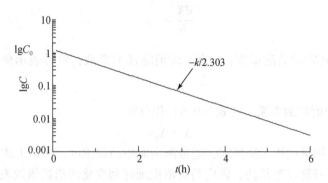

图 9-3　单室模型静脉注射给药血药浓度对时间的半对数图

从上式看出，半衰期 $t_{1/2}$ 与消除速率常数成反比，说明体内消除的效率。只要知道半衰期，根据上式即可求得消除速率常数 k 值。

（2）表观分布容积：根据 $V = X_0/C_0$ （X_0 为静脉注射剂量，C_0 为初始浓度），可由回归直线方程的截距求得 C_0，代入上式即可求出 V。

（3）血药浓度-时间曲线下面积（AUC）：

$$\text{AUC} = \int_0^\infty C dt = \frac{C_0}{k} \tag{式 9-16}$$

因 $C_0 = \dfrac{X_0}{V}$，则 $\text{AUC} = \dfrac{X_0}{kV}$，AUC 与 k、V 成反比，当给药剂量 X_0、表观分布容积 V 和消除速率常数 k 已知时，利用上式即可求出 AUC。

（4）体内清除率（Cl）：

$$\text{Cl} = -\frac{dx/dt}{C} = \frac{kX}{C} = kV = \frac{X_0}{\text{AUC}} \tag{式 9-17}$$

从上式可知，药物清除率是消除速率常数与表观分布容积的乘积。如果已知给药量 X_0 和 AUC，也可以计算出清除率。

（二）静脉注射-尿药浓度法

血药浓度是求算药代动力学参数的常用方法，但在某些情况下，如缺乏精密测定方法、血药浓度太低、不便采血等情况下，可用速度法与亏量法估算药动学参数。但需满足：①大部分药物以原形从尿中排泄；②药物经肾排泄符合一级速度过程，即尿中原形药物产生的速度与体内药量成正比。

1. 尿排泄速度与时间的关系（速度法）　静脉注射单室模型的药物，其原形药物经肾排泄的速度，可表示为

$$\frac{dX_u}{dt} = k_e X \tag{式 9-18}$$

dX_u/dt 为原形药物经肾排泄速度，k_e 为表观一级排泄速度常数，X_u 为 t 时间排泄于尿中原形药物的累积排泄量，X 为 t 时间体内存有的药量。

已知静脉给药时，体内药量的经时过程可表示为：

$$X = X_0 e^{-kt} \tag{式9-19}$$

将 X 值代入上式后得：

$$\frac{dX_u}{dt} = k_e X_0 e^{-kt} \tag{式9-20}$$

两边取对数得：

$$\lg \frac{dX_u}{dt} = -\frac{k}{2.303} t + \lg k_e X_0 \tag{式9-21}$$

以 $\lg \dfrac{dX_u}{dt}$ 对 t 作图为一直线，见图9-4。

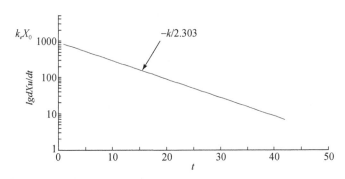

图9-4　单室模型静脉注射尿药排泄速度-时间半对数图

其斜率为 $-\dfrac{k}{2.303}$ ，与血药浓度法所得斜率相同。通过直线斜率即可求出药物的消除速度常数。则截距 $I_0 = \lg k_e X_0$ ，根据截距可求出尿排泄速度常数。

2. 尿排泄量与时间的关系（亏量法）　尿药排泄速度法中，数据波动性大，有时数据散乱难以估算药物的生物半衰期。在这种情况下可采用亏量法，又称总和减量法，该法对药物消除速度的波动不太敏感。其动力学方程为：

$$X_u = \frac{k_e X_0}{k} = (1 - e^{-kt}) \tag{式9-22}$$

当 $t \to \infty$ 时，经肾排泄的原形药物总量 X_u^∞ ，则

$$X_u^\infty = \frac{k_e X_0}{k} \tag{式9-23}$$

当药物完全以原形经肾排泄时，$k = k_e$ ，则尿排泄总量等于静脉注射给药量。则 $(X_u^\infty - X_u)$ 为待排泄原型药物量，即亏量。

$$\lg(X_u^\infty - X_u) = -\frac{k}{2.303} t + \lg \frac{k_e X_0}{k} \tag{式9-24}$$

根据 $X_u^\infty = \dfrac{k_e X_0}{k}$ ，则上式可改写为：

$$\lg(X_u^\infty - X_u) = -\frac{k}{2.303} t + \lg X_u^\infty \tag{式9-25}$$

单室模型静脉注射给药时，以待排泄的原型药物量的对数对时间作图，亦可得到一条直

线，该直线的斜率亦是 $-\dfrac{k}{2.303}$，截距为 $\lg X_u^\infty$。

亏量法作图时对误差因素不敏感，是其最突出的优点。但为准确估算 X_u，收集尿样时间比较长，约为药物 7 个 $t_{1/2}$，且不得丢失任何一份尿样。尿药速度法只需采集 3~4 个 $t_{1/2}$，不一定收齐全部尿样，易于受试者接受。

（三）静脉滴注给药

1. 模型的建立　恒速静脉滴注给药，指的是药物以恒定速度进入血管内持续给药的给药方式。需要满足：①药物以恒定速度 k_0 进入体内；②体内药物以一级速率常数 k 进行消除。体内过程的模型图如图 9-5 所示。

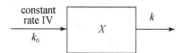

图 9-5　单室模型恒速静脉滴注模式图

2. 血药浓度与时间的关系　体内药量随时间变化的表达式为：

$$\frac{dx}{dt} = k_0 - kX \qquad\qquad （式 9-26）$$

k_0 为滴注速度，X 为滴注入体内的总药量，$\dfrac{dX}{dt}$ 为体内药物量 X 的瞬时变化速率，k 为一级消除速率常数。则：

$$X = \frac{k_0}{k}(1 - e^{-kt}) \qquad\qquad （式 9-27）$$

根据 $X = VC$，则：

$$C = \frac{k_0}{kV}(1 - e^{-kt}) \qquad\qquad （式 9-28）$$

3. 稳态血药浓度（steady state plasma concentration，C_{ss}）　静脉滴注一段时间后，血药浓度逐渐上升，趋于稳定浓度，此时的血药浓度可称为稳态血药浓度或坪浓度，即 C_{ss}。当 $t \to \infty$ 时，式（9-28）中 $e^{-kt} \to 0$，$(1 - e^{-kt}) \to 1$，则稳态血药浓度 C_{ss} 为：

$$C_{ss} = \frac{k_0}{kV} \qquad\qquad （式 9-29）$$

以半衰期 $t_{1/2}$ 的个数 n 表示给药时间，无论 $t_{1/2}$ 的长短，达到坪浓度某一分数所需要的 n 值，不论何种药物均是一样的。即 $t = nt_{1/2} = \dfrac{0.693n}{k}$，可得到达稳态前血药浓度 C 与 C_{ss} 的关系：

$$C = C_{ss}(1 - e^{-0.693n}) \qquad\qquad （式 9-30）$$

从上式可计算出恒速静脉滴注经过 5 个半衰期，血药浓度可达 C_{ss} 的 96.88%，6 个半衰期达 98.44%。因此临床上通常恒速静脉滴注经过 5~6 个半衰期后视为达到了稳态血药浓度。

4. 药代动力学参数计算　静脉滴注停止后，体内药物将按照自身的方式而消除，则血药浓度的变化相当于快速静脉注射后血药浓度的变化。根据实际情况，可分为达稳态后停滴和达稳态前停滴。

（1）达稳态后停滴：$-\dfrac{dC}{dt} = kC$，则 $C = \dfrac{k_0}{kV}e^{-kt'}$，其对数形式为：

$$\lg C = -\lg\dfrac{k}{2.303}t' + \lg\dfrac{k_0}{kV} \qquad \text{（式9-31）}$$

其中 t' 为滴注结束后的时间，C 为稳态后停止滴注给药时间 t' 的血药浓度；k_0/kV 即 C_{ss} 就相当于 C_0。以 $\lg C$ 对 t' 作图，得到一直线，其斜率仍为 $-k/2.303$，从而求得 k 值，从直线截距 $\lg$（k_0/kV），可以求出 V。

（2）达稳态前停滴：

$$\lg C = \lg\dfrac{k}{2.303}t' + \lg\dfrac{k_0}{kV}(1 - e^{-kT}) \qquad \text{（式9-32）}$$

T 为停药时间，以停药后的血药浓度的对数对时间作图，可得到一条直线，从直线斜率可求出 k。

5. 负荷剂量　为了迅速达到稳态浓度而首先使用的增大剂量，又称首剂量。静脉注射负荷剂量后再恒速静脉滴注是临床常用的使用方法。根据 $V = X_0/C_0$，则 $V = \dfrac{X_0}{C_{ss}}$，故负荷剂量等于 $X_0 = C_{ss}V$。故根据治疗浓度确定的所需 C_{ss} 和 V 值，即可求得所需负荷剂量。

（四）血管外单剂量给药

1. 模型建立　血管外单剂量用药（如口服、肌内或皮下注射、黏膜给药）时，药物经历从用药部位吸收而逐渐进入血液的过程。药物一级动力学过程吸收入血，然后以一级速率从体内消除，见图9-6。

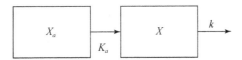

图9-6　单室模型血管外给药模式图

图9-6中 X_a 为吸收部位药量，K_a 为一级吸收速率常数，X 为体内药量，k 为一级消除速率常数。

2. 血药浓度与时间的关系　根据图9-6，吸收部位药物的变化速度与吸收部位的药量成正比，则：

$$\dfrac{dX_a}{dt} = -k_a X_a \qquad \text{（式9-33）}$$

体内药物的变化速度 dX/dt 等于吸收速度与消除速度之差，即

$$\dfrac{dX}{dt} = k_a X_a - kX \qquad \text{（式9-34）}$$

经拉氏变换，得到体内药量与时间的双指数方程：

$$X = \dfrac{k_a X_0}{k_a - k}(e^{-kt} - e^{-k_a t}) \qquad \text{（式9-35）}$$

根据 $C = \dfrac{X_0}{V}$ ，则：

$$C = \frac{k_a \cdot X_0}{V(k_a - k)}(e^{-kt} - e^{-k_a t}) \qquad \text{（式 9-36）}$$

由于血管外给药吸收不充分，习惯上引入"吸收系数 F"，即狭义的"生物利用度"。则：

$$C = \frac{Fk_a X_0}{V(k_a - k)}(e^{-kt} - e^{-k_a t}) \qquad \text{（式 9-37）}$$

即为单剂量血管外用药时，血药浓度随时间变化的基本表达式。

3. 达峰时间（$t_{\max}$）、达峰浓度（$C_{\max}$） 峰的左侧曲线为吸收相，吸收速度大于消除速度，曲线成上升状态，体现药物的吸收情况；峰的右侧为吸收后相（即消除相），此时吸收速度一般小于消除速度；在到达峰顶的一瞬间，吸收速度恰好等于消除速度，其峰值即为峰浓度（$C_{\max}$），相应的时间即为达峰时间（$t_{\max}$）（图 9-7）。

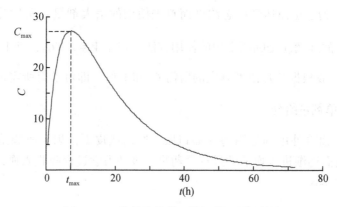

图 9-7　血管外给药单室模型药-时曲线图

将 $C = \dfrac{Fk_a X_0}{V(k_a - k)}(e^{-kt} - e^{-k_a t})$ 展开为：

$$C = \frac{Fk_a X_0}{V(k_a - k)}e^{-kt} - \frac{Fk_a X_0}{V(k_a - k)}e^{-k_a t} \qquad \text{（式 9-38）}$$

对时间取微分，得：

$$\frac{dC}{dt} = \frac{Fk_a^2 X_0}{V(k_a - k)}e^{-k_a t} - \frac{Fk_a k X_0}{V(k_a - k)}e^{-kt} \qquad \text{（式 9-39）}$$

血药浓度处于达峰浓度时，$dc/dt = 0$，得：

$$\frac{Fk_a^2 X_0}{V(k_a - k)}e^{-k_a t_{\max}} = \frac{Fk_a k X_0}{V(k_a - k)}e^{-kt_{\max}} \qquad \text{（式 9-40）}$$

简化后得：

$$\frac{ka}{k} = \frac{e^{-kt_{\max}}}{e^{-k_a t_{\max}}} \qquad \text{（式 9-41）}$$

两边取对数，则

$$t_{\max} = \frac{2.303}{k_a - k}\lg\frac{k_a}{k} \qquad \text{（式 9-42）}$$

求得 $C_{\max}$ 为：

$$C_{\max} = \frac{Fk_aX_0}{V(k_a - k)}\left(\frac{k_a - k}{k_a}\right)e^{-kt_{\max}} = \frac{FX_0}{V}e^{-kt_{\max}} \qquad \text{（式 9-43）}$$

4. 血药浓度-时间曲线下面积（AUC）

$$AUC = \int_0^\infty Cdt = \int_0^\infty \frac{Fk_aX_0}{V(k_a - k)}(e^{-kt} - e^{-k_at}) = \frac{FX_0}{kV} \qquad \text{（式 9-44）}$$

5. 残数法（method of residual）求 K 和 Ka　血管外给药的药物，在 $Ka \gg K$ 的情况下才可能在体内达到治疗血药浓度，因此，当 t 足够大时，$e^{-k_at} \to 0$，此时血药浓度-时间关系式可简化为：

$$C = \frac{Fk_aX_0}{V(k_a - k)}e^{-kt} \qquad \text{（式 9-45）}$$

两边取对数得：

$$\lg C = -\frac{kt}{2.303} + \lg\frac{Fk_aX_0}{V(k_a - k)} \qquad \text{（式 9-46）}$$

以血药浓度对 t 作图得二项指数曲线，其尾端为一条直线，直线的斜率为 $-k/2.303$，可求出消除速度常数 k 值，直线截距为 $\lg\dfrac{Fk_aX_0}{V(k_a - k)}$。

将 $C = \dfrac{Fk_aX_0}{V(k_a - k)}e^{-kt} - \dfrac{Fk_aX_0}{V(k_a - k)}e^{-k_at}$ 变换为：

$$\frac{Fk_aX_0}{V(k_a - k)}e^{-kt} - C = \frac{Fk_aX_0}{V(k_a - k)}e^{-k_at} \qquad \text{（式 9-47）}$$

两边取对数为：

$$\lg\left(\frac{Fk_aX_0}{V(k_a - k)}e^{-kt} - C\right) = -\frac{k_at}{2.303} + \frac{Fk_aX_0}{V(k_a - k)} \qquad \text{（式 9-48）}$$

令 $C_r = \dfrac{Fk_aX_0}{V(k_a - k)}e^{-kt} - C$，则为：

$$\lg C_r = -\frac{k_at}{2.303} + \lg\frac{Fk_aX_0}{V(k_a - k)} \qquad \text{（式 9-49）}$$

式中 C_r 为残数浓度，以 $\lg C_r$ 对 t 作图，得到第二条直线，称为"残数线"，该直线的斜率为 $-K_a/2.303$，截距为 $\lg\dfrac{Fk_aX_0}{V(k_a - k)}$。相关处理见图 9-8。

（五）多剂量给药

多数药物常需长期、多次给药，才能达到和维持有效血药浓度，此时体内药量或血药浓度将出现如图 9-9、图 9-10 所示的波动现象，每次用药间隔中出现从峰值向谷值的变化。若体内药量不超过一级消除动力学范围，随着用药次数增多，血药浓度逐渐升高，但最终将稳定在一定范围内波动，即进入稳态浓度。制订和调整给药方案，使稳态血药浓度波动在治疗浓度范围内，是药代动力学在临床治疗学中最主要的任务。

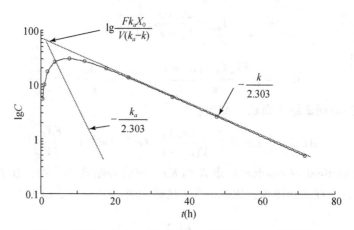

图 9-8　残数法求解血管外给药一室模型 K_a、K 值示意图

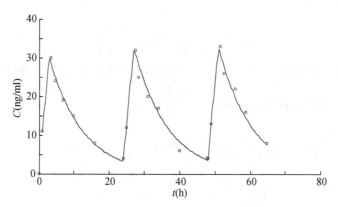

图 9-9　多次静脉滴注给药血药浓度-时间关系示意图

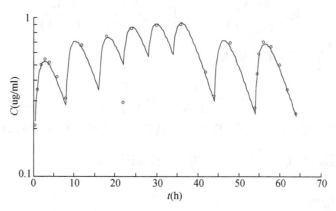

图 9-10　多次口服给药血药浓度-时间关系示意图

　　一级动力学过程中单剂量给药的血药浓度与时间的关系均可用单指数或多项指数函数表示，具有如下通式：

$$C = \sum_{i=1}^{m} Aie^{K_i t} \qquad\qquad (式\ 9\text{-}50)$$

其中，A_i 为各指数的系数；K_i 为各速率常数；m 为静脉注射时等于房室数；具吸收过程的给药方式等于房室数+1。

当每次给药剂量与给药方式均相同时，以恒定间隔时间 τn 次给药后，无论是静脉注射，还是肌内注射、口服等血管外用药，血药浓度经时过程的通式为：

$$Cn = \sum_{i=1}^{m} A_i \frac{1 - e^{-nK_i\tau}}{1 - e^{-K_i\tau}} e^{-K_i t} \qquad \text{（式 9-51）}$$

则 $\dfrac{1 - e^{-nK_i\tau}}{1 - e^{-K_i\tau}}$ 为多剂量函数。从上式看出，只要在单剂量给药的血药浓度-时间关系的多项指数函数式中，每一项都乘以各自相应的多剂量函数就可以转换为相应的多剂量药物浓度-时间方程。

根据上式，则单室模型静脉注射给药第 n 次给药后血药浓度的经时过程为：

$$C_n = C_0 \frac{1 - e^{-nK\tau}}{1 - e^{-K\tau}} e^{-Kt} \qquad \text{（式 9-52）}$$

当 $t=0$ 时的血药浓度值即为第 n 次给药后体内最大血药浓度，即

$$(C_n)_{max} = C_0 \frac{1 - e^{-nK\tau}}{1 - e^{-K\tau}} \qquad \text{（式 9-53）}$$

当 $t=\tau$ 时，体内血药浓度降为第 n 次给药的最小值，即

$$(C_n)_{min} = \frac{1 - e^{-nK\tau}}{1 - e^{-K\tau}} e^{-K\tau} \qquad \text{（式 9-54）}$$

单室模型多剂量口服给药后，有：

$$C_n = \frac{Fk_a X_0}{V(k_a - k)} \left(\frac{1 - e^{-nK\tau}}{1 - e^{-K\tau}} e^{-Kt} - \frac{1 - e^{-nK_a\tau}}{1 - e^{-K_a\tau}} e^{-K_a\tau} \right) \qquad \text{（式 9-55）}$$

（六）稳态血药浓度

1. 单室模型静脉注射 在等间隔、等剂量多次静脉注射给药过程中，只要间隔时间 τ 小于药物的一次剂量从体内完全消除时间，血药浓度会随给药次数增加而升高，但给药次数增加到一定程度时，血药浓度不再升高，随每次给药作周期性波动，此时的血药浓度可称为稳态血药浓度（图9-11）。

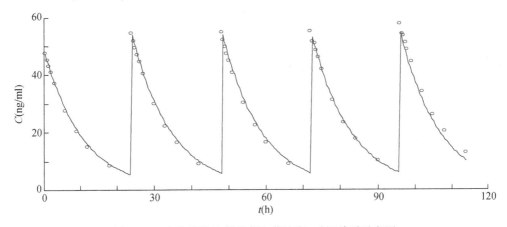

图 9-11 多次静脉注射给药血药浓度-时间关系示意图

对于 $C_n = C_0 \dfrac{1 - e^{-nK\tau}}{1 - e^{-K\tau}} e^{-Kt}$，当 $n \to \infty$ 时，$e^{-nK\tau} \to 0$，则稳态血药浓度经时过程为：

$$C_{ss} = C_0 \frac{1}{1 - e^{-K\tau}} e^{-Kt} \tag{式 9-56}$$

式中 $\dfrac{1}{1 - e^{-K\tau}}$ 为稳态后的多剂量函数。根据 $(C_n)_{max} = C_0 \dfrac{1 - e^{-nK\tau}}{1 - e^{-K\tau}}$，可推导出静脉注射稳态血药浓度的最大值为

$$C_{max}^{ss} = C_0 \frac{1}{1 - e^{-K\tau}} \tag{式 9-57}$$

根据 $(C_n)_{min} = \dfrac{1 - e^{-nK\tau}}{1 - e^{-K\tau}} e^{-K\tau}$ 可推导出静脉注射稳态血药浓度的最小值为：

$$C_{min}^{ss} = C_0 \frac{e^{-K\tau}}{1 - e^{-K\tau}} \tag{式 9-58}$$

2. 单室模型口服给药　　口服给药的稳态血药浓度为：

$$C_{ss} = \frac{Fk_a X_0}{V(k_a - k)} \left(\frac{e^{-kt}}{1 - e^{-k\tau}} - \frac{e^{-k_a t}}{1 - e^{-k_a \tau}} \right) \tag{式 9-59}$$

对时间微分，再令其等于零，即可求得稳态时达峰时间。

令 $\dfrac{dC_{ss}}{dt} = \dfrac{Fk_a X_0}{V(k_a - k)} \left(\dfrac{-ke^{-kt'_{max}}}{1 - e^{-k\tau}} - \dfrac{-k_a e^{-k_a t'_{max}}}{1 - e^{-k_a \tau}} \right) = 0$，则：

$$t'_{max} = \frac{2.303}{K_a - K} \lg \frac{Ka(1 - e^{-k\tau})}{K(1 - e^{-k_a \tau})} \tag{式 9-60}$$

则稳态时最大血药浓度可由单次口服给药的血药浓度峰值乘以多剂量函数，为：

$$(C_{max}^{ss}) = \frac{FX_0}{V} \frac{e^{-kt'_{max}}}{1 - e^{-k\tau}} \tag{式 9-61}$$

当 $t = \tau$ 时，吸收过程完成，$e^{-k_a t}$，则稳态时血药浓度最小值为：

$$C_{min}^{ss} = \frac{Fk_a X_0}{V(k_a - k)} \left(\frac{e^{-k\tau}}{1 - e^{-k\tau}} \right) \tag{式 9-62}$$

实际工作中，当 $n\tau = 6t_{1/2}$ 时，血药浓度可达稳态浓度的 98.4%。故在连续多剂用药时，一般认为经过 6 个半衰期以上，即可视作已达稳态状态。此外，无论是否达到稳态，如果变换剂量，必须再经过 6 个半衰期以上才能进入新的稳态。通过选定给药间隔时间 τ，计算剂量从而使 C_{max}^{ss} <最小中毒浓度，而 C_{min}^{ss} >最小有效浓度。

（七）平均稳态血药浓度及负荷剂量

稳态血药浓度不是单一常数，在每个给药间隔内随时间变化而变化，为此提出平均稳态血药浓度（$\overline{C_{ss}}$）的概念，是指血药浓度达到稳态时，在一个给药剂量间隔时间内，血药浓度-时间曲线下面积（AUC）除以间隔时间 τ 的商值，非 C_{max}^{ss} 和 C_{min}^{ss} 的算术或几何平均值。则：

$$\overline{C_{ss}} = \frac{\int_0^\tau C_{ss} dt}{\tau} \tag{式 9-63}$$

单室静脉注射给药：

$$\overline{C_{ss}} = \frac{\int_0^\tau C_{ss}dt}{\tau} = \frac{\int_0^\tau C_0 \frac{e^{-Kt}}{1-e^{-K\tau}}dt}{\tau} = \frac{C_0}{K\tau} = \frac{X_0}{KV\tau} \qquad (\text{式 }9\text{-}64)$$

血管外用药：

$$\overline{C_{ss}} = \frac{FX_0}{Vk\tau} \qquad (\text{式 }9\text{-}65)$$

多剂量给药时，无论间隔时间长短，达到稳态血药浓度的 90% 或 99%，分别需要 3.32 或 6.64 个半衰期。若药物的半衰期较长，则需要相当长的时间才能达到稳态，往往需要使用负荷剂量（X_0^*），然后每隔 τ 时间给予维持剂量，使血药浓度保持恒定。

欲使首剂量后经历 τ 时间的血药浓度达到稳态血药浓度，设 C_{min}^{ss} 为最低有效血药浓度，首剂量为 X_0^*，则：

$$(C_1)_{min} = \frac{X_0^*}{V} e^{-k\tau} \qquad (\text{式 }9\text{-}66)$$

令 $(C_1)_{min} = (C_{ss})_{min}$，则 $\frac{X_0^*}{V} e^{-k\tau} = \frac{X_0}{V} \frac{e^{-k\tau}}{1-e^{-k\tau}}$，从而

$$X_0^* = \frac{X_0}{1-e^{-k\tau}} \qquad (\text{式 }9\text{-}67)$$

对于单室模型血管外给药，则有：

$$X_0^* = \frac{X_0}{(1-e^{-k\tau})(1-e^{-k_a\tau})} \qquad (\text{式 }9\text{-}68)$$

当 τ 值较大，吸收基本结束时再给予第 2 个剂量，此时 $e^{-k_a\tau} \to 0$，且 $K_a > K$ 时，则

$$X_0^* = \frac{X_0}{1-e^{-k\tau}} \qquad (\text{式 }9\text{-}69)$$

上述 $\frac{1}{1-e^{-k\tau}}$ 即多剂函数式，亦称蓄积指数，代表稳态时血药浓度峰值或谷值与首剂用药时峰值或谷值之比。蓄积指数反映了达稳态后，每次给药间隔中任一时间点血药浓度为首剂用药后同一时点血药浓度的倍数。如 $\tau = t_{1/2}$ 时，蓄积指数为 2，$X_0^* = 2X_0$。实际工作中，根据所需稳态血药浓度水平确定的 X_0 及 τ，按上述公式计算出负荷剂量 X_0^* 首剂使用后，再按 X_0 及 τ，恒量固定间隔用药，可在负荷剂量使用后即达稳态浓度并维持之，获得迅速而稳定的疗效。

二、多室模型

（一）静脉注射给药

1. 模型建立 某些药物静脉注射给药后，血药浓度-时间曲线呈双指数下降，为分布与消除两个一级过程之和，见图 9-12。

其动力学模型为如图 9-13 所示。

图 9-13 中，X_0 为静脉注射给药量；X_c 为中央室药量，V_c 为中央室表观分布容积；X_p 为

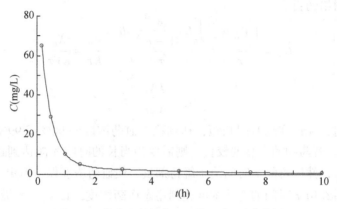

图 9-12　静脉注射给药二室模型药-时曲线图

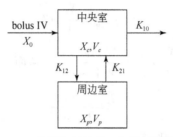

图 9-13　静脉注射给药二室模型模式图

周边室的药量，V_p 为周边室表观分布容积；K_{12} 和 k_{21} 分别为药物从中央室向周边室转运和周边室向中央室转运的一级速率常数；K_{10} 为药物从中央室消除的一级速率常数。

中央室和周边室药物的转运可表示为下列微分方程组：

$$\begin{cases} \dfrac{dX_c}{dt} = k_{21}X_p - k_{12}X_c - k_{10}X_c \\[3mm] \dfrac{dX_p}{dt} = k_{12}X_c - k_{21}X_p \end{cases} \qquad （式 9\text{-}70）$$

采用拉普拉斯变换和解线性方程组等方法求得：

$$\begin{cases} X_c = \dfrac{X_0(\alpha - k_{21})}{\alpha - \beta}e^{-\alpha t} + \dfrac{X_0(k_{21} - \beta)}{\alpha - \beta}e^{-\beta t} \\[3mm] X_p = \dfrac{k_{12}X_0}{\alpha - \beta}(e^{-\beta t} - e^{-\alpha t}) \end{cases} \qquad （式 9\text{-}71）$$

α 为分布相混合一级速率常数或快配置速率常数；β 为消除相混合一级速率常数或称为慢配置速率常数，故又称为混杂参数，分别代表两个指数相的特征，则：

$$\begin{cases} \alpha = \dfrac{(k_{12} + k_{21} + k_{10}) + \sqrt{(k_{12} + k_{21} + k_{10})^2 - 4k_{21}k_{10}}}{2} \\[3mm] \beta = \dfrac{(k_{12} + k_{21} + k_{10}) - \sqrt{(k_{12} + k_{21} + k_{10})^2 - 4k_{21}k_{10}}}{2} \end{cases} \qquad （式 9\text{-}72）$$

则：

$$\begin{cases} \alpha + \beta = k_{12} + k_{21} + k_{10} \\ \alpha \cdot \beta = k_{21}k_{10} \end{cases}$$ （式 9-73）

血药浓度与时间的关系为：

$$C = \frac{X_0(\alpha - k_{21})}{V_c(\alpha - \beta)}e^{-\alpha t} + \frac{X_0(k_{21} - \beta)}{V_c(\alpha - \beta)}e^{-\beta t}$$ （式 9-74）

令 $A = \dfrac{X_0(\alpha - k_{21})}{V_c(\alpha - \beta)}$ ，$B = \dfrac{X_0(k_{21} - \beta)}{V_c(\alpha - \beta)}$ ，则血药浓度与时间的关系转化为：

$$C = Ae^{-\alpha t} + Be^{-\beta t}$$ （式 9-75）

2. 参数的计算 根据 $C = Ae^{-\alpha t} + Be^{-\beta t}$ ，则以血药浓度的对数（$\lg C$）对时间 t 作图，即 $\lg C$-t 图，得到二项指数曲线，利用参数法求解参数。当 $\alpha \gg \beta$ ，t 充分大时，$Ae^{-\alpha t}$ 趋向于零，则简化为

$$C' = Be^{-\beta t}$$ （式 9-76）

两边取对数，得：

$$\lg C' = -\frac{\beta t}{2.303} + \lg B$$ （式 9-77）

以 $\lg C'$-t 作图为一直线，直线斜率为 $-\beta/2.303$ ，从斜率可以求出 β 值，根据 β 可求出消除相生物半衰期为 $t_{1/2(\beta)} = \dfrac{0.693}{\beta}$ 。

将此直线外推至纵轴相交，得截距为 $\lg B$ ，即可求出 B 值。根据该直线方程可求出分布相各对应时间点的外推浓度值 C' ，以对应点的实测浓度 C 减去外推浓度 C' ，得残数浓度 C_r ，则 $C_r = C - C' = Ae^{-\alpha t}$ ，两边取对数得：

$$\lg C_r = -\frac{\alpha t}{2.303} + \lg A$$ （式 9-78）

以 $\lg C_r$-t 作图得到残数曲线，根据残数曲线的斜率 $-\dfrac{\alpha}{2.303}$ 和截距 $\lg A$ 可求出 α 和 A 值，分布相半衰期为 $t_{1/2(\alpha)} = \dfrac{0.693}{\alpha}$ （图 9-14）。

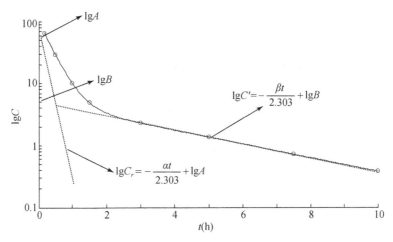

图 9-14 残数法求解静脉注射二室模型参示意图

当 $t=0$ 时，$C=C_0$，故 $C_0=A+B$。在 0 时间点时，体内所有药物都在中央室，则零时间点的血药浓度 C_0 为：

$$C_0 = \frac{X_0}{V_c} \tag{式 9-79}$$

则：

$$V_c = \frac{X_0}{A+B} \tag{式 9-80}$$

根据 $B = \frac{X_0(k_{21}-\beta)}{Vc(\alpha-\beta)}$，则 $B = \frac{(A+B)(k_{21}-\beta)}{\alpha-\beta}$，进而

$$k_{21} = \frac{A\beta + B\alpha}{A+B} \tag{式 9-81}$$

因 $\alpha \cdot \beta = k_{21}k_{10}$，则中央室的消除速度常数为：

$$k_{10} = \frac{\alpha \cdot \beta}{k_{21}} = \frac{\alpha \cdot \beta(A+B)}{A\beta + B\alpha} \tag{式 9-82}$$

$$k_{12} = \alpha + \beta - k_{21} - k_{10} \tag{式 9-83}$$

当 α、β、A、B、V_c、K_{12}、K_{21}、K_{10} 这些参数求出后，即可计算任何时间点的血药浓度。

血药浓度-时间曲线下面积 AUC：

$$\text{AUC} = \int_0^\infty Cdt = \int_0^\infty (Ae^{-\alpha t} + Be^{-\beta t})dt = \frac{A}{\alpha} + \frac{B}{\beta} \tag{式 9-84}$$

清除率 Cl：

$$\text{Cl} = \frac{X_0}{\text{AUC}} = \beta V_\beta \tag{式 9-85}$$

实例 9-2　注射用熊果酸自微乳大鼠体内药动学研究

受试大鼠 12 只，对照组和制剂组各 6 只，给药前 12h 禁食不禁水，分别静脉注射给予熊果酸溶液（UA solution）和注射自微乳（UA-SMEDDS）1.5ml，剂量相当于 9mg/kg，给药后 0h、0.083 3h、0.167h、0.25h、0.5h、1h、2h、4h、6h 和 8h 颈静脉取血于离心管中，分离血清于 -20℃保存。通过专属性、精密度、稳定性、回收率、标准曲线、基质效应等方法学考察，表明采用固相萃取法进行血样前处理，所建立的 UPLC-MS/MS 方法灵敏度高，专属性好，采用 DAS 软件拟合药动学参数，其体内行为符合二室开放模型，药动学参数见表 9-2。

表 9-2　熊果酸溶液和注射自微乳大鼠药动学参数表

参数	UA solution		UA-SMEDDS	
$\text{AUC}_{0 \to t}$/mg·h/L	18 626	338	16 564	243
$\text{AUC}_{0 \to \infty}$/mg·h/L	18 772	329	17 004	256
$\text{MRT}_{0 \to t}$/h	0.521	0.006	0.864	0.005
$\text{MRT}_{0 \to \infty}$/h	0.596	0.007	1.134	0.085
$t_{1/2}$/h	1.48	0.06	2.25	0.22
$t_{1/2\alpha}$/h	0.073	0.002	0.063	0.001
$t_{1/2\beta}$/h	1.676	0.056	1.917	0.031

(二) 静脉滴注给药

1. 数学模型　在静脉滴注给药时，某些药物一方面以恒定速度 k_0 逐渐进入中央室而补充中央室药量，另一方面药物同时在中央室与周边室转运及从中央室消除，则符合二室模型，其动力学模型见图 9-15。

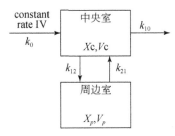

图 9-15　静脉滴注给药二室模型模式示意图

设滴注时间为 T，则在某时间点 t 时（$0 \leq t \leq T$），中央室与周边室的药量分别为 X_c、X_p，药物浓度分别为 C、C_p，表观分布容积分别为 V_c、V_p，除滴注速度 k_0 为零级速率过程外，其余均为一级速率过程，则静脉滴注给药二室模型下，具有如下微分方程组：

$$\begin{cases} \dfrac{dX_c}{dt} = k_0 + k_{21}X_p - k_{12}X_c - k_{10}X_c \\ \dfrac{dX_p}{dt} = k_{12}X_c - k_{21}X_p \end{cases} \qquad (\text{式 } 9\text{-}86)$$

2. 血药浓度与时间的关系　采用拉普拉斯变换和解上述线性方程组等方法求得：

$$\begin{cases} X_c = \dfrac{X_0(\alpha - k_{21})}{\alpha - \beta}e^{-\alpha t} + \dfrac{X_0(k_{21} - \beta)}{\alpha - \beta}e^{-\beta t} \\ X_p = \dfrac{k_{12}X_0}{\alpha - \beta}(e^{-\beta t} - e^{-\alpha t}) \end{cases} \qquad (\text{式 } 9\text{-}87)$$

则：

$$X_c = \frac{k_0(\alpha - k_{21})}{\alpha(\alpha - \beta)}(1 - e^{-\alpha t}) + \frac{k_0(k_{21} - \beta)}{\beta(\alpha - \beta)}(1 - e^{-\beta t}) \qquad (\text{式 } 9\text{-}88)$$

根据 $C = \dfrac{X_0}{V_c}$，则：

$$C = \frac{k_0(\alpha - k_{21})}{V_c\alpha(\alpha - \beta)}(1 - e^{-\alpha t}) + \frac{k_0(k_{21} - \beta)}{V_c\beta(\alpha - \beta)}(1 - e^{-\beta t}) \qquad (\text{式 } 9\text{-}89)$$

进而整理为：

$$C = \frac{k_0}{V_c k_{10}}\left(1 - \frac{k_{10} - \beta}{\alpha - \beta}e^{-\alpha t} - \frac{\alpha - k_{10}}{\alpha - \beta}e^{-\beta t}\right) \qquad (\text{式 } 9\text{-}90)$$

当 $t \to \infty$ 时，$e^{-\alpha t}$、$e^{-\beta t}$ 均趋于零，则稳态血药浓度 C_{ss} 为：$C_{ss} = \dfrac{k_0}{V_c k_{10}}$。与单室模型一样，当滴注时间达到生物半衰期的 4 倍、7 倍时，血药浓度分别可达到稳态水平的 90%、99%。

3. 机体总表观分布容积 V_β：

$$V_\beta = \frac{k_0}{C_{ss}\beta}$$ （式 9-91）

4. 滴注停止后血药浓度–时间过程　设停滴后所经历的时间为 t'，则 $t' = t + T$。静脉滴注一旦停止，药物的体内过程与静脉注射相同，相当于在 t' 时间静脉注射一定量药物，则停滴时的浓度即相当于静脉注射的初浓度，则停滴后血药浓度–时间的关系为：

$$C = \frac{k_0(\alpha - k_{21})}{V_c\alpha(\alpha - \beta)}(1 - e^{-\alpha T})e^{-\alpha t'} + \frac{k_0(k_{21} - \beta)}{V_c\beta(\alpha - \beta)}(1 - e^{-\beta T})e^{-\beta t'}$$ （式 9-92）

令

$$R = \frac{k_0(\alpha - k_{21})}{V_c\alpha(\alpha - \beta)}(1 - e^{-\alpha T}) , S = \frac{k_0(k_{21} - \beta)}{V_c\beta(\alpha - \beta)}(1 - e^{-\beta T}) ,$$

则：

$$C = Re^{-\alpha t'} + Se^{-\beta t'}$$ （式 9-93）

（三）血管外给药

1. 模型建立　血管外给药时，某些药物首先通过吸收部位进入血液循环即中央室，然后进行分布和消除，则符合二室模型，动力学模型见图 9-16，血药浓度–时间曲线见图 9-17。

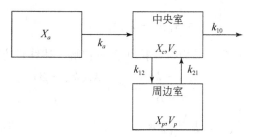

图 9-16　血管外给药二室模型模式示意图

具有如下微分方程组：

$$\begin{cases} \dfrac{dX_a}{dt} = -k_a X_a \\[2mm] \dfrac{dX_c}{dt} = k_a X_a - k_{12}X_c - k_{10}X_c + k_{21}X_p \\[2mm] \dfrac{dX_p}{dt} = k_{12}X_c - k_{21}X_p \end{cases}$$ （式 9-94）

2. 血药浓度与时间的关系　采用拉普拉斯变换和解上述线性方程组等方法求得：

$$X_c = \frac{k_a F X_0(k_{21} - k_a)}{(\alpha - k_a)(\beta - k_a)}e^{-k_a t} + \frac{k_a F X_0(k_{21} - \alpha)}{(k_a - \alpha)(\beta - \alpha)}e^{-\alpha t} + \frac{k_a F X_0(k_{21} - \beta)}{(k_a - \beta)(\alpha - \beta)}e^{-\beta t}$$

（式 9-95）

以 $X_c = V_c * C$ 代入上式，得到血药浓度与时间的关系函数如下：

$$C = \frac{k_a F X_0 (k_{21} - k_a)}{V_c (\alpha - k_a)(\beta - k_a)} e^{-kat} + \frac{k_a F X_0 (k_{21} - \alpha)}{V_c (ka - \alpha)(\beta - \alpha)} e^{-\alpha t} + \frac{k_a F X_0 (k_{21} - \beta)}{V_c (k_a - \beta)(\alpha - \beta)} e^{-\beta t}$$

（式9-96）

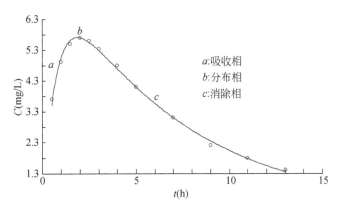

图9-17　血管外给药二室模型药-时曲线

　　从药-时曲线可以看出，血药浓度先升后降，可分为吸收相、分布相、消除相等三个时相。在吸收相内，药物吸收是主要过程；在分布相内，药物吸收到一定程度后，从中央室往周边室转运为主，分布是主要过程；在消除相内，吸收基本完成，中央室与周边室分布趋于平衡，以消除为主。

　　令 $N = \dfrac{k_a F X_0 (k_{21} - k_a)}{V_c (\alpha - k_a)(\beta - k_a)}$ ，$L = \dfrac{k_a F X_0 (k_{21} - \alpha)}{V_c (k_a - \alpha)(\beta - \alpha)}$ ，$M = \dfrac{k_a F X_0 (k_{21} - \beta)}{V_c (k_a - \beta)(\alpha - \beta)}$ ，

则：

$$C = Ne^{-kat} + Le^{-\alpha t} + Me^{-\beta t}$$

（式9-97）

　　对于血管外给药而言，吸收速度通常远远大于消除速度，即 $k_a \gg \beta$ ，当 $t \to \infty$ 时，e^{-kat} 、$e^{-\alpha t}$ 均趋于零，则上式可简化为：

$$C' = Me^{-\beta t}$$

（式9-98）

　　取对数为：

$$\lg C' = -\frac{\beta t}{2.303} + \lg M$$

（式9-99）

　　以 $\lg C'$-t 作图，则斜率为 $-\dfrac{\beta}{2.303}$ ，截距为 $\lg M$，通过斜率和截距即可求出 β 和 M。

　　将尾端直线外推出曲线前相不同时间点对应的浓度，以对应时间点的实测血药浓度减去外推直线相应的浓度值 C' ，得到残数浓度 C_{rl} ，则残数浓度方程为：$\lg C_{rl} = Ne^{-kat} + Le^{-\alpha t}$ 。通常 $k_a > \alpha$ ，当 t 较大时，$e^{-\alpha t} \to 0$ ，简化为：

$$C'_{rl} = Le^{-\alpha t}$$

（式9-100）

　　两边取对数，得：

$$\lg C'_{rl} = -\frac{\alpha t}{2.303} + \lg L$$

（式9-101）

　　以 $\lg C'_{rl}$-t 作图，得到残数半对数曲线，该残数半对数曲线尾端为直线（$\lg C'_{rl}$-t），斜率为 $-\dfrac{\alpha}{2.303}$ ，截距为 $\lg L$，通过斜率和截距即可求出 α 和 L（图9-18）。

　　进一步分解，以尾端直线方程 $\lg C'_{rl}\text{-}t$ 外推曲线前相浓度值 C'_{rl} 减去参数曲线前相相应时间点的浓度值 C_{rl}，得到第二条残数线，即：

$$C_{r2} = - Ne^{-k_a t} \qquad\qquad (式 9\text{-}102)$$

两边取对数得：

$$\lg C_{r2} = -\frac{k_a t}{2.303} + \lg(-N) \qquad\qquad (式 9\text{-}103)$$

同样从其斜率和截距可以求出 k_a 和 N 值。

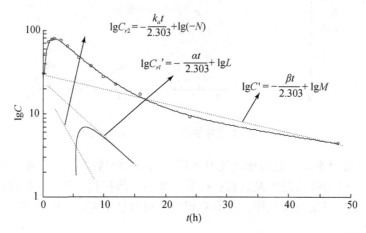

图 9-18　残数法求解血管外给药二室模型残数图

3. 模型其他参数的求解

（1）转运速率常数：

$$k_{21} = \frac{L\beta(k_a - \alpha) + M\alpha(k_a - \beta)}{L(k_a - \alpha) + M(k_a - \beta)} \qquad\qquad (式 9\text{-}104)$$

$$k_{10} = \frac{\alpha\beta}{k_{21}} \qquad\qquad (式 9\text{-}105)$$

$$k_{12} = \alpha + \beta - k_{21} - k_{10} \qquad\qquad (式 9\text{-}106)$$

（2）中央室表观分布容积 V_c：

$$V_c = \frac{k_a F X_0 (k_{21} - \alpha)}{L(k_a - \alpha)(\beta - \alpha)} \qquad\qquad (式 9\text{-}107)$$

（3）半衰期：

吸收相半衰期：

$$t_{1/2(k_a)} = \frac{0.693}{k_a} \qquad\qquad (式 9\text{-}108)$$

分布相半衰期：

$$t_{1/2(\alpha)} = \frac{0.693}{\alpha} \qquad\qquad (式 9\text{-}109)$$

消除相半衰期：

$$t_{1/2(\beta)} = \frac{0.693}{\beta} \qquad\qquad (式 9\text{-}110)$$

（4）血药浓度-时间曲线下面积：

$$AUC = \int_0^\infty Cdt = \int_0^\infty (Ne^{-kat} + Le^{-\alpha t} + Me^{-\beta t})dt = \frac{L}{\alpha} + \frac{B}{\beta} + \frac{N}{k_a} \qquad （式9-111）$$

（5）总表观分布容积：

$$V_\beta = \frac{FX_0}{\beta \cdot AUC} \qquad （式9-112）$$

（6）总体清除率：

$$Cl = \beta \cdot V_\beta = \frac{FX_0}{AUC} \qquad （式9-113）$$

第四节　中药新药药动学研究

在中药、天然药物新药研究开发的过程中，通过对活性成分或活性代谢物非临床药代动力学研究，提取其相关药代动力学参数，可作为阐明药效或毒性产生的基础，并为设计和优化临床试验给药方案提供有关参考信息。

对于活性成分单一的中药、天然药物，其非临床药代动力学研究与化学药物基本一致，应遵循以下基本原则：①试验目的明确；②试验设计合理；③分析方法可靠；④所得参数全面，满足评价要求；⑤对试验结果进行综合分析与评价；⑥具体问题具体分析。

一、中药新药药动学试验动物的选取

由于动物药代动力学研究是联系动物研究与人体研究的重要桥梁，动物选择的恰当与否是关键，尽可能与药效学和毒理学研究一致。试验动物一般采用成年和健康的动物，如小鼠、大鼠、兔、豚鼠、犬、小型猪和猴等。从试验目的、给药途径、制剂形态、动物的生理解剖特征、可控性、成本等多方面考虑，兼顾与人体的相关性。创新性的药物应选用两种或两种以上的动物，其中一种为啮齿类动物；另一种为非啮齿类动物（如犬、小型猪或猴等）。其他药物，可选用一种动物，建议首选非啮齿类动物。如小鼠血容量较少，可以进行药物的体内分布研究。要进行药物排泄和组织分布试验，则可选择小鼠和大鼠。啮齿类动物具有广泛适用性，易于抓取、捕捉和固定，其生理解剖结构和人体相近，用药后可自由活动，接近药物体内过程的真实状态。如果需要考察药物的胆汁排泄，则可选择大鼠，因其没有胆囊，方便顺利收集胆汁。对于口服给药的缓、控释制剂，需要整体吞服，可采用比格犬等进行。静脉滴注的药物亦可采用比格犬，从后肢静脉给药，前肢静脉定时采血。小型猪皮肤的生理形态（结构外形、真皮乳头层、网状层、皮下组织）、免疫功能都与人类很相似，皮肤血供、附属器也与人类最为接近，则外用制剂药动学可采用小型猪。由于家兔胃肠道长度、解剖生理结构等和人体差异较大，所得试验结果与人体有较大差异，故口服给药制剂不宜选用兔等食草类动物和反刍动物。麻醉状态下动物的血液循环减慢、体温降低、代谢减缓，影响药动学参数和体内过程，故尽量在清醒状态下试验。动物进试验室应适应性饲养3~5天，以避免结果波动。鉴于动物的个体差异，药代动力学研究应从同一只动物重复、多次采样，尽量避免用多只动物的合并样本。故大鼠、比格犬、小型猪、家兔等更具有优势，避免了个体内和个体间差异所带来的试验结果的波动，每个试验动物即为一个有效样本。动物应雌雄各半，以考察性别差异对药动学的影响。

二、药动学受试物的要求

受试物应采用处方、工艺、质量标准工艺固定的中试或中试以上规模样品，应注明名称、来源、批号、含量（或规格）、保存条件及配制方法等，试验中所用辅料、溶媒等应标明批号、规格和生产单位，并符合试验要求。

三、中药新药药动学给药剂量设计

给药剂量与药物的体内行为密切相关，尤其是非线形速度过程。临床前药动学研究应设置至少三个剂量组，其高剂量最好接近最大耐受剂量，中、小剂量在动物有效剂量的上下限范围设定。通过多剂量药动学研究，主要考察在所试剂量范围内，药物的体内动力学过程是属于线性还是非线性动力学过程，以利于解释药效学和毒理学研究中的发现，并为进一步开发和研究提供信息。

四、中药新药药动学给药途径

给药途径与体内过程密切相关，所用的给药途径和方式，应尽可能与临床用药一致，使所得结果具有临床外推性。另外在试验中应注意根据具体情况统一给药后禁食时间，以避免由此带来的数据波动及食物的影响。口服给药时一般在给药前应禁食 12h 以上，以排除食物对药物吸收的影响。

五、药动学采样点的设置

药动学研究质量严重依赖采样点的设置及样本量，采样点对药代动力学研究结果有重大影响，若采样点过少或选择不当，不同设置有可能得到不同的房室模型，血药浓度–时间曲线可能与药物在体内的真实情况产生较大差异。通过多次预试验，根据预试验的结果，审核并确定最终采样点。每个采样点一般不少于 5 个数据为限。为获得完整的血药浓度–时间曲线，采样时间点的设计应兼顾药物的吸收相、平衡相（峰浓度附近）和消除相。一般在吸收相至少需要 2~3 个采样点，对于吸收快的血管外给药的药物，应尽量避免第一个点是峰浓度（C_{max}）；在 C_{max} 附近至少需要 3 个采样点；消除相需要 4~6 个采样点。整个采样时间至少应持续到 3~5 个半衰期，或持续到血药浓度为 C_{max} 的 1/10~1/20。为保证最佳采样点，建议在正式试验前，选择 2~3 只动物进行预试验，然后根据预试验的结果，审核并修正原设计的采样点。

六、中药新药药动学生物样品的采集

给药后药物在体内产生吸收、分布、代谢、排泄等过程，药物在机体内的存在形式为组织、体液、血液、脏器的有选择或无选择的分布。药物的理化状态发生了改变，处于一定的生物基质中，需要采用特定的采样方法获取生物样本，经过后续处理、分析测试后以获得其体内过程的特征。

药动学研究是利用均质液体样品中，某一微小体积浓度与样本来源相同的原理。所采集样品为"实时"、"瞬间"浓度。药物的体内过程是时间的函数，相同的给药方案和试验动物，不同的采样时间点的生物样本结果差异极大，故生物样品的准确获取是决定研究结果可靠与否的关键环节。生物样本采集时间点的精确度会严重影响试验结果数据的精密度，对采样熟练度、采样时限的要求较高，要求能在设计的采样时点内获得所需样品，可根据给药途径、药物体内变化趋势灵活设置采样时间点及采样时间间隔。根据试验动物和试验目的的不同，采用不同的采样方法，常见的生物样本有血液、尿液、胆汁、粪便等。其中血样最为重要。为便于分析，一般分离血浆或血清备用。血清和血浆制备时，血浆需要离心抗凝血获得，血清离心促凝血即得，其区别在：血清中没有纤维蛋白原，没有参与凝血的血浆蛋白，但含有血小板在凝血过程中释放的物质。

目前试验动物常用的采血方法如下所述。

（一）大鼠、小鼠的采血方法

大鼠、小鼠可采用尾尖采血法、球后静脉丛采血、断头采血法、尾静脉切割采血法、眶动脉和眶静脉采血、心脏取血等。不同的采血方法对动物的影响、血量、操作难易不同，需要考虑药动学连续采集标本的要求并考虑采血量对结果的影响，慎重选择适合新药药动学研究的采血方法。

1. 尾尖取血　多次采血时，每次将鼠尾剪去小段，让血液滴入盛器或直接用移液器吸取，棉球压迫止血。也可采用切割尾静脉的方法采血，自尾尖向尾根方向三根尾静脉交替切割采血。此方法适合大鼠采血，但对时间点、血量难以把握，且血液收集过程中易于受到污染或引起红细胞破裂溶血。

2. 球后静脉丛采血　固定鼠并捏紧头部皮肤，轻轻向下压迫颈部两侧，引起头部静脉血液回流困难而使眼球充分外突，球后静脉丛充血，右手持毛细玻璃管，沿内眦眼眶后壁刺入，深度小鼠 2~3mm，大鼠 4~5mm，血液即被引流入玻璃管中，压迫止血即可。此方法可重复采血，时间点易于控制，血液比较纯净。

3. 断头取血　当需要较大量的血液，而又不需继续保存动物生命时采用此法。左手捉持动物，使其头略向下倾，右手持剪刀迅速剪掉鼠头，让血液滴入容器。

4. 眶动脉和眶静脉采血　使动物眼球突出充血后，迅速钳取眼球，并将鼠头向下倒置，让血液迅速滴入盛器，直至不流为止。此法取血量较多，但对动物创伤较大，难以频繁采血。

5. 心脏取血　动物仰卧固定，胸前区备皮、消毒后，在左侧第 3~4 肋间隙，选择心搏最强处穿刺入心脏，血液由于心脏跳动的力量自动进入注射器。此法对操作要求高，极易因损伤心脏造成动物死亡。

6. 大血管取血　大、小鼠还可从颈动、静脉，股动、静脉和腋下动、静脉取血。麻醉后固定动物，作动、静脉分离术，使其清楚暴露后，用注射器沿大血管平行刺入（或直接用剪刀剪断大血管）采集血液。

7. 大鼠颈静脉连续采血　将动物胸前区皮肤消毒，于胸前正中线约第四肋骨水平用注射器针头刺入皮肤，到达颈静脉所在位置时，轻引注射器内筒使之呈负压，再使注射器与胸部表面呈 30°~40°角向颈静脉刺入，深度约 5mm，如有血液自动流入注射器内筒，说明针尖已在颈静脉内，此时固定好动物和注射器针头。该方法采血量及采血次数可随分析目的而变动，技术要求高。在一定时间内，如果采血量和采血次数增加，会使动物引起一定的应激性反应或采血部位的伤害。也可进行颈静脉插管采血，属于国际上通用的多次取血方法。

（二）家兔的采血方法

1. 耳缘静脉采血　家兔固定后，用手指轻弹耳部或用乙醇刺激使耳缘静脉充血扩张。用针头刺破静脉或用刀片在血管上切小口，让血液滴入容器。此法容易污染毛发且易引起溶血，而使标本废弃。也可直接用注射器刺入耳缘静脉抽取血液，可反复多次取血，对操作熟练度要求较高，往往因血管干瘪而半途而废。

2. 耳中央动脉采血　目前可借鉴比格犬的采血方法。采用真空采血管借助负压引流获取血样，易于止血，血样纯净无污染，血量易于控制，可反复采血。在操作实践中收到了较好的效果。

3. 心脏穿刺采血　将家兔由操作人员固定，于胸骨左缘第 3~4 肋间隙、心跳最明显处刺入心脏采血，可进行多次采血。。

（三）比格犬的采血方法

比格犬血量大、前肢静脉易于穿刺采血成为最常用、最重要的采血方法。将比格犬置于保定架上或人工固定，用力压迫近心端静脉使其充盈，注射器静脉穿刺负压引流即可，对操作熟练度和操作者心理素质要求较高。

【知识拓展】

全自动采血仪采血在动物试验采血中已有少量应用，可用于清醒和自由活动动物，可适用于多种动物物种的采血取样，从小鼠、大鼠到兔、犬、猴等大型动物能增加药动学研究效率，改善样品收集的精确度和再现性，减少人员操作对动物造成的干扰，有望成为未来高效率采血方法。

七、中药新药药动学生物样品的前处理方法

生物样品含有丰富的蛋白质、肽、氨基酸、盐等，在分析测试时必须根据被分析物性质和仪器适用性进行前处理，以提高分析结果的准确性、可靠性，同时利于保护仪器。不同仪器对样品处理要求有所不同，不同来源的生物样品所含基质种类和数量亦不尽一致，不同性质的药物与基质的结合状态也有差别，故生物样品的前处理是药动学研究的极为重要的关键环节。目前高效液相色谱法（HPLC）是药动学研究常用的检测方法，需要使用有机流动相。生物样品里丰富的蛋白质极易遇甲醇、乙腈等流动相而沉淀析出，堵塞管路并严重缩短色谱柱寿命。在液质联用（HPLC-ESI-MS/MS）检测时，盐的去除成为更关键的问题，否则基质效应非常严重，甚至堵塞离子源锥孔。对于某些挥发性成分，气相色谱法适宜检测，不仅需要去除蛋白质，亦需要除盐。

药动学研究需要采用个体化前处理，满足药动学专属性、回收率、稳定性、准确度等关键指标的需要，目前常用的有如下几种前处理方法。

（一）液-液萃取

此方法根据目标物在不相混溶也不会产生乳化的生物基质和萃取溶剂的分配系数不同而进行，在微量容器内加入适宜的萃取溶剂，剧烈震荡使其充分混匀，而使目标物转移、富集到萃取溶剂中，通过离心分层获取萃取物，再经过氮气吹干、复溶或直接微孔滤膜过滤以获得满足液相、气相分析测试的样品。生物样品一般为水性，故可采用亲脂性或弱亲水性溶剂

萃取，故极性较大的水溶性药物往往回收率较低而不利于检测。

（二）蛋白沉淀法

此方法是在生物样品中加入甲醇、乙腈、高氯酸、次氯乙酸等强极性溶剂。通过改变蛋白质所处的理化环境和破坏水化膜，从而影响蛋白质解离度及所带电荷数，增加蛋白质颗粒间引力，使其形成絮状或块状沉淀，通过高速离心使蛋白形成致密沉淀而获得澄清上清液，可进一步浓缩富集或微孔滤膜过滤后直接进样。此方法具有普遍适用性，不仅适用于亲脂性药物，亦适用于亲水性药物。蛋白沉淀试剂种类和体积比不合适时，蛋白可能沉淀不完全。由于蛋白沉淀试剂的加入，会使样品稀释而降低浓度不利于检测。在蛋白沉淀时，通过吸附、包藏等方式会造成目标物的损失，需要以回收率为核心指标优选沉淀试剂和体积比。

（三）固相萃取法

固相萃取技术是在固相萃取小柱内基于色谱柱法而进行的生物样品前处理方法。固相萃取小柱经过活化后上样，利用填料（固定相）对生物样品中目标物与基质分配系数、亲和力、保留行为的差异性，而在柱上进行不同程度的保留完成富集，进而溶剂洗脱使待分析组分从基质中分离出来，从而达到分离和前处理的目的。固相萃取避免了液液萃取可能产生的乳化现象和蛋白沉淀法所引起的药物损失，样品较为纯净，可直接分析，亦可经进一步富集后检测。

固相萃取法所得样品质量较高，但在处理前，应选择合适的填料、考察药物的保留性能及柱回收率，成本较高，效率较低。

（四）超滤法

超滤是以压力或离心力为推动力的膜分离技术，借助于一定分子量截留值的超滤膜实现对大分子生物基质和小分子目标物的分离完成前处理，通过控制超滤液体积来控制前处理的时间。操作时加入少许体积的血样在超滤膜上，通过高速离心使小分子目标物穿越超滤膜而在超滤管下方汇集，蛋白质等大分子物质被超滤膜所截留，故超滤法样品为游离药物。超滤法需要考察药物对超滤膜的结合，过低的回收率意味着不可逆结合。超滤法只能除去大分子物质，而对盐类无法去除。采用超滤法，可以平行上样、同步离心，故效率较高。

（五）冷冻干燥法

生物样品尤其是尿样含有大量盐类，在无法选择萃取溶剂时，亦可用冷冻干燥法进行前处理，通过预冻、升华、再干燥等过程将基质中大量水分去除，充分保持目标物的稳定性。冻干物可进一步萃取富集，非常适合热敏性药物及需要除盐的生物样本。

八、中药新药药动学研究生物样品的测定分析

生物样品的药物分析方法包括色谱法、放射性核素标记法、免疫学和微生物学方法，可根据受试物的性质，选择特异性好、灵敏度高的测定方法。随着分析技术的迅速发展，目前色谱法具有广泛适用性，包括高效液相色谱法（HPLC）、气相色谱法（GC）和色谱-质谱联用法（如 LC-MS、LC-MS/MS、GC-MS、GC-MS/MS 方法）。在需要同时测定生物样品中多种化合物的情况下，LC-MS/MS 和 GC-MS/MS 联用法在特异性、灵敏度和分析速度方面有更多的优点。

（一）高效液相色谱法

具有分析速度快、分离效能高、检测灵敏的优点，适用于大多数中药的血药浓度测定，尤以反相高效液相色谱法（RP-HPLC）在生物样品的指标物质检测中应用广泛，常采用紫外检测器（UV）、荧光检测器（FD）、质谱检测器（MS，MS/MS）等。

1. 紫外检测器　目标物 $200 \sim 400$ nm 具有紫外吸收可选用紫外检测器，具有灵敏度高、线性范围宽，而且对环境温度、流动相组成变化和流速波动不太敏感等特点。根据仪器组成，有固定波长、可变波长、光电二极管阵列检测器等，既可等度洗脱，也可梯度洗脱。

2. 荧光检测器　荧光检测器具有选择性强、灵敏度高等优点，适合具有荧光特征，或无荧光特征，但经过离线、在线衍生化后可发射荧光的痕量化合物检测，检测限低，较为适合中药新药药动学研究。目标物的激发波长和发射波长是特征性参数。

3. 质谱检测器　质谱检测器（如单极质谱或四级杆串联质谱）在药动学研究中发挥着难以替代的作用，具有自动化程度高，分析速度快，检测限低，流动相消耗少，几乎可以检测所有能电离的化合物。生物样品经色谱柱分离后，在离子源被离子化，经质谱检测器检测得到色谱图。色谱对复杂样品的高分离能力与质谱的高灵敏度结合体现了色谱和质谱的优势互补，通过母离子、子离子、中性碎片丢失扫描等模式既可定量又可对代谢物进行结构识别，逐渐成为药动学的主流分析仪器。

随着分析仪器的发展，超高效液相色谱（UPLC）、快速液相色谱等和上述检测器联用，具有峰容量大、出峰时间短、试剂消耗少、灵敏度高等优点，将成为液相色谱法主流分析仪器。

（二）气相色谱法

具有挥发性（或衍生化后具有挥发性）、热稳定性的目标物可采用气相色谱法检测。样品进入色谱柱后，根据各组分在色谱柱中的运行速度进行分离而进入检测器检测。

气相色谱-质谱联用（GC-MS）是成熟的色谱-质谱联用技术，气相具有高分辨率，质谱具有高灵敏度，适用于低分子化合物（分子量<1000）分析，是生物样品定性定量的有效工具。因对目标物挥发性的限制，适用性受到了限制。

（三）其他分析方法

对于前体药物或有活性（药效学或毒理学活性）代谢产物的药物，建立方法时应考虑能同时测定原形药和代谢物，以考察物质平衡（Mass Balance），阐明药物在体内的转归。在这方面，放射性核素标记法和色谱质谱联用法具有明显优点。

生物学方法（如微生物法）常能反映药效学本质，但一般特异性较差，应尽可能用特异性高的方法（如色谱法）进行平行检查。

放射免疫法和酶标免疫法具有一定特异性，灵敏度高，但原形药与其代谢产物或内源性物质常有交叉反应。

九、中药新药药动学研究生物样品测定的技术要求

由于生物样品体积小、浓度低、内源性物质（如无机盐、脂质、蛋白质、代谢物）含量高及个体差异等多种因素影响生物样品测定，所以必须根据待测物的结构、生物基质和预期的浓度范围，建立适宜的生物样品分析方法，并对方法进行确证。

因药动学研究结果均依赖于生物样品的测定，只有可靠的检测方法才能得出可靠的研究结果，故生物样品方法学确证是整个药动学研究的基础。

生物样品定量分析的考察内容包括选择性、线性、准确度、精密度、检测限、最小定量限、稳定性、提取回收率、方法回收率等。通过准确度、精密度、特异性、灵敏度、重现性、稳定性等研究对建立的方法进行确证，制备随行标准曲线并对质控样品进行测定，以确保样品检测的可靠性。

（一）特异性

特异性指分析方法测量和区分共存组分中分析物的能力。这些共存组分可能包括代谢物、杂质、分解产物、基质组分等。必须证明所测定的物质是预期的分析物，内源性物质和其他代谢物不得干扰样品的测定。对于色谱法至少要考察 6 个不同个体空白生物样品色谱图、空白生物样品外加对照物质色谱图（注明浓度）及用药后的生物样品色谱图。对于以软电离质谱为基础的检测方法（LC-MS、LC-MS/MS 等），应注意考察分析过程中的基质效应，如离子抑制等。

（二）标准曲线

响应值与分析物浓度间的定量关系，采用适当的加权和统计检验，用量化数学模型来描述。标准曲线应是连续的和可重现的，应以回归计算的偏差最小为拟合基础。

根据所测定物质的浓度与响应的相关性，用回归分析方法（如用加权最小二乘法）获得标准曲线。标准曲线高、低浓度范围为定量范围，在定量范围内浓度测定结果应达到试验要求的精密度和准确度。

使用与待测样品相同的生物基质，至少 5 个浓度建立标准曲线，定量范围要覆盖全部待测浓度，不得将定量范围外推求算未知样品的浓度。建立标准曲线时应随行空白生物样品，但计算时不包括该点。

对于标准曲线的要求除相关系数（r）值大于 0.99 外，还要求经标准曲线反算浓度要在真实浓度的 ±15% 范围内，标准曲线最高点和最低点在 ±20% 范围内。

（三）精密度与准确度

要求选择高、中、低 3 个浓度的质控样品同时进行方法的精密度和准确度考察。如果空白基质样品无干扰，则可在空白基质样品中添加分析物标准品作为质控样品。低浓度选择在定量下限附近，其浓度在定量下限的 3 倍或 3 倍以内；高浓度接近于标准曲线的上限；中间选一个浓度。每一浓度每批至少测定 5 个样品，为获得批间精密度，应至少 3 个分析批合格。

精密度：在确定的分析条件下，相同基质中相同浓度样品的一系列测量值的分散程度。用质控样品的批内和批间相对标准差（RSD）表示，相对标准差一般应小于 15%，在定量下限附近相对标准差应小于 20%。

准确度：指在确定的分析条件下，测得值与真实值的接近程度。一般应在 85% ~ 115% 范围内，在定量下限附近应在 80% ~ 120% 范围内。

（四）定量范围

定量范围包括定量上限和定量下限的浓度范围，在此范围内采用浓度–响应关系能进行可靠的、可重复的定量，其准确度和精密度可以接受。

定量下限是标准曲线上的最低浓度点，要求至少能满足测定 3~5 个半衰期时样品中的药物浓度，或 C_{max} 的 1/20~1/10 时的药物浓度，其准确度应在真实浓度的 80%~120% 范围内，RSD 应小于 20%，应由至少 5 个标准样品测试结果证明。

（五）样品稳定性

一种分析物在确定条件下，一定时间内在给定基质中的化学稳定性。根据具体情况，对含药生物样品在室温、冰冻或冻融条件下及不同存放时间进行稳定性考察，以确定生物样品的存放条件和时间。还应注意储备液的稳定性及样品处理后的溶液中分析物的稳定性。

（六）提取回收率

分析过程的提取效率，以样品提取和处理过程前后分析物含量百分比表示。应考察高、中、低 3 个浓度平行质控样品的提取回收率，其结果应精密和可重现。每个浓度点和对应浓度的纯标准品溶液直接分析结果相比较，其提取回收率结果一般应高于 50%。

（七）灵敏度

生物样品分析方法的灵敏度主要通过测定定量下限样品的准确度和精密度来表征。

（八）生物样品分析的注意事项

应在生物样品分析方法确证完成之后开始测试未知样品。推荐由独立的人员配制不同浓度的标准样品对分析方法进行考核。每个未知样品一般测定一次，必要时可进行复测，来自同一个体的生物样品最好在同一分析批中测定。每个分析批应建立标准曲线，随行测定高、中、低 3 个浓度的质控样品，每个浓度至少双样本，并应均匀分布在未知样品测试顺序中。当一个分析批中未知样品数目较多时，应增加各浓度质控样品数，使质控样品数大于未知样品总数的 5%。质控样品测定结果的偏差一般应小于 15%，最多允许 1/3 质控样品的结果超限，但不能在同一浓度中出现。

浓度高于定量上限的样品，应采用相应的空白基质稀释后重新测定。对于浓度低于定量下限的样品，在进行药代动力学分析时，在达到 C_{max} 以前取样的样品应以零值计算，在达到 C_{max} 以后取样的样品应以无法定量（not detectable，ND）计算，以减小零值对 AUC 计算的影响。

十、中药新药药动学研究内容

（一）血药浓度-时间曲线

根据各受试动物的血药浓度-时间数据，求得受试物的主要药代动力学参数。静脉注射给药，应提供 $t_{1/2}$（消除半衰期）、V_d（表观分布容积）、AUC（血药浓度-时间曲线下面积）、CL（清除率）等参数值；血管外给药，除提供上述参数外，尚应提供 C_{max} 和 t_{max}（达峰时间）、$t_{1/2}$（消除半衰期）等参数，以反映药物吸收、消除的规律。统计矩参数如 MRT（平均滞留时间）、$AUC_{(0-t)}$ 和 $AUC_{(0-\infty)}$ 等对于描述药物药代动力学特征也是有意义的。

需要长期给药且有蓄积倾向的药物，应考虑进行多次给药的药代动力学研究。可选用一个剂量（有效剂量）。根据单次给药药代动力学试验结果求得的消除半衰期，并参考药效学数据，确定药物剂量、给药间隔和给药天数。

通过单次给药和多次给药的主要药代动力学参数及平均值、标准差，对受试物单次和多次给药非临床药代动力学的规律和特点进行讨论和评价。

（二）吸收

对于经口给药的新药，应进行整体动物试验，尽可能同时进行血管内给药的试验，提供绝对生物利用度。如有必要，可进行体外细胞试验、在体或离体肠道吸收试验以阐述药物吸收特性。

对于其他血管外给药的药物及某些改变剂型的药物，应根据研究目的，尽可能提供绝对生物利用度。

（三）分布

选用大鼠或小鼠做组织分布试验较为方便。通常选择一个有效剂量给药后，至少测定药物及主要代谢物在心、肝、脾、肺、肾、胃肠道、生殖腺、脑、体脂、骨骼肌等组织的浓度，以了解药物在体内的主要分布组织。特别注意药物浓度高、蓄积时间长的组织和器官，以及在药效或毒性靶器官的分布（如对造血系统有影响的药物，应考察在骨髓的分布）。必要时建立和说明血药浓度与靶组织药物浓度的关系。参考血药浓度-时间曲线的变化趋势，选择至少3个时间点分别代表吸收相、平衡相和消除相的药物分布。若某组织的药物浓度较高，应增加观测点，进一步研究该组织中药物消除的情况。每个时间点，至少应有5个动物的数据。

（四）排泄

（1）尿和粪的药物排泄：一般将动物放入代谢笼内，选定一个有效剂量给药后，按一定的时间间隔分段收集尿或粪的全部样品，测定药物浓度。粪样品收集后按一定比例制成匀浆，记录总体积，取部分样品进行药物含量测定。计算药物经此途径排泄的速率及排泄量，直至收集到的样品测定不到药物为止。每个时间点至少有5只动物的试验数据。

应采取给药前尿及粪样，并参考预试验的结果，设计给药后收集样品的时间点，包括药物从尿或粪中开始排泄、排泄高峰及排泄基本结束的全过程。

（2）胆汁排泄：一般用大鼠在麻醉下做胆管插管引流，待动物清醒且手术完全恢复后给药，并以合适的时间间隔分段收集胆汁（总时长一般不超过三天），进行药物测定。尽可能同时建立回流通路，确保动物术后保持健康状态。

记录药物自粪、尿、胆汁排出的速度及总排出量（占总给药量的百分比），提供物质平衡的数据。

（五）与血浆蛋白的结合

一般情况下，只有游离型药物才能通过生物膜向组织扩散，被肾小管滤过或被肝脏代谢，因此药物与蛋白的结合会明显影响药物分布与消除，并降低药物在靶部位的作用强度。根据药理毒理研究所采用的动物种属，进行动物与人血浆蛋白结合率比较试验，以预测和解释动物与人在药效和毒性反应方面的相关性。

研究药物与血浆蛋白结合试验可采用多种方法，如平衡透析法、超滤法、凝胶过滤法、光谱法等。根据药物的理化性质及试验室条件，可选择使用一种方法进行至少 3 个浓度（包括有效浓度）的血浆蛋白结合试验，每个浓度至少重复试验三次，以了解药物的血浆蛋白结合率是否有浓度依赖性。

（六）生物转化

对于创新性的中药，尚需了解在体内的生物转化情况，包括转化类型、主要转化途径及其可能涉及的代谢酶。

（七）药物代谢酶及转运体研究

药物的有效性及毒性与血药浓度或靶器官浓度密切相关。一定剂量下的血药浓度或靶器官浓度取决于该药物的吸收、分布、代谢及排除过程（ADME），而转运体和代谢酶是影响药物体内过程的两大生物体系，是药动学的核心机制之一。因此，创新药物的研究开发应该重点关注药物主要清除途径的确定、代谢酶和转运体对药物处置相对贡献的描述、基于代谢酶或转运体的药物–药物相互作用的评估等。

创新药物药动学研究还应该考虑到药物代谢酶和转运体基因多态性的存在、代谢酶与转运体之间的相互影响、主要代谢物的清除机制及潜在的相互作用、人特异性代谢物的评估等。

（八）物质平衡

毒性剂量和有效治疗剂量范围确定的情况下运用放射性标记化合物，可通过收集动物和人体血浆、粪、尿及胆汁以研究药物的物质平衡，能够获得化合物的排泄速率和途径等资料，有助于代谢产物的性质鉴定，并通过有限的数据比较它们的体内吸收和分布特点。通过体外和动物样品中分离出的代谢产物可用作参比品用于临床和非临床的定量研究。同时，大鼠组织分布研究和动物胆管插管收集的胆汁能够提供药物的组织分布资料和明确胆汁清除特点。一般应采用放射性同位素标记技术研究物质平衡。

十一、中药新药药动学研究的结果与评价

对所获取的数据应进行科学和全面的分析与评价，评判药物在动物体内的药动学特点，包括药物吸收、分布和消除的特点；经尿、粪和胆汁的排泄情况；与血浆蛋白结合的程度；药物在体内蓄积的程度及主要蓄积的器官或组织；如为创新性的药物，还应阐明其在体内的生物转化、消除过程及物质平衡情况。

【知识拓展】

药动学研究产生大量数据，借助专业软件、摆脱冗长而复杂的手工计算来分析处理数据正日益成药动学研究的发展趋势，通过对数据进行"智能化"的"批处理"，大大减轻了研究人员的数据处理强度。

国外权威的药动学软件有 WinNonlin 软件、Kinetica 等，均可实现口服、注射、血管外给药房室模型、非房室模型分析，难度较大的 PK-PD 结合模型等亦可处理。既可以借助于现有模块实现"一键式"处理，也可根据实际情况结合药动学原理自行编程处理。

国内药动学软件发展迅速，目前以 DAS、BAPP、PKSolver 等软件较为多用。

第十章 中药新药毒理学研究

第一节 概 述

以前欧美国家发生许多药害事件，都是在当时没有进行临床前毒理学实验，或没有进行充分而完善的毒理学评价造成的，药害事件的出现推动了药物安全评价的发展，使人们逐渐开始重视非临床药物安全性实验。1987 年，美国食品药品监督管理局（FDA）制订并颁布了药品非临床研究质量管理规范（good laboratory practice of drug，GLP），此后各国际组织和各国相继颁布了类似的 GLP 规范。1991 年由欧共体、日本和美国三方六单位组成了人用药品注册技术要求国际协调会（International Conference on Harmonization of Technical Requirements for Registration of Pharmaceuticals for Human Use，ICH），ICH 文件和指导原则不仅在参加国中分享，同时向世界公示，供各国药品研发部门和药政管理机构参考，为各国的新药研究所借鉴。不断出现或更新的举措反映了人们对新药研发、评价认识和理念的转变，意识到规范的非临床安全性实验至关重要。

中药新药的毒理学研究主要是中药新药研究所涉及的毒理学研究和评价，是在《药品注册管理办法》框架内进行的关于注册申请中药新药的非临床安全性实验研究，基本目的是通过对中药新药受试物的非临床安全性实验研究，了解其毒性剂量、确定安全剂量范围、发现毒性反应、寻找毒性靶器官、了解毒性的可逆程度和制订临床解救措施。其重要性在于对人用试用安全性的预测，预测用于人体时的毒副作用性质、在周密设计和计算基础上预测向人体过渡时药物剂量、临床试验过程的中毒反应抢救预案的制订等方面。

一、中药新药毒理学研究的目的

新药的毒性是内在的、物质不变的性质，取决于物质本身，其对机体健康引起的有害作用称为毒效应。毒效应是有条件下引起机体健康有害作用的表现，药物与毒物的区分在于适当剂量。毒性较高的物质，只需相对较小的剂量即可对机体造成一定的损害；而毒性较低的物质，需要较大的剂量，才呈现毒效应。新药的有毒与无毒、毒性的大小是相对的，关键是机体对此种新药的暴露量。新药非临床安全性评价的目的是提供新药对人类健康危险程度的科学依据，预测上市新药对人体健康的有害程度。淘汰危害大的，权衡有危害的，通过危害小的，理想的是没有危害的。

二、中药新药毒理学研究的作用

在急性和慢性毒性试验中，观察受试物对机体的有害作用，对每个动物进行全面逐项观察和记录是进行剂量-反应（效应）研究的前提；而量效研究是毒性评价和安全性评价的基础，通过对不同有害作用的剂量-反应（效应）研究，得到受试物的多种毒性参数和量效反应的数学关系；确定受试物有害作用的靶器官，以阐明受试物毒性作用的特点，并为进一步的机制研究和毒性防治提供线索；确定损害的可逆性，一旦有害作用存在，就应研究停药后该损害是否可逆或消失，器官功能是否恢复，毒性的可逆性关系到对临床试验中人的危害的评价，在特殊毒性试验（遗传毒性，致癌和致畸）中，剂量–反应（效应）研究将为确定受试物是否具有某方面的特殊毒性提供依据。

三、中药新药毒理学研究特点和评价思路

中药自身的特点与化学药物是不同的，其承载着中医药学理论，大量的事实证明中医药理论及其疗效的物质基础是客观存在的，不能忽略的是中药是复合物而并非单体化合物的特点。中药多层次、多组分、多靶点和多途径综合作用于人体的特点决定了研究中药的复杂性，用于治疗疾病的传统中药的复方、现代研究条件下的中药绝大多数都不是单独的化学成分，因此中药新药毒理学研究特点既有具体的物质性质，又有抽象的认识特点。这决定了中药新药毒理学研究特点和评价思路是建立在对化学药的认识和实践基础之上，对已有传统中药了解、借助现代的研究设备和现代医学、药学的研究方法进行研究得到的认识。

中药新药研发立题多种、依据多样，注册技术审评恪守在注册管理办法等法规框架下和技术要求指导原则中，首要步骤是评价中药新药的立题目的和依据，包括传统医药理论依据和古籍文献资料综述、现代研究文献综述，国内外研究现状和生产使用情况的综述，处方来源和选题依据，品种创新性、要复性（成药性）、剂型合理性和临床使用必要性等的分析，还包括与已有国家标准的同类品种的比较，其中关于中药新药的毒性部分是不容忽视的重要内容，因为各类综述或研究报道中，安全性内容都得到必要的关注。安全有效、质量可控是研究中药新药的基本要求，也是评价新药的关键。安全性的评价自始至终都是新药审评的重点内容，非临床安全性研究结果影响新药开发的进程和研究的成败。所以，中药新药本身特质和药品注册法规的要求都决定了进行非临床安全性研究的必要性。

四、中药新药毒理学研究的原则

1. 毒理学试验中的基本原则　中药新药毒理学实验要遵循三个基本原则。

（1）受试物在实验动物产生的作用，可以外推于人。基于人是最敏感动物的假设、人和动物的生物过程相关，这也是实验医学的前提。

（2）实验动物必须暴露于高剂量，是发现对人造成潜在危害的可靠方法。因为，随剂量或暴露增加，群体中效应发生率增加。新药毒理学研究不是为证明其安全性，而是考察其可能产生的毒性作用。

（3）成年的健康（雄性和雌性未孕）实验动物和人可能的暴露途径是基本的选择。选择这样的实验动物作为一般人群的代表性实验模型可以降低实验对象的多样性，减少实验误差。

2. 系统、完整、科学　新药评价主张获得一定的动物毒理学实验资料后，原则上临床开始介入可以减少人力和财力的损耗，降低新药研制风险。因为人体反应数据是最终结果，但如何将动物实验与各期临床穿插进行，使动物实验结果和临床研究可以互相支持彼此印证，为研发者尽早提供决定终止或继续研究的依据，这就成为一个非常具有挑战性的问题。国际上各国的要求不尽相同，英国、欧盟、日本都不一致，由于我国两种医药学理论体系共

存，各有所长，都指导新药研发，相互渗透和影响。因此尚没有一致性要求，对于中药新药要考虑新药是什么性质的新药，是传统的中药复方、现代医学指导下的组方，是提取有效部位、有效成分，还是其他类型的组合呢？但研究的方法和评价重点一样，关键是要靠系统、完整、科学的非临床安全性试验研究数据，以提供这个新药的安全性评价。

五、中药新药毒理学研究的内容

中药及天然药物上市前的毒理学研究内容一般包括以下几个方面：①一般药理研究；②急性毒性试验；③长期毒性试验；④过敏性（肺部、全身和光敏毒性）、溶血性和局部（血管、皮肤、黏膜、肌肉等）刺激性、依赖性等主要与局部、全身给药相关的特殊安全性试验；⑤遗传毒性试验；⑥生殖毒性试验；⑦致癌试验；⑧动物药代/毒代动力学试验。

一般而言，过敏性（局部、全身和光敏毒性）、溶血性和局部（血管、皮肤、黏膜、肌肉等）刺激性、依赖性等主要局部、全身给药相关的特殊安全性试验是根据药物给药途径及制剂特点提供相应的制剂安全性试验资料。具有依赖性倾向的新药，应提供药物依赖性试验资料。

如果处方中含有无法定标准的药材，或来源于无法定标准药材的有效部位，以及用于育龄人群并可能对生殖系统产生影响的新药（如避孕药、性激素、治疗性功能障碍药、促精子生成药、保胎药或有细胞毒作用等的新药），应报送遗传毒性试验资料。用于育龄人群并可能对生殖系统产生影响的新药（如避孕药、性激素、治疗性功能障碍药、促精子生成药、保胎药以及遗传毒性试验阳性或有细胞毒作用等的新药），应根据具体情况提供相应的生殖毒性研究资料。新药在长期毒性试验中发现有细胞毒作用或者对某些脏器组织生长有异常促进作用的及致突变试验结果为阳性的，必须提供致癌试验资料及文献资料。

第二节　急性毒性试验

急性毒性试验是指动物 24h 内一次或多次给予受试物后，观察动物在一定时间内（14天中）出现的毒性反应及其程度或死亡情况。进行急性毒性的目的是初步了解受试物毒性反应的表现特征及强度、可能的毒性靶器官及损害的可逆程度或安全剂量，为进行临床和（或）其他毒性试验提供信息作为参考依据。

中药药物作用相对温和，同时，复方制剂、古方或临床经验来源制剂毒性相对较轻，且有一定的临床应用基础。但随着大量的新技术、方法的运用，与传统中药相比，现代中药所具有的物质基础和给药方式可能有明显改变，特别是所含成分变化较大，药理作用变化明显，毒性反应也可能随之增大。因此，中药急性毒性试验研究十分必要。根据《中华人民共和国药品管理法》等相关法律法规，急性毒性试验必须执行《药物非临床研究质量管理规范》急性毒性试验受试药物应采用制备工艺稳定、符合临床试用质量标准规定的中试样品。中药有时因受给药容量或给药方法限制，可采用原料药进行试验。对照品应采用相应的溶媒和（或）辅料。

一、实验动物

一般应采用健康成年哺乳动物，雌雄各半，也可根据临床使用对象，采用相对应的单一性别的动物或幼年动物。啮齿类动物有小鼠或大鼠，非啮齿类动物有犬或其他动物，根据我国新药临床前毒理学评价指导原则的要求，可选择啮齿类和（或）非啮齿类动物。动物体重为小鼠 18~22g，大鼠 120~150g，犬用成年犬 8kg 左右。同次试验动物初始体重原则上不应超过或低于平均体重的 20%。

二、试验方法

（一）分组与给药剂量

1. 分组　随机分组。除受试物可采用不同剂量组外，还应设空白和（或）阴性对照组。

2. 给药剂量　根据药物毒性大小和选用方法的不同而设置相应剂量（见以下具体方法介绍）。

（二）给药途径与容量

一般采用与临床相同或相近的给药途径。当采用现代技术提取的中药组分或成分，或新药材、新药用部位及中药注射剂等，如临床为非血管内给药，且溶解度较好的药物，可增加一种静脉给药方式，以便更深入全面暴露受试物的毒性反应情况。

经口给药，小鼠一般每次不超过 40ml/kg，大鼠给药容量一般每次不超过 20ml/kg；其他动物及给药途径的给药容量可参考相关文献及根据制剂情况确定（表 10-1）。

表 10-1　不同动物给药途径单次给药的容量（ml）

给药途径	小鼠（20g）	大鼠（200g）	豚鼠（200g）	家兔（2.5g）	狗（10kg）
ig	0.2~0.8	1~4	1~2	5~10	50~100
ip	0.2~0.5	1~2	1~2	5~10	5~15
im	0.1~0.2	0.2~0.5	0.2~0.5	0.5~1	2~5
iv	0.2~0.5	0.5~1	1~4	3~5	5~15
sc	0.1~0.5	0.5~1	0.5~2	1~3	3~10

（三）观察时间与指标

一般观察 14 天，尤其是给药后 4h 内密切注意观察，以后每天上午、下午各观察 1 次，如果毒性反应出现较慢，可适当延长观察时间，观察期间应予以记录。

观察指标：动物体重变化、饮食、外观、行为、分泌、排泄物、中毒反应（中毒反应的症状、严重程度、起始时间、持续时间、是否可逆）及死亡情况等。对濒死及死亡动物应及时进行大体解剖，其他动物在观察期结束后（给药第 15 天）进行大体解剖，记录病变情况，当发现器官出现体积、颜色、质地等改变时，须对改变的器官进行组织病理学检查并记录。

三、常用急性毒性剂量测试方法

根据药物的毒性大小或受试药剂量的限制，急性毒性试验一般可通过测定致死量、最大耐受量、最大给药量或最大无毒性反应剂量等来确定药物的死亡、严重毒性反应和无毒反应剂量等。

1. 剂量概念

（1）最大给药量：单次或 24h 内多次（2~3 次）给药所采用的最大给药剂量。

（2）最大无毒性反应剂量（no obvious adverse effect level，NOAEL）：是指在一定时间内给药，用现代检测方式未发现损害作用的最高剂量。

（3）致死量：致死量是指受试物引起动物死亡的剂量，测定的致死量主要有最小致死量（minimal lethal dose，MLD）和半数致死量（median lethal dose，LD_{50}）等。在测定致死量的同时，应仔细观察动物死亡前的中毒反应情况。

（4）最大耐受量（maximal tolerance dose，MTD）：是指动物能够耐受的而不引起动物死亡的最高剂量。有时采用对实验动物的异常反应和病理过程的观察、分析，较以死亡为观察指标更有毒理学意义。

2. 具体操作要点

（1）最大给药量法：指药物在较大给药浓度及较大给药容量的条件下，以其最大剂量给予实验动物，观察动物出现的反应。选用动物，每组 10~20 只，雌雄各半，除设给药组外，还设空白和（或）阴性对照组。实验动物给药前禁食不禁水过夜。给药后按常规饲养，观察 14 天。报告试验过程中动物出现的异常表现及致死症状，计算出动物总给药量 g/kg、mg/kg 或以含生药量 g/kg 表示，即动物的最大给药量，推算出相当于临床拟用药量的倍数，评价受试物毒性大小。

（2）半数致死量（LD_{50}）法：根据预实验获得动物 0%~100% 致死量范围，选用动物，每组 10 只，雌雄各半，根据体重随机分组。按等比级数设 4~6 组，组间比为 0.65~0.85；除设受试物合适的剂量组外，还设空白和（或）阴性对照组。给药后观察毒性反应的表现（包括动物一般情况、活动、神态、排泄物、饮食情况）、死亡率，连续记录 14 天，用 Bliss 的方法求出 LD_{50} 值及 95% 的可信区间，各剂量组的死亡率。若毒性反应有明显的性别差异。应求出不同性别的 LD_{50}。

（3）最大耐受量（MTD）法：一般采用啮齿类和（或）非啮齿类动物，雌雄各半，除设受试物合适的剂量组外，还设空白和（或）阴性对照组。根据预试结果在动物死亡的剂量下按等比级数设剂量组，可分 2~5 个剂量组，组距设计一般为 0.65~0.85。最大剂量应有动物死亡，死亡率小于 50%。给药后按常规饲养，观察 14 天。雌雄体重分别进行组间比较，记录实验过程中动物出现的异常表现及致死症状，计算出动物总给药量（g/kg、mg/kg）或以含生药量 g/kg 表示，即动物的最大耐受量，评价受试物毒性情况。

（4）近似致死量法：一般选用普通级健康比格犬或猴 6 条进行试验。犬 4~6 月龄，猴 2~3 岁。根据小动物的实验结果及受试物的相关资料，估计可能引起毒性和死亡的剂量范围。选用合适间距按递增法，设计出数个给药剂量，给予不同剂量受试物，测出最低致死剂量和最高非致死剂量；最低致死剂量和最高非致死剂量之间的剂量给予 1 条犬（或猴），测定近似致死剂量范围；继续向下给予不同剂量药物，直至动物无异常症状，测得无毒性反应剂量。试验期间取 1 条犬（或猴）作为空白对照。

四、结果分析与注意事项

1. 结果分析

（1）根据所观察到的各种反应出现的时间、严重程度、持续时间等，分析各种反应在不同剂量时的发生率、严重程度。根据观察结果归纳分析，考察每种反应的剂量-反应及时间-反应关系。

（2）判断出现的各种反应可能涉及的组织、器官或系统等。

（3）根据大体解剖中肉眼可见的病变和组织病理学检查的结果，初步判断可能的毒性靶器官。如组织病理学检查发现有异常变化，应附有相应的组织病理学照片。组织病理学检查报告应经检查者签名和病理检查单位盖章。

（4）说明所使用的计算方法和统计学方法，必要时提供所选用方法合理性的依据。对需要测定 LD_{50} 的药物，可采用 Bliss 法、简化几率单位法、改良寇氏法等，设计要求略有不同。计量资料，两组比较采用 t 检验；不同批次处理得到的数据，用方差分析法；用药前及用药后多时段的数据，用变化值或变化率表示，用 t 检验分析。计数资料用 X^2 检验。

（5）可根据急性毒性试验结果，提示在其他安全性试验、质量控制、临床试验方面应注意的问题，同时，结合其他安全性试验、有效性试验及质量可控性试验结果，分析受试物的开发前景。

2. 注意事项

（1）动物：若在预试中发现动物的反应有明显的性别差异时，则应分别进行不同性别动物急性毒性试验。选用何种动物品系进行急性毒性试验，宜结合药效学、药动学、长期毒性试验的动物综合考虑。

（2）药物浓度与剂量：给药一般采用不等浓度等容量，特殊情况应予以说明。

五、方法学评价

（1）急性毒性试验为单日给药产生的毒性反应，多为急性反应，如神经系统、呼吸系统或心血管系统等功能性的变化，得到的信息是非常有限的，尚不能全面反映药物的毒性，如蓄积毒性等。

（2）试验采用药物的剂量往往是大剂量或超大剂量，毒性反应，有时反应的可能是其潜在的危险。

（3）急性毒性试验不仅仅是求出动物的死亡或不死亡的剂量，更关注的是药物毒性反应的特征、强度与中毒靶器官等生物信息，以便为合理设计长期毒性试验提供更多的信息。

（4）有些中药难以有效溶解，以混悬液形式给药，因此应注意由于给药容量的原因造成的动物物理性异常。同时，对混悬液的均一性和稳定性也要注重考察。

实例 10-1　附子不同炮制品急性毒性实验

【目的】附子在临床上用于"回阳救逆"，常适用于四肢厥冷、颜面苍白、出冷汗、脉细欲绝等症，其适应证很像是急性心肌梗死或感染中毒性的"低排高阻型"休克，此时由于循环障碍，势必导致机体缺氧，附子能改善血流动力，以及能提高机体对缺氧的耐受力，对一些重要器官的急性缺血起到保护作用。该实验比较附子不同炮制品的毒性和药效，为临床选用附子提供科学依据。

【实验方法】

1. LD$_{50}$测定　取体重 18~20 g 的 NIH 系小白鼠 220 只，雌雄各半，禁食 24 h，分层随机分为 20 组，每个样品设 5~6 组，每组为 10 只，组间比例均为 1：0.8，药液浓度亦按此比例稀释，腹腔注射 0.3ml/10g（体重），给药后观察 7 天，逐日记录死亡鼠，按改良寇氏法计算 LD$_{50}$。

2. 最大耐受量的测定（灌服法）　取体重 17~19 g NIH 系小白鼠 30 只，雌雄各半，分层随机分为 3 组，每组 10 只，分别灌服白附片（100%），微波炮附子（500%），香港炮附子（100%），给药容量为 0.4ml/10g（体重），观察 7 天。

【实验结果】急性毒性大小为生附子> 白附片>香港炮附子> 微波炮附子（表 10-2）。

表 10-2　附子生品及各炮制品的 LD$_{50}$和最大耐受量测定（$\bar{x}\pm s$）

样品	LD$_{50}$（g/kg）	毒性降低倍数	耐受量（g/kg）
生附子	9.16±0.84	—	—
白附片	10.96±0.74	0.19	40
微波炮附子	52.84±3.59	4.77	200
香港炮附子	15.84±1.48	0.73	40

【实验结论】生附子毒性最大，在治疗剂量时出现中毒症状甚至死亡，所以，现临床已很少应用。白附片毒性仍较大，虽经过了浸漂、蒸煮、烘干等加工处理，但尚为半生半熟之品，所以，仍可用于亡阳证，而用于缓证以温阳则应"先煎久熬"以减其毒，缓其性，方可使用。炮附子特别是微波炮附子毒性大减，保证了安全性。

【知识拓展】

具体如表 10-3 所示。

表 10-3　急性毒性试验的一般观察结果与可能涉及的器官、组织、系统

临床观察		指征	可能涉及的器官、组织、系统
I．鼻孔呼吸阻塞，呼吸频率和深度改变，体表颜色改变	A.	呼吸困难：呼吸困难或费力，喘息，通常呼吸频率较低	
		1. 腹式呼吸：隔膜呼吸，吸气时腹部明显偏斜	CNS 的呼吸中枢，肋肌麻痹，胆碱能神经麻痹
		2. 喘息：用力深吸气，有明显的吸气声	CNS 的呼吸中枢，肺水肿，呼吸道分泌物蓄积，胆碱功能增强
	B.	呼吸暂停：用力呼吸后出现短暂的呼吸停止	CNS 的呼吸中枢，肺心功能不足
	C.	紫绀：尾部、口和足垫呈现蓝色	肺心功能不足，肺水肿
	D.	呼吸急促：呼吸快而浅	呼吸中枢刺激，肺心功能不足
	E.	鼻分泌物：红色或无色	肺水肿，出血

临床观察		指征	可能涉及的器官、组织、系统
Ⅱ. 运动功能：运动频率和特点的改变	A.	自发活动、刺探、梳理毛发、运动增加或减少	躯体运动，CNS
	B.	困倦：动物出现昏睡，但易被警醒而恢复正常活动	CNS 的睡眠中枢
	C.	正常反射消失，翻正反射消失	CNS，感官，神经肌肉
	D.	麻痹：正常反射和疼痛反射消失	CNS，感官
	E.	强直性昏厥：无论如何放置，姿势不变	CNS，感官，神经肌肉，自主神经
	F.	运动失调：动物走动时不能控制和协调运动，但无痉挛、局部麻痹或僵硬	CNS，感官，自主神经
	G.	异常运动：痉挛，足尖步态、踏脚、忙碌、低伏	CNS，感官，神经肌肉
	H.	俯卧：不移动，腹部贴地	CNS，感官，神经肌肉
	I.	震颤：包括四肢和全身的颤抖和颤振	神经肌肉，CNS
	J.	肌束震颤：背部、肩部、后肢和足部肌肉的运动	神经肌肉，CNS，自主神经
Ⅲ. 抽搐（惊厥）：随意肌明显的无意识收缩或惊厥性收缩	A.	阵挛性抽搐：肌肉收缩和放松交替性痉挛	CNS，呼吸衰竭，神经肌肉，自主神经
	B.	强直性抽搐：肌肉持续性收缩，后肢僵硬性扩张	CNS，呼吸衰竭，神经肌肉，自主神经
	C.	强直性-阵挛性抽搐：两种类型抽搐交替出现	CNS，呼吸衰竭，神经肌肉，自主神经
	D.	昏厥性抽搐：通常是阵挛性抽搐并伴有喘息和紫绀	CNS，呼吸衰竭，神经肌肉，自主神经
	E.	角弓反张：僵直性发作，背部弓起，头抬起向后	CNS，呼吸衰竭，神经肌肉，自主神经
Ⅳ. 反射	A.	角膜眼睑闭合：接触角膜导致眼睑闭合	感官，神经肌肉
	B.	基本反射：轻轻敲打外耳内侧，导致外耳扭动	感官，神经肌肉
	C.	正位反射：翻正反射	CNS，感官，神经肌肉
	D.	牵张反射：后肢从某一表面边缘掉下时收回的能力	感官，神经肌肉
	E.	光反射（瞳孔反射）：见光瞳孔收缩	感官，神经肌肉，自主神经
	F.	惊跳反射：对外部刺激（如触摸、噪声）的反应	感官，神经肌肉

续表

临床观察		指征	可能涉及的器官、组织、系统
V.眼检指征	A.	流泪：眼泪过多，澄清或有色	自主神经
	B.	缩瞳：无论有无光线，瞳孔缩小	自主神经
	C.	散瞳：无论有无光线，瞳孔扩大	自主神经
	D.	眼球突出	自主神经
	E.	上睑下垂：上睑下垂，刺激后动物不能恢复正常	自主神经
	F.	血泪：眼泪呈红色	自主神经，出血，感染
	G.	上睑松弛	自主神经
	H.	结膜浑浊，虹膜炎，结膜炎	眼睛刺激性
VI.心血管指征	A.	心动过缓	自主神经，肺心功能低下
	B.	心动过速	自主神经，肺心功能低下
	C.	血管扩张：皮肤、尾巴、舌头、耳朵、足垫、结膜、阴囊发红，体温高	自主神经、CNS、心排血量增加，环境温度高
	D.	血管收缩：皮肤苍白，体温低	自主神经、CNS、心排血量降低，环境温度低
	E.	心律不齐：心律异常	CNS、自主神经、肺心功能低下，心肌缺血
VII.唾液分泌		唾液分泌过多：口周围毛发潮湿	自主神经
VIII.竖毛		毛囊立毛肌收缩	自主神经
IX.痛觉丧失		对痛觉刺激反应性降低（如热板）	感官，CNS
X.肌张力	A.	张力降低：肌张力普遍降低	自主神经
	B.	张力增加：肌张力普遍增加	自主神经
XI.胃肠指征			
排便（大便）	A.	固体，干燥，量少	自主神经，便秘，胃肠动力
	B.	流动性降低，水样便	自主神经，痢疾，胃肠动力
呕吐		呕吐或恶心	感官，CNS，自主神经（大鼠无呕吐）
多尿	A.	红色尿	肾脏损伤
	B.	尿失禁	自主感官
XII.皮肤	A.	水肿：组织液体充盈肿胀	刺激性，肾衰竭，组织损伤，长期不动
	B.	红斑：皮肤发红	刺激性，炎症，致敏

第三节　长期毒性试验

长期毒性试验（重复给药毒性试验）是指反复多次、连续给予实验动物受试物（一般 > 14 天）后，观察动物是否发生毒性反应、毒性反应的性质和程度（包括毒性量效关系、起始时间、程度、持续时间）及毒性反应的可逆性等。找出毒性的靶器官或靶组织，并探讨可能的毒性作用机制。通过动物的毒性反应，为临床拟定安全剂量、临床毒副反应的监护及生理指标检测提供依据。

长期毒性试验的主要目的包括：①预测受试物可能引起的临床不良反应，包括不良反应的性质、程度、剂量-反应和时间-反应关系、可逆性等；②推测受试物重复给药的临床毒性靶器官或靶组织；③预测临床试验的起始剂量和重复用药的安全剂量范围；④提示临床试验中需重点监测的指标；⑤为临床试验中的解毒或解救措施提供参考信息。对中药而言，一般认为其毒性较低，但随着现代研究技术的应用，成分富集，给药方式改变，其安全性需要进一步评估，长期毒性试验结果能较好地实现这一目的。

长期毒性试验周期长，耗资高，工作量大，如有不慎，会造成人力、物力、财力的极大浪费，也会影响新药的研究速度。充分认识长期毒性试验的重要性，合理、科学地进行长期毒性试验设计，对试验结果进行科学的分析，是新药非临床安全性评价的基本要求。

根据《中华人民共和国药品管理法》等法律法规的规定，长期毒性试验必须执《药物非临床研究质量管理规范》。长期毒性试验受试药物应采用制备工艺稳定、符合临床试用质量标准规定的受试样品。如因给药容量或给药方法限制，可采用原料药进行试验。对照品应采用相应的溶媒和（或）辅料。

一、实验动物

多采用两种动物进行，一种为啮齿类，常用大鼠；另一种为非啮齿类，常用比格犬，必要时可选用猴或其他大动物。非注射给药的中药复方剂可根据急性毒性试验结果及复方的组成、提取工艺等资料，综合分析是否需要做长期毒性试验，以及是否进行非啮齿类动物的长期毒性试验。

对实验动物体重的要求，应选用健康、体重相近的动物，雌雄各半；也可根据临床使用对象和研究期限长短的不同，确定动物的性别和年龄。一般情况下，大鼠可用雌、雄各半，6~9周龄，试验周期3个月以上选5~6周龄。比格犬可用雌、雄各半，6~12月龄。动物初始体重不应超过或低于平均体重的20%。

为保证试验体系的稳定，应严格控制饲养环境参数。动物饲养的室内温度，湿度、光照和通风条件及饲料的提供单位和配方等需要详细说明。试验动物应在特定的饲养环境下至少适应性观察1周后再开始试验。每周定时称量体重及进食量。

二、试验方法

（一）分组与给药

1. 分组　随机分组，受试物一般要求至少应设3个剂量组和溶媒或赋形剂对照组，必要时还需设立空白对照组和（或）阳性对照组。

大鼠一般每组10~30只（若药物毒性大，或试验周期为6个月，每组应增加10只动物）。大鼠每笼不宜超过5只，雌雄分笼饲养，试验前适应性饲养，一般观察5~7天，每天应做好观察记录。

犬常选用健康的比格犬，每组6~12只，6~12月龄，每只动物分笼饲养。犬试验前应适应性观察1~2周，除一般观察外，实验前还应进行2次体温、心电、血液学和血液生化检查分析。

2. 给药途径　原则上采用与临床拟用的给药途径。若特殊情况，应予以说明。

3. 给药剂量与容量

（1）给药剂量

1）低剂量的选择：应高于动物药效学试验的等效剂量或预期的临床治疗剂量的等效剂量、且不出现毒性反应，预测临床治疗剂量时药物可能出现的多种反应。

2）高剂量的选择：原则上应使动物产生明显或严重的毒性反应，甚至可引起少量动物死亡，但死亡动物不应超过20%。目的是尽可能地暴露药物的毒性反应症状，毒性靶器官，为临床用药、检测毒副作用、抢救措施提供依据。根据急性毒性试验结果与药物的性质一般可采用最大耐受量（MTD）、最大浓度法、剂量表示法（用 g/kg、mg/kg、mg/m² 等表示）。如小鼠急性毒性试验毒性很低，测不出 LD_{50} 或口服给药剂量大于 5g/kg，注射给药剂量大于 2g/kg，也未见明显毒性反应，可设大鼠高剂量组为拟用于临床剂量的 50 倍以上，犬的高剂量组为拟临床用量的 30 倍以上。复方中药每日用量大而达不到高剂量的倍数，可选用根据动物长期给药适宜浓度的最大剂量。

3）中剂量的选择：在高、低剂量之间再设一个中剂量组，可有轻微的毒性反应，或未观察到有害作用的剂量（NOAEL）。

各剂量组采用等容量不等浓度给药。

（2）给药容量：经口给药，大鼠给药容量一般为每天 10~20ml/kg；静脉注射大鼠时应尽可能采用静脉给药，特殊情况也可采用腹腔注射代替，其他动物及给药途径的给药容量可参考相关文献及根据实际情况确定。

4. 给药周期　长期毒性试验的给药期限，应充分考虑预期临床疗程长短、临床适应证及用药人群等（表10-4）。原则上应每天给药，试验周期 3 个月或以上者，也可每周给药 6 天，且每天给药时间应尽可能相同。特殊类型的受试物应根据具体药物的特点设计给药频率。

表 10-4　长期毒性实验的给药周期

药物临床疗程	长期毒性研究给药期限		可以支持的临床研究阶段
	啮齿类动物	非啮齿类动物	
≤1 周	2 周	2 周	Ⅰ、Ⅱ、Ⅲ期（生产）
≤2 周	1 个月	1 个月	Ⅰ、Ⅱ、Ⅲ期（生产）
>2 周*	1 个月	1 个月	Ⅰ期
≤1 个月	1 个月	1 个月	Ⅱ期
	3 个月	3 个月	Ⅲ期（生产）
≤3 个月	3 个月	3 个月	Ⅱ期
	6 个月	6 个月	Ⅲ期（生产）
≤6 个月	6 个月	6 个月	Ⅱ期
	6 个月	9 个月	Ⅲ期（生产）
>6 个月	6 个月	9 个月	Ⅱ期
	6 个月	9 个月	Ⅲ期（生产）

注：表中长期毒性研究给药期限不包括恢复期。应根据具体情况设计不同的恢复期；

＊此处是指临床疗程超过 2 周的药物，可用 1 个月的长期毒性试验来支持药物进行Ⅰ期临床试验

（二）观察指标与时间

1. 观察指标　原则上，除常规观察指标外，还应根据试验的具体情况，增加相应的检测指标。以下列出的是常规需观察的指标。

（1）一般指标

1）大鼠：每周固定时间测 1 次大鼠体重及摄食量，试验期间详细观察大鼠一般状况，包括外观体征、行为活动、腺体分泌、呼吸、粪便、给药局部反应等，必要时应测定大鼠饮水量。在观察期间若体重、耗食量有异常者应加以密切观察并做记录。

2）犬：每周固定时间测量 1 次犬体重及摄食量，每天根据体重给药，试验期间详细观察犬外观体征、行为活动、恶心呕吐、腺体分泌、呼吸、粪便、尿液、体重、给药局部及眼科反应等。观察到有异常情况时应详细记录。

（2）血液学指标：一般血液学检测指标如表 10-5 所示。至少应检测红细胞计数、血红蛋白、网织红细胞计数，白细胞计数及分类、血小板计数、凝血酶原时间等，必要时做骨髓涂片检查。

表 10-5　长期毒性试验中一般需检测的血液学指标

红细胞计数	血红蛋白
血细胞比容	平均血细胞比容
平均红细胞血红蛋白	平均红细胞血红蛋白浓度
网织红细胞计数	白细胞计数及其分类
血小板计数及分类	凝血酶原时间和活化部分凝血活酶时间

（3）血液化学指标：如表 10-6 所示。

表 10-6　长期毒性试验中一般需检测的血液生化学指标

血液生化学指标（缩写）			
天门冬氨酸转氨酶	（ALT）	丙氨酸转氨酶	（AST）
碱性磷酸酶	（ALP）	肌酸磷酸激酶	（CK）
尿素氮	（BUN）	肌酐	（CREST/Cr）
总蛋白	（TP）	白蛋白	（ALB）
血糖	（GLU）	总胆红素	（TB）
总胆固醇	（CHOLT/TC/T-CHO/CHOLT/CHOL）	三酰甘油	（Trig/TG）
γ-谷氨酰转移酶	（γ-GT）	钾离子浓度	（K）
氯离子浓度	（Cl）	钠离子浓度	（Na）

（4）体温、心电图检查、眼科检查、尿液检查：犬还应进行体温、心电图检查、眼科检查、尿液检查等。

心电图检查指标：Ⅱ导联心律、心率、PR 间期、QT 间期、QRS 波群、T 波等。

眼科检查指标：角膜是否浑浊。虹膜有无充血、肿胀。结膜有无充血、水肿及分泌物。瞳孔对光反射是否正常，必要时检查眼底血管是否正常。

尿液检查：如表 10-7 所示。

表 10-7 犬长期毒性试验中一般需检测的尿液常规检测指标

尿液外观	比重
pH	尿糖
尿蛋白	尿胆红素
尿胆原	酮体
潜血	白细胞

（5）系统尸解。

大体解剖：系统尸检应全面细致的解剖并记录。

脏器系数：称重并计算脏器指数。脏器指数（g/100g 体重）＝脏器重量（g）×100÷体重（g）。具体脏器、组织如表 10-8 所示。

表 10-8 长期毒性试验中需称重并计算脏器系数的器官

1 脑	7 肾上腺
2 心脏	8 胸腺
3 肝脏	9 睾丸
4 脾脏	10 附睾
5 肺脏	11 子宫
6 肾脏	12 卵巢

组织病理学检查：所有药物长期毒性均应进行给药部位及给药部位淋巴结的病理学检查。对照组、高剂量组及尸检异常时要详细检查。其他剂量组应取材保存，在高剂量组有异常时再进行检查。大鼠和犬长期毒性试验一般需进行病理组织学检查。中药、天然药物复方制剂有中医药理论的指导，对其毒性反应有一定的临床认识，天然药物复方制剂的组分也可能有一定的临床认识，如有合理的理由说明所申报的中药、天然药物复方制剂有一定的安全性，大鼠长期毒性试验所检查的脏器和组织可简化，如表 10-9 所示。此外，根据所含中药的性、味、功效、主治等不同情况，可能需增加相应的组织病理学检查；根据受试物特性和初步试验结果，也可能需要更进一步的组织病理学检查。

表 10-9 中药、天然药物复方制剂大鼠长毒需进行病理组织学检查的组织和器官

1 脑（大脑、小脑、脑干）	11 肾上腺
2 脊髓（颈、胸、腰段）	12 肺
3 垂体	13 心脏
4 胸腺	14 睾丸
5 胃	15 附睾
6 小肠和大肠	16 子宫
7 肝脏	17 卵巢
8 脾脏	18 膀胱
9 肾脏	19 骨髓
10 淋巴结（给药局部淋巴结、肠系膜淋巴）	

2. 观察时间　根据试验周期的长短和药物的特点确定检测时间和次数，原则上应尽早发现毒性反应，并反映出观测指标或参数的变化与给药时间的关系。

试验前，应观察动物的一般状况，非啮齿类动物还至少应进行 2 次体温、心电图、有关血液学和血液生化学指标的检测。

试验期间，应每天观察一次一般状况和症状，每周记录饲料消耗和体重一次。大鼠体重雌雄要分开进行计算。试验结束时应进行一次全面的检测，给药期限较长时，应进行中期阶段性的检测。

恢复期除不给受试物外，其他观察内容与给药期间相同。恢复期为 2~4 周，但应根据给药周期的长短和药物的具体情况而定。恢复期结束时进行一次各项指标的全面检测，以便了解药物毒性反应的可逆程度和可能出现的延迟毒性效应。

在试验期间，对濒死或死亡动物应及时检查并分析原因。

3. 不同时间点处理动物　不同时间点所处理的动物数应满足统计学处理的需要，同时，若有额外增加的检测指标，可以通过增加处理的动物数来保证获得足够的检测样本量。例如，对于大鼠 6 个月的长期毒性试验，给药 3 个月、恢复期处理的动物数为总动物数的 1/3~1/2，给药 6 个月时处理的动物数为总动物数的 1/2 左右。

三、结果分析与注意事项

1. 结果分析

（1）应重视对动物中毒或死亡原因的分析，注意观察毒性反应出现的时间和恢复的时间及动物的死亡时间，关注药物对体重、一般症状等的影响。

（2）分析长期毒性试验结果时，应正确理解均值数据和单个数据的意义。非啮齿类动物试验长期毒性研究中单个动物的试验数据往往具有重要的毒理学意义，其动物试验结果可与给药前数据、对照组数据和历史数据进行多重比较，文献数据参考价值有限。啮齿类动物试验中均值的意义通常大于单个动物数据的意义，历史数据和文献数据可以为结果的分析提供参考。组织病理学检查不仅要用文字描述，还要采用半定量方法进行组织形态学分级。

（3）计量资料，两组比较采用 t 检验；不同批次处理得到的数据，用方差分析法；用药前及用药后时段的数据，用变化值或变化率表示，用 t 检验分析。计数资料用 χ^2 检验。组织形态学分级采用秩和检验。具有统计学意义并不一定代表具有生物学意义。在判断生物学意义时应考虑与该实验室的历史数据相比较。

（4）在对长期毒性研究结果进行分析时，还应对异常数据进行合理的解释。给药组和对照组之间检测参数的差异可能来自于与受试物有关的毒性反应、动物对药物的适应性改变或正常的生理波动。

（5）在分析试验结果时，应关注参数变化的剂量-效应关系、组内动物的参数变化幅度和性别差异，同时综合考虑多项毒理学指标的检测结果，分析其中的关联性和作用机制，以正确判断药物的毒性反应。单个参数的变化往往并不足以判断化合物是否引起毒性反应，此时可能需要进一步进行相关的研究。判断对出现的毒性反应是否存在种属差异。

（6）结合其他安全性试验的毒性反应情况，判断毒性反应是否存在种属差异。结合非临床药效学试验结果和拟临床适应证，判断有效性与毒性反应的关系，判断药物对正常动物和模型动物的生理生化指标的改变是否相同或相似。对受试物引起的严重毒性反应，应尽可能查找产生毒性的原因，根据相关文献资料或试验资料，推测可能的毒性成分，提出是否需对处方工艺及处方中的某些药材或某些成分进行特别控制等。对于长期毒性试验结果的评价最终应落实到受试物的临床不良反应、临床毒性靶器官或靶组织、安全范围、临床需重点检测的指标，以及必要的临床监护或解救措施。

（7）试验结果应写明安全剂量、中毒剂量、中毒表现、靶器官及其可逆程度等，以全面评价药物的毒性。

2. 注意事项

（1）除一般症状观察外需对每周体重、耗食量进行统计分析。

（2）中药复方由于药味多，灌服容量较大，应注意由于灌服容量大而引起的非药物自身的毒性反应。

（3）药物剂量设计时，应注意尽可能地了解该受试药或类似药的信息，以便做好剂量设计。

四、方法学评价

（1）长期毒性试验是连续给药，其观察的指标除一般外在特征表现外，同时进行机体主要功能性指标的测定及病理组织学的检查，因此更加符合临床连续给药的特点，所提供的信息也比较全面和客观，是临床前毒性评价的重点内容。

（2）长期毒性试验一般要求选用两种种属动物、雌雄各半进行试验，可提供药物在动物种属和性别之间有否明显差异等特殊信息，为临床用药提供更多的参考。

（3）中药受试物一般为中试样品，应和药效、一般药理、急性毒性、药代动力学研究用药有相同的质量标准。如果由于给药容量或给药方法限制，可采用原料药进行试验。

（4）有些中药难以溶解，多数以混悬液形式给药，应注意对混悬液的均一性和稳定性进行考察。

实例 10-2　复方绞股蓝益智颗粒慢性毒性实验研究

【实验方法】大鼠 30 天喂养，选 SD 大鼠 80 只，雌雄各半，雄鼠体重（73.0±7.6）g，雌鼠体重（69.7±6.2）g。将动物随机分为 4 组，即阴性对照组和 3 个实验组，每组各 20 只，雌雄各半。3 个实验组剂量分别设为 3333mg/（kg·d）、5000mg/（kg·d）和 6667 mg/（kg·d），分别相当于人体推荐剂量的 50、75、100 倍。分别称取 100 g、150 g、200 g 送检样品，各加蒸馏水至 300 ml，混匀、配成 333.3g/L、500.0g/L 和 666.7 g/L 浓度溶液，按 10 ml/kg 的体积给相应剂量组动物灌胃。阴性对照组给予等体积的蒸馏水，每天灌胃一次，连续灌胃 30 天。实验期间所有动物给予普通饲料，单笼饲养，自由摄食饮水。每天观察动物的活动和生长情况，每周加食 2 次，记录给食量和剩食量，每周称一次体重，计算每周进食量和食物利用率。实验末期，禁食过夜，处死大鼠，采 2 份血样，一份血抗凝用血球计数仪检测 Hb、RBC、WBC 及其分类、PLT 等；另一份血不抗凝分离血清，用试剂盒和半自动生化分析仪检测血清谷草转氨酶（AST）、谷丙转氨酶（ALT）、尿素氮（BUN）、肌酐（Cr）、胆固醇（TC）、三酰甘油（TG）、血糖（Glu）、总蛋白（TP）、白蛋白（Alb）等项目。采血后解剖动物，进行大体观察，取肝脏、肾脏、脾脏和睾丸等脏器进行称重，计算脏/体比值，取肝脏、肾脏、脾脏、胃、十二指肠、睾丸和卵巢等脏器进行病理组织学检查。在对各剂量组动物做大体检查未发现明显病变和生化指标改变时，只进行高剂量组和对照组动物的主要脏器的组织病理学检查，如发现病变则对中、低剂量组相应器官及组织进行检查。

【实验结果】　结果见表 10-10 ～ 表 10-17。

表 10-10　30 天喂养实验对大鼠体重的影响　($\bar{x}\pm s$)

性别	剂量组	初重（g）	第 1 周（g）	第 2 周（g）	第 3 周（g）	第 4 周 *（g）
雄	高剂量	72.9±9.4	118.6±13.8	160.2±19.4	199.8±25.1	237.8±28.9
	中剂量	72.7±7.8	118.0±12.2	159.3±18.8	197.8±26.0	237.0±34.2
	低剂量	73.3±6.8	119.3±13.8	160.9±21.5	201.7±30.8	238.7±36.8
	对照组	73.2±7.3	119.8±12.8	161.6±19.1	200.9±25.4	238.2±29.4
雌	高剂量	69.2±7.4	103.9±11.0	134.2±14.6	162.2±18.0	185.2±20.8
	中剂量	70.4±6.6	104.5±9.3	134.0±12.2	161.3±15.1	183.4±16.9
	低剂量	69.0±4.0	103.6±6.5	133.7±9.6	161.6±12.9	185.0±14.4
	对照组	70.0±6.9	103.7±12.2	132.9±17.2	160.0±22.1	182.3±26.6

* 第 4 周的天数为 9 天。表中各剂量组与阴性对照组比较，差异均无统计学意义（$P>0.05$）

表 10-11　30 天喂养实验对大鼠总食物利用率的影响　($\bar{x}\pm s$)

性别	剂量组	动物数（只）	总增重（g）	总进食量（g）	总食物利用率（%）
雄	高剂量	10	164.9±26.7	534.1±71.3	30.9±3.6
	中剂量	10	164.3±32.9	528.1±68.0	31.0±3.9
	低剂量	10	165.4±33.6	538.8±56.6	30.5±4.4
	对照组	10	165.0±25.7	543.5±69.7	30.4±2.4
雌	高剂量	10	116.0±16.2	442.9±47.7	26.2±2.3
	中剂量	10	113.0±14.7	437.9±46.3	25.9±2.7
	低剂量	10	116.0±14.8	440.1±32.1	26.5±3.7
	对照组	10	112.3±21.0	433.4±52.2	25.8±2.3

注：表中各剂量组与阴性对照组比较，差异均无统计学意义（$P>0.05$）

表 10-12　30 天喂养实验后大鼠血常规指标检查结果　($\bar{x}\pm s$)

性别	剂量组	动物数（只）	血细胞（g/L）	红细胞（10^{12}/L）	血小板（10^9/L）
雄	高剂量	10	142.6±7.1	7.25±0.29	714.3±109.2
	中剂量	10	142.0±9.8	7.57±0.39	741.8±131.4
	低剂量	10	140.2±8.1	7.21±0.48	728.2±131.3
	对照组	10	143.4±6.7	7.53±0.37	729.2±136.0
雌	高剂量	10	146.0±11.1	7.45±0.52	747.2±104.9
	中剂量	10	147.2±8.4	7.45±0.39	727.8±126.6
	低剂量	10	145.8±8.2	7.41±0.40	744.2±95.5
	对照组	10	142.8±7.7	7.43±0.56	726.2±116.0

注：表中各剂量组与阴性对照组比较，差异均无统计学意义（$P>0.05$）

表 10-13 30 天喂养实验后大鼠血常规指标检查结果 ($\bar{x}\pm s$)

性别	剂量组	动物数（只）	白细胞（10^9/L）	LYM（%）	GRAN（%）	MID（%）
雄	高剂量	10	10.5±3.1	73.8±4.5	21.1±4.5	5.1±1.4
	中剂量	10	10.8±2.5	74.2±4.5	20.5±3.6	5.4±1.6
	低剂量	10	10.6±3.6	73.0±6.5	22.0±7.1	5.0±1.4
	对照组	10	10.6±3.0	75.2±4.5	19.6±4.4	5.2±1.0
雌	高剂量	10	10.5±1.9	74.9±3.8	20.1±4.2	5.0±1.1
	中剂量	10	10.6±2.1	75.1±4.1	19.8±4.0	5.0±1.2
	低剂量	10	10.8±3.1	73.1±6.7	21.3±5.5	5.6±1.3
	对照组	10	10.4±2.4	75.2±4.4	19.5±4.0	5.3±1.4

注：表中各剂量组与阴性对照组比较，差异均无统计学意义（$P>0.05$）

表 10-14 30 天喂养实验大鼠血液生化指标检查结果 ($\bar{x}\pm s$)

性别	剂量组	动物数（只）	谷草转氨酶（μ/L）	谷丙转氨酶（μ/L）	尿素氮（mmol/L）	肌酐（μmol/L）
雄	高剂量	10	98.8±7.2	56.7±9.5	6.53±0.86	53.0±8.8
	中剂量	10	105.9±11.4	53.6±8.6	6.42±1.07	52.5±12.1
	低剂量	10	103.8±7.9	57.5±8.6	6.68±1.05	54.8±11.3
	对照组	10	99.5±14.5	56.0±9.8	6.27±0.87	54.0±6.7
雌	高剂量	10	105.9±12.3	57.9±8.6	6.49±0.93	54.7±9.5
	中剂量	10	97.6±7.9	53.5±7.7	6.68±0.93	51.9±7.0
	低剂量	10	104.3±14.4	53.1±8.9	6.32±0.82	53.3±8.2
	对照组	10	105.8±17.3	57.3±9.3	6.63±1.15	53.9±4.6

注：表中各剂量组与阴性对照组比较，差异均无统计学意义（$P>0.05$）

表 10-15 30 天喂养实验后大鼠血液生化指标检查结果 ($\bar{x}\pm s$)

性别	剂量组	胆固醇（mmol/L）	三酰甘油（mmol/L）	总蛋白（g/L）	白蛋白（g/L）	血糖（mmol/L）
雄	高剂量	1.98±0.55	0.76±0.21	73.1±10.5	34.7±4.1	5.21±0.47
	中剂量	1.84±0.43	0.74±0.30	74.8±10.2	33.9±6.3	5.20±0.46
	低剂量	2.01±0.32	0.67±0.23	74.4±10.7	36.7±5.5	5.18±0.46
	对照组	1.94±0.57	0.77±0.30	73.8±10.3	34.6±4.0	5.21±0.47
雌	高剂量	1.94±0.40	0.78±0.25	75.0±9.2	35.2±4.9	5.23±0.36
	中剂量	1.91±0.52	0.75±0.24	74.8±12.0	33.7±6.7	5.36±0.49
	低剂量	1.98±0.40	0.66±0.19	74.4±8.8	34.3±4.4	5.63±0.74
	对照组	1.97±0.54	0.74±0.20	73.6±7.7	33.8±2.7	5.32±0.58

注：表中各剂量组与阴性对照组比较，差异均无统计学意义（$P>0.05$）

表 10-16　　30 天喂养实验对大鼠脏器重量的影响　($\bar{x}\pm s$)

性别	剂量组	肝脏（g）	肾脏（g）	脾脏（g）	睾丸（g）
雄	高剂量	7.667±1.022	1.770±0.179	0.894±0.247	2.631±0.240
	中剂量	7.603±0.948	1.754±0.206	0.883±0.284	2.601±0.270
	低剂量	7.593±1.470	1.794±0.294	0.879±0.301	2.678±0.325
	对照组	7.654±0.927	1.766±0.386	0.864±0.315	2.547±0.181
雌	高剂量	5.927±0.727	1.394±0.145	0.651±0.146	—
	中剂量	5.871±0.546	1.359±0.144	0.657±0.064	—
	低剂量	5.897±0.662	1.389±0.144	0.631±0.101	—
	对照组	5.859±0.968	1.354±0.162	0.645±0.285	—

注：表中各剂量组与阴性对照组比较，差异均无统计学意义（$P>0.05$）

表 10-17　　30 天喂养实验对大鼠脏器/体重比值的影响　($\bar{x}\pm s$)

性别	剂量组	肝脏（%）	肾脏（%）	脾脏（%）	睾丸（%）
雄	高剂量	3.238±0.349	0.749±0.073	0.375±0.088	1.119±0.151
	中剂量	3.225±0.242	0.745±0.060	0.377±0.129	1.113±0.161
	低剂量	3.213±0.540	0.759±0.112	0.375±0.136	1.145±0.211
	对照组	3.223±0.244	0.743±0.151	0.362±0.125	1.077±0.083
雌	高剂量	3.207±0.264	0.759±0.102	0.353±0.078	—
	中剂量	3.220±0.384	0.746±0.101	0.362±0.057	—
	低剂量	3.199±0.387	0.757±0.114	0.341±0.047	—
	对照组	3.218±0.298	0.748±0.068	0.346±0.116	—

注：表中各剂量组与阴性对照组比较，差异均无统计学意义（$P>0.05$）

【实验结论】　给大鼠连续灌胃 30 天，实验期间各组动物饮食、排泄、活动均正常，未观察到中毒表现。CJG 各剂量组动物体重、增重、食物利用率、血液学和血液生化学指标值与空白对照组比较差异无统计学意义（$P>0.05$）。CJG 各剂量组的肝、脾、肾、睾丸等脏器的脏/体比值与空白对照组比较，差异均无统计学意义（$P>0.05$）。主要脏器在外观形态和组织学上均未发现有病理变化。CJG 对动物的造血功能、肝肾功能、器官组织均无明显毒性，对大鼠的生长发育无不良影响。该毒理学研究为 CJG 的安全性评价提供了科学依据，为其进一步开发应用奠定了基础。

第四节　特殊毒性试验

一、遗传毒性试验

遗传是指生物物种通过各种繁殖方式来保证世代间生命延续的过程，在这个过程中亲代通过遗传物质的传递，使子代获得亲代的特征。遗传的稳定是相对的，可能由于遗传物质在自我复制过程中的偶然失误，或者个体发育与生存受到复杂变化的内外环境条件的影响，造成亲代子代间或者子代与子代间出现不同程度的差异，这种差异称为变异。

遗传毒性是指受试物对基因组的损害能力，包括对基因组的毒作用引起的致突变性及其他各种不良反应。致突变性是指受试物引起遗传物质发生改变的能力，包括基因突变和染色体畸变，这种改变可随细胞分裂过程而传递。由此可见，遗传毒性比致突变性有更广泛的检测终点和检测方法。遗传毒性包含了致突变性。

研究物质的致突变性、致突变机制及对健康危害的科学称为遗传毒理学。在药物开发的过程中，遗传毒性属于特殊毒性，其试验的目的是通过一系列试验来预试受试物是否有遗传毒性，在降低临床试验受试者和药品上市后使用人群的用药风险方面发挥重要作用。

遗传毒性试验包括用于检测通过不同机制直接或间接诱导遗传学损伤的化合物的体外和体内试验，这些试验能检出 DNA 损伤及其损伤的固定。以基因突变、较大范围染色体损伤、重组和染色体数目改变形式出现的 DNA 损伤的固定，一般认为是遗传效应的基础，且是恶性变阶段过程的环节之一（这种遗传学改变仅仅在复杂的恶性变过程中起了部分作用）。在检测此类损伤的试验中呈阳性的化合物为潜在致癌剂和（或）致突变机制，即可诱导癌和（或）遗传缺陷性疾病。因为在人体上已建立了特殊化合物的暴露和致癌性之间的关系，而对于遗传性疾病难以证明类似的关系，因此遗传毒性试验主要用于致癌性预测。

二、生殖毒性试验

生殖毒性（reproductive toxicity）是指外来物质对雌性和雄性生殖系统，包括排卵、生精，从生殖细胞分化到整个细胞发育，也包括对胚胎细胞发育所致的损害，往往引起生理功能和结构的变化，影响繁殖能力，甚至累及后代。其主要表现为生殖能力下降、不孕不育、胚胎死亡、畸形、遗传疾病发生等。因此，生殖毒性研究的目的是通过动物试验反映受试药物对哺乳动物生殖功能和发育过程的影响，预测其可能产生的对生殖细胞、受孕、妊娠、分娩、哺乳等亲代生殖机能的不良影响，以及对子代胚胎-胎儿发育、出生后发育的不良影响。所以，准确地说，生殖毒性研究也包括了发育毒性的内容，一般将两者放在一起研究和讨论，称为发育和生殖毒性。

目前，对药物发育和生殖毒性进行安全性评价时，主要是以整体动物试验为主。体外研究方法主要用于生殖和发育毒性机制的研究。

（一）整体动物试验

为发现药物的发育和生殖毒性，实验过程应包括一个完整的生命周期，即从某一代动物受孕到其下一代动物受孕间的时间周期。一个完整的生命周期可以分为以下几个阶段。

（1）从交配前到受孕（成年雌性和雄性生殖功能、配子的发育和成熟、交配行为、受精）。

（2）从受孕到着床（成年雌性生殖功能、着床前发育、着床）。

（3）从着床到硬腭闭合（成年雌性生殖功能、胚胎发育、主要器官形成）。

（4）从硬腭闭合到妊娠终止（成年雌性生殖功能、胎仔发育和生长、器官发育和生长）。

（5）从出生到离乳（成年雌性生殖功能、幼仔对宫外生活的适应性、离乳前发育和生长）。

（6）从离乳到性成熟（离乳后发育和生长、独立生活的适应能力、达到性成熟的情况）。

目前国内外通常采用三段生殖毒性试验检测药物的发育和生殖毒性。

1. 一般生殖毒性试验　即生育力和早期胚胎发育毒性试验。

2. 致畸敏感期生殖毒性试验　即胚胎-胎仔发育毒性试验。

3. 围生期生殖毒性试验　即围生期发育（包括母体功能）毒性试验。

但在进行药物发育和毒性试验研究时，根据药物的具体情况，还有一些其他的试验设计方案，如一代或多代生殖毒性试验、幼年动物的发育毒性评价等。

（二）体外培养

在上述整体动物试验的基础上，为了进一步探讨中药的生殖发育毒性机制和寻找快速、简便、经济的生殖发育毒性检测方法，可以进行体外培养研究，如全胚胎培养、组织培养、细胞培养及其他一些组织或细胞的培养。

1. 全胚胎培养　主要是应用啮齿类动物全胚胎培养方法，一般取 9.5 日龄大鼠全胚胎，剥去 Reichert 膜，在培养液中加入受试物，在孵箱中通气旋转培养，观察心脏搏动和卵黄囊循环、尿囊和绒毛膜融合、眼囊和耳囊、前肢牙和三个腮弓、前后神经管闭合及体节数目等胚胎发育情况，记录胚胎存活情况（以心跳和血液循环是否存在作为胚胎存活的指标）。根据 brown 评分对器官形态分化作出评价。

2. 组织培养　可以兼顾药物通过代谢后对生殖系统的作用，以及研究激素的作用、激素与毒物之间的作用、生殖细胞之间的功能协调等机制，如培养睾丸组织和胚胎器官。以肢牙为例，取小鼠胚胎，在体式显微镜下取下前肢，置于含受试物的培养液中，连续通气浸没旋转培养 3 日，固定、染色，制作肢体压片，检查肢体中软骨原基的发育与分化。

3. 细胞培养　包括胚胎细胞、卵巢细胞培养和雄性生殖细胞、支持细胞及间质细胞的单独培养和混合培养。以胚胎细胞微团培养为例，从 11 日龄大鼠胚胎中取得原代中脑细胞微团、肢牙区或其他区细胞微团，置于含有不同浓度受试物的培养液中，培养 5 日，用中性红染色判断细胞存活，用苏木精染色判断 CNS 分化数量，用阿利新蓝染色判断肢牙软骨细胞的分化数量。此外，小鼠胚胎干细胞试验也常用于哺乳动物细胞分化、组织形成过程的发育毒性研究。

4. 其他培养　水螅匀浆、分离细胞可以发育成完整的成体水螅，在细胞毒化学物存在时，可以产生罕见的无组织结构。水螅再生成一个完整的成体期间，经过一个有序的个体发育顺序，包括细胞迁移、分化、感应等。

除此之外，由于生殖过程与生殖内分泌的精确调控密切相关，可通过内分泌细胞的培养了解中药对生殖的间接影响，如下丘脑组织体外孵育和腺垂体组织块培养或腺垂体细胞培养研究中药对下丘脑、腺垂体的内分泌功能的影响。

三、致癌性试验

致癌试验是指通过给药使动物或细胞在正常生命期的大部分时间内反复接触不同剂量/浓度的受试物，观察受试物对实验动物的致癌作用。考察药物对动物的潜在致癌作用，评估其对人的相对危险性，为人体长期接触该物质是否引起肿瘤提供资料。

　　致癌试验受试物应采用制备工艺稳定、符合临床试验用质量标准规定的中试或中试以上规模的样品。如因给药容量或给药方法限制，可采用提取物（如浸膏、有效部位等）进行试验。但在离体实验中，对中药复方一般不主张直接采用水煎液得浸膏。试验采用的对照品应是相应的溶媒和（或）辅料。

　　致癌试验除了选用实验动物之外，还可以选用相关的细胞系（株）。

四、依赖性试验

　　药物依赖性是指药物长期与机体相互作用，使机体在生理机能、生化过程和（或）形态学发生特异性代偿性适应改变的特性，停止用药可导致机体的不适和（或）心理上的渴求。

　　依赖性可分为躯体依赖性和精神依赖性两种。躯体依赖性主要是中枢神经系统对长期使用依赖性药物所产生的一种适应状态，包括耐受性增加和停药后的戒断症状，中断或减量用药后，身体出现诸如流涎、呕吐、腹泻、扩瞳、呼吸困难、情绪异常、疼痛等戒断症状。精神依赖性是指药物对中枢神经系统作用所产生的一种特殊的精神效应，表现为机体对药物的强烈渴求和强迫性觅药行为。

　　需要进行依赖性实验的受试物主要为：①与已知具有潜在依赖性化合物结构相似的新的化合物或代谢物中有依赖性成分；②具有特定中枢神经系统作用，如可产生明显的镇痛、精神兴奋或抑制的药物，包括直接或间接作用于中枢阿片受体、大麻受体、5-羟色胺受体、胆碱受体、多巴胺受体、γ-氨基丁酸受体等药物；③复方中含有已知较强依赖性成分的药物及临床研究或临床应用中发现有依赖性倾向的药物等。

　　依赖性试验目的是为临床提供药物的依赖性倾向信息，获得的非临床试验数据，有利于指导临床研究，防止滥用。

第十一章　中药新药临床研究

新药研究的内容包括两大部分：新药临床前试验研究和新药临床试验研究。新药临床前试验研究的内容有制剂工艺（中药制剂包括原药材的产地、来源、加工规则）、药物的理化性质、原料药的纯度、原料药及制剂的检验方法、制剂处方的筛选、剂型、稳定性、质量标准、药理、毒理及动物药代动力学等研究。而新药临床试验研究是在完成了上述国家规定的临床前研究后，并被批准以人为研究对象（患者或健康人），在严格监控条件下，科学地考察和评价新药对特定目标疾病的治疗和预防作用。同时对其有效性和安全性做出科学的评价。新药临床试验研究与临床前研究和上市后再评价的工作一起组成了新药研究开发的全过程。

新药的临床研究十分重要。一方面新药药效的评价，因试验的动物不同有所差异；在动物身上的反应和在人体上的反应有所不同。另一方面，在动物和人体上的毒性反应亦有所不同。Zbindin G 将药物的不良反应分成 16 大类。他做了一个统计，发现在一般动力毒性试验能出现阳性反应的只有 5 类；在广大指标的毒性试验时出现阳性反应的有 9 类；在小范围的人体耐受试验时出现的只有 3 类；在较大范围的内的人体疗效试验时出现的有 6 类；在大范围人体临床试验时出现的有 11 类；而到市场销售时则几乎全部不良反应都陆续出现。说明动物实验只能发现 1/3~2/3 的人体不良反应。他还总结了 77 种药物、11 115 例患者的 41 种最常见的不良反应，发现只有 19 种不良反应在动物身上能出现，22 种都不能出现。那些反映不出来的不良反应有嗜睡、恶心、头昏、神经过敏、上腹不适、头痛、软弱、失眠、疲乏、耳鸣、胃灼热、皮疹、皮炎、忧郁、强壮感、眩晕、夜尿、腹胀、胃肠气胀、僵硬、迷糊、荨麻疹。而有时候，动物还会出现假阳性。

新药临床试验研究资料是评估该药是否有效、安全、经济的科学依据，也是确定开发成新药成功的决定性因素。可以说，一个新药的确定，最终还是需要依靠人体试验，所以，临床试验必须更为慎重，防止严重毒副作用发生，也要防止生产无效甚至有害的药品。

第一节　临床试验设计的原则和要求

由于临床试验涉及的对象是人，不可避免地涉及社会、心理、伦理和可行性等复杂问题。只有推行规范化的临床试验，才能保证研究工作的客观、科学和高效。规范化的临床试验，其核心问题是既要考虑到以人为对象的特殊性与复杂性，又要保证试验研究的科学性。只有这样得到的试验结果才能免受若干已知和未知的混杂因素干扰，得出的结论才更真实可靠，能够经得起临床实践的检验。

一、临床试验设计的基本原则

临床试验设计时必须遵循对照、随机和盲法的原则，这些原则是减少临床试验中出现偏倚的基本保障。

1. 对照　为了评价一个试验药物的疗效和安全性，必须设立可供比较的对照。设立对照的主要目的是判断受试者治疗前后的变化（如体征、症状、检测指标的改变及死亡、复发、不良反应等）是由试验药物，而不是其他因素（如病情的自然发展过程或者受试者机体内环境的变化）引起的，常用的对照有安慰剂对照、阳性药对照、剂量对照等。

2. 随机　随机是指参加临床试验的每一个受试者都有相同机会进入试验组和对照组。随机化有利于避免选择性偏倚，使得受试者进入试验组或对照组是随机的，从而使得各种影响疗效评价的因素（已知的或未知），在不同治疗组中间的分布相似，保证了不同治疗组间的受试对象的可比性。随机化是统计分析应用的根本前提。

3. 盲法　由于受到研究者和受试者主观因素的影响，在设计、资料收集或数据分析阶段容易出现各种信息偏倚。随机化方法可在很大程度上消除选择偏倚，但要消除观察偏倚就要运用盲法原则。亦即临床试验中使一方或者多方不知道受试者治疗分配的程序，可分为单盲法和双盲法。单盲一般指受试者不知道，双盲一般指受试者、研究者、监查员以及数据分析人员均不知道治疗分配。

二、临床试验设计的要求

临床试验方案（protocol）是临床试验的主要文件，由申办者（sponsor）和研究者（principal investigator, PI）共同讨论制订。内容包括试验背景、试验药品介绍、开展该项临床试验研究的理论基础、研究目的、试验设计、研究方法（包括统计学考虑）、试验组织、执行和完成的条件、试验进度及总结要求。方案必须由参加临床试验的主要研究者、其所在单位及申办者签章并注明日期。

临床试验方案的制订必须符合 GCP 要求和我国药品监督管理当局有关法规的规定并符合专业与统计学设计要求，以确保受试者的权益和确保临床试验的科学性。

临床试验方案实施前需报送医学伦理委员会审查批准。医学伦理委员会审核的重点是安全性和保护受试者权益等有关内容，但方案设计如不符合科学性要求也同样可危害到受试者的利益与安全，例如，处方中含有雷公藤类药物的新药制剂，在临床试验设计时如果对其安全性考虑不全面，对需要观察的指标未做观察或者是观察过于简单，伦理委员会完全可以方案设计不符合科学原则使受试者安全性得不到保障而不予通过。因此，临床试验方案的设计既要符合伦理道德，也要科学合理；既要达到安全性评价要求，也要满足有效性评价的需要。

临床试验方案中对有效性、安全性评价的标准及观察的指标和判定异常的规定等设计都必须十分明确而具体。只有这样，才能使所有参加试验的临床单位之间的结果与组间误差不至于大到具有统计学显著意义。临床试验方案一旦批准确定下来，研究者就需严格按照方案设计要求进行临床试验。

第二节　新药临床试验的分期

中药新药的临床研究包括临床试验和生物等效性试验，临床试验分为Ⅰ、Ⅱ、Ⅲ、Ⅳ期，临床研究须符合我国《药品临床试验管理规范》（GCP）的有关规定。

将新药临床试验分为不同期别，是为了在保障受试者安全性的前提下，有目的地通过恰当的临床试验逐步深入、全面地认识药物在体内的过程及对于人体生理、病理的影响，以便对药物的作用、适应证范围、安全性、有效性及使用方法做出评价。临床研究的分期并不是固定的开发顺序。如Ⅱ期临床试验也可以开始进行有统计假设检验的确证性试验，Ⅲ期确证性试验期间也可进行探索性研究，如剂量研究等。

研究者需根据立题目的和依据拟定的临床定位，制订临床研究计划并有序地开展临床试验，各期临床试验之间应进行合理衔接和有效地推进，依据前期研究获得信息来设计好后续的临床试验，并根据不同阶段的临床试验研究结果不断地进行风险/效益评估，尽可能在早期发现药物的临床价值，淘汰无效或毒性太大的药物。

一、Ⅰ期临床试验

这期临床试验主要目的是研究人体对中药新药的耐受程度和反应性，包括不良反应、毒性反应、过敏反应等，提出新药安全有效的给药方案和注意事项。

（一）目的

观察人体对新药的耐受程度和药代动力学研究，探索药物最大耐受剂量以及药物吸收、分布、代谢和排泄的规律，为制定接下来的Ⅱ、Ⅲ期临床试验设计和给药方案提供依据。

（二）试验设计

试验方案由申办者和研究者共同商定。必须由有经验的合格的医师及相关学科的专业技术人员根据中医药理论，结合临床实际进行设计。

1. 临床研究单位　国家食品药品监督管理总局确定的具有Ⅰ期临床试验条件的药品临床研究基地。

2. 受试对象　选择健康志愿者，特殊病证可选择志愿轻型患者。年龄一般以18~50岁为宜；性别以男女各半为宜；健康状况必须经过健康检查，除一般体格检查外，并经血、尿、粪便常规化验和心、肝、肾功能检查，均属正常者。并注意排除有药物、食物过敏史者及可能影响试验和试验对象健康的隐性传染病等。妇女妊娠期、哺乳期、月经期，及嗜烟、嗜酒者亦应除外。受试例数一般为20~50例。

3. 剂量　选择剂量确定应当慎重，以保证受试者安全为原则。应当充分考虑结合中医药特点，将临床习惯用量或临床常用剂量作为主要依据，亦可参考动物试验剂量，制订出预测剂量，然后用其1/5量作为初试剂量；对于动物有毒性反应或注射剂的剂量，可取预测量的1/10~1/5作为初试剂量。试验应事先规定最大剂量，可参照临床应用该类药物单次最大剂量设定。从初试起始量至最大量之间视药物安全范围大小，根据需要确定几个剂量级别，试验从低剂量至高剂量逐个剂量依次进行。如在剂量递增过程中出现了某些不良反应，虽未达到规定的最大剂量，应终止试验。在达到最大剂量时，虽无不良反应亦应终止试验。一个受试者只能接受一个剂量的试验，不得在同一受试对象身上进行剂量递增与累积耐受性试验，以确保受试者安全。

4. 给药方案　首先进行单次给药安全性考察，是否需要多次给药及给药次数应依据该药特性、疗程等因素确定。

（三）不良反应的判断与处理

确定不良事件与药物是否存在因果关系，可从以下三方面进行分析：①用药与出现不良事件的时间关系及是否具有量效关系；②停药后不良事件是否有所缓解；③在严密观察并确保安全的情况下，重复试验时不良事件是否再次出现。

对于试验中出现的不良事件应认真分析，仔细鉴别，必要时做相应的保护处理。在用药期间出现的任何异常症状、体征、实验室检查结果或其他特殊检查结果都应随访至恢复正常为止。

（四）观察和记录

按照试验计划，给药后必须仔细观察每次效应和必要的检测指标，并详细记录。对于自觉症状的描述应当客观，切勿诱导和暗示。对所定各项检测指标要定期复查，并采取与试验前等同条件下复查，若发现异常，应认真分析，仔细鉴别。如果属试验新药所致，应立即中断试验，并采取相应的保护措施。凡在毒理研究中若发现对某器官有较明显的毒性时，在此期应对有关器官的功能做相应的化验检查，并认真做好记录。

（五）试验总结

根据试验结果，应客观而详细地进行总结，并对试验数据进行统计学处理，并写出正式书面报告。据此，提出Ⅱ期临床试验给药方案的建议。

实例 11-1　青银注射液Ⅰ期临床耐受性试验

青银注射液由青蒿和金银花按一定比例组成，是南京金陵制药厂申办的中药 6.2 类新药。该研究旨在观察健康受试者对青银注射液的耐受性，对其用于人体的安全性进行评价，确定人体安全的给药剂量范围，为制订Ⅱ期临床试验给药方案提供依据。

1. 受试者选择

（1）纳入标准：健康志愿者；男女各半；年龄 18～50 岁；体质量：标准体质量±10%。标准体质量（kg）＝［身高（cm）－80］×0.7；个人嗜好：不吸烟、不嗜酒；体格检查、血尿常规、便常规+隐血、肝肾功能、心电图、乙肝表面抗原、胸部 X 线、B 超肝胆脾胰等项检查均在正常范围。知情同意，志愿受试。获得知情同意书过程符合 GCP 规定。

（2）排除标准：4 周内参加过其他药物临床试验；3 个月内用过已知对人体脏器有损害的药物；正在应用其他预防和治疗药物；有重要的原发疾病；试验前体内有过重病；怀疑或确有乙醇、药物滥用史；过敏体质，如有对 1 种药物或食物过敏史者，或已知对该药组分有过敏者；妊娠期、哺乳期妇女；法律规定的残疾患者（盲、聋、哑、智力障碍、精神障碍、肢体残疾）；根据研究者判断，具有降低入组可能性（如体弱等）或使入组复杂化的其他病变。

（3）终止试验标准：在剂量递增过程中出现了严重不良反应，影响正常工作、学习和生活，或出现变态反应；半数受试者出现轻度不良反应；达到试验设计的最大剂量时，虽未出现不良反应，亦应中止试验。

（4）受试者退出标准：受试者依从性差，不能按时按量用药；使用其他影响耐受性判断的药物或食物；受试者不愿意继续进行临床试验，向主管医生提出退出者。

（5）受试者剔除标准：受试者选择不符合纳入标准，符合排除标准；未曾使用试验用药；在入组之后没有任何数据。

2. 给药方法 静脉滴注，每天 1 次，连续 7 天。配制方法：青银注射液用 5% 葡萄糖注射液配制，禁用生理盐水配制。滴注浓度：青银注射液 10~30 ml 加入 5% 葡萄糖注射液 250ml 中滴注；青银注射液 40~60 ml 加入 5% 葡萄糖注射液 500 ml 中滴注。滴注速度：初始滴速为 1 ml/min 左右，观察 15 min 后，逐渐增加滴速，至耐受，并记录滴速。

3. 单次给药耐受性试验 主要目的是观察青银注射液单次给药对人体的耐受性和安全性，确定青银注射液对健康人体的最大耐受量（MTD），为连续给药研究提供安全有效的剂量范围。

初试剂量的确定：参照青银注射液临床前药效学、毒理学及药动学试验数据，该品的初试剂量采用改良 Blach well 法计算，即算出 2 种动物（啮齿类与非啮齿类动物各 1 种）LD_{50} 的 1/600 及亚毒性剂量的 1/60 的剂量，从该 4 种剂量中选择最小剂量作为该试验的初试剂量，结合可操作性，初始剂量确定为 30 g 生药/d，相当于注射液 10 ml。最大剂量定为 180 g 生药/（d·人），相当于注射液 60 ml。

剂量递增方案：参照改良 Fibonacci 法递增，即初试剂量为 D，其后按顺序递增的剂量比例（%）为 +100、+50、+33、+25、+20 共 6 个剂量组。初试剂量组 4 人，其余各组 6 人，均男女各半。剂量递增的原则：试验从低剂量开始，上一剂量组 1/2 受试者（1/2，2/4，3/6）未出现不良反应方可进行下一剂量组的试验，不能同时进行 2 个剂量组的试验。试验达到最大剂量仍无不良反应时，试验即可结束。若剂量递增到出现终止试验标准时，虽未达到最大剂量，也应结束试验。每个受试者只接受一个相应的剂量，不得再次使用其他剂量。

4. 累积性（多次给药）耐受性试验 主要目的是观察青银注射液在不同剂量下连续给药对人体的安全性以及初步的临床有效剂量，为 II 期临床试验研究提供安全的剂量范围。

分组：将合格受试者随机分成 2 个剂量组，各 6 例，男女各半。

给药剂量及疗程：根据单次给药耐受性试验，确定次最大耐受量进行累积性耐受性试验。如试验中出现明显的不良反应，则再下降 1 个剂量进行另一组试验；如试验中未见明显的不良反应，则上升 1 个剂量（即用最大耐受量）进行一组试验。

5. 观察项目

（1）人口学资料：性别、年龄、身高、体重、职业。

（2）一般情况：观察试验前和试验后不同时间点的体温、心率、心律、呼吸、血压。

（3）体格检查：试验前后做全面体格检查。

（4）理化检查：观察试验前后不同时间血液学检查、尿常规、便常规及隐血试验、肝肾功能，肝、胆、脾、胰 B 超，心电图；筛选指标（仅给药前做）：乙肝表面抗原、胸部 X 线；色素尿鉴别指标：尿红细胞形态检查；心电监护。如果出现不良反应，增加相应的观察指标。

（5）不良反应观察指标：注重观察局部刺激症状、变态反应、色素尿、肝功能指标、血小板计数，女性受试者应观察对月经的影响。设计耐受性反应观察表：不适主诉（皮肤瘙痒、出汗、头痛、头晕、鼻衄、鼻塞、牙龈出血、流涎、烦躁等）、用药局部反应（疼痛、红肿）、体征（一般情况、巩膜、皮疹、皮下出血、发绀）、色素尿。

6. 评价标准　按照《药物临床试验质量管理规范》进行评价。

（1）安全性评价标准，1级：安全，无任何不良反应；2级：比较安全，如有不良反应，不需做任何处理可继续给药；3级：有安全性问题，有中等程度的不良反应，做处理后可继续给药；4级：因不良反应中止试验。

（2）不良事件轻重程度判断标准，轻度：受试者可忍受，不影响治疗，不需要特别处理，对受试者康复无影响；中度：受试者难以忍受，需要撤药中止试验或做特殊处理，对受试者康复有直接影响；重度：危及受试者生命，致死或致残，需立即撤药或做紧急处理。

7. 单次给药耐受性试验结果　选择符合入选标准的健康受试者34例进入试验：男17例，女17例，试验期间无退出和剔除受试者。各组性别相当，年龄、身高、体质量等相近，无严重的既往病史和药物过敏史。各组体温、静息心率、呼吸、血压符合试验方案规定的入选受试者标准。研究中出现6例单次给药受试者不良事件报告，主要表现为血APTT延长、血常规GRA降低等。①凝血时间延长：主要表现为血APTT延长。全组病例中有5例，其中50 ml剂量组2例，与试验药物的关系判断为可疑；60 ml剂量组3例，与试验药物的关系判断为可能。5例程度均为轻度，安全性评为2级，第2天复查结果正常。②1例血常规异常：主要表现为血GRA降低，程度为轻度，安全性评价为2级，第2天复查结果正常，与试验药物的关系判断为可疑。③对体温的影响：给药前、后体温无明显变化。④其他情况：12号受试者给药后第4天起，感觉鼻中有"药味"，直至用药结束后160 min消失。

8. 累积性耐受性试验结果　选择符合入选标准的健康受试者12例进入试验，男女各6例。研究中共有8例受试者发生不良事件，总共19例次。主要表现为血常规、肝功异常和腹痛、食欲减退等。①血常规异常：1例出现血WBC下降、血GRA升高，程度为轻度，与试验用药的关系为可疑。②肝功能异常：1例出现血ALT升高，程度为轻度，15天后复查正常，与试验药物的关系为可能。③凝血时间延长：主要表现为血APTT延长，程度为轻度，1个月后复查正常，与试验药物的关系为可能。④疼痛：50 ml剂量组出现5例次疼痛现象，其中腹痛3例次、前额隐痛2例次。与试验用药的关系：4例可疑，1例肯定。⑤胃肠道反应：主要表现为恶心、食欲减退，50 ml剂量组出现2例次，与试验药物关系可疑。⑥其他情况：3例鼻塞，其中1例可疑，2例肯定；头昏、心悸、牙龈出血各1例，与试验用药的关系均为可疑。5例静脉给药后50min口中或鼻中有"药味"，直至用药结束后5~10 min消失。⑦多次给药受试者试验第1~7天体温变化无显著性差异。

二、Ⅱ期临床试验

该期是对中药新药临床评价的关键阶段。既要严格设计，又要充分体现中医药学的特点。要从中医药的理论和临床实际疗效出发。按照我国的医疗现状，在中药新药研制的过程中经常采用辨"证"论治和辨"病"论治两种方法。前者是以"证候"为研究对象，后者则是根据现代医学诊断的"病"种为研究对象。在这阶段里，主要是对该新药的疗效和安全性做出确切的评价。

Ⅱ期临床试验又称对照治疗试验，在有对照组的条件下，详细考察该新药对病、证的疗效、适应证和不良反应。

（一）目的

对新药有效性及安全性做出初步评价，推荐Ⅲ期临床用药剂量。

（二）适应范围

中药新药。

（三）基本要求

①遵循随机盲法对照原则，进行临床试验设计。试验组与对照组例数均等。试验组例数不少于100例，主要病证不少于60例。采取多中心临床试验，每个中心所观察的例数不少于20例；②对罕见或特殊病种可说明具体情况，申请减少试验例数。避孕药要求不少于100对，每例观察时间不少于6个月经周期。保胎药与可能影响胎儿及子代发育的药，应对婴儿进行全面观察，包括体格和智力发育等；③对受试者要严格控制可变因素，保证不附加治疗方案范围以外的任何治疗因素。应对受试者进行依从性监督；④观察的疗程应根据病症的具体情况而定，凡有现行公认标准者，均按其规定执行。若无统一规定，应根据具体情况制订。对于某些病证应进行停药后的随访观察。

（四）试验设计

由于中医药的特性，在适应证的选择、疗效的判定及不良反应的观察等均较现代医学药物复杂。因此，在设计时首先应当充分注意到中医药理论体系的基本特点，同时也须充分采用现代科学包括现代医学的理论和方法，对于必要的客观指标应当明确，尽可能地减少可变因素和外来影响因素。试验设计方案应当包括：病例选择标准、对照组的设置、必要的各项检查指标、药物主剂量、给药途径、疗效标准、疗程和统计学处理方法等。

临床方案由申办者和研究者共同商定。必须由有经验的合格的医师及相关学科专业技术人员根据中医药理论，结合临床实际进行设计。

1. 临床研究单位　临床试验必须在国家食品药品监督管理总局确定的药品临床研究基地中选择临床研究负责和承担单位，并经国家食品药品监督管理总局核准。如需增加承担单位或因特殊需要在药品临床研究基地以外的医疗机构进行临床研究，须按程序另行申请并获得批准。试验单位不少于三个。每个单位所观察的例数不得少于20例。参加人员必须具备相应的能力。

2. 病例选择　临床研究以中医病证、证候为研究对象时，应明确相应的西医病种及诊断；以西医病名为研究对象时，应明确中医病证、证候及诊断。根据新药的功能制订严格的病名诊断、证候诊断标准，要突出中医辨证特色。受试病例应选择住院病例为主。若为门诊病例，则要严格控制可变因素，以确保不附加任何治疗因素，单纯服用试验药物。住院或门诊受试患者均应对其进行依从性的监督，以确保患者按计划进行和本项试验的有效性及可靠性。

（1）病名诊断、证候诊断标准：应遵照现行公认标准执行，若无公认标准应当参照国内外文献制订。

（2）纳入标准：必须符合病名诊断和证候诊断标准，辨病与辨证相结合。受试者年龄范围一般为 18~65 岁，儿童或老年病用药另定。可根据试验目的，考虑病型、病期、病情程度、病程等因素具体制订。

（3）排除标准：可根据试验目的，考虑以下因素具体制订，如年龄、合并症、妇女特殊生理期、病因、病型、病期、病情程度、病程、既往病史、过敏史、生活史、治疗史、鉴别诊断等方面的要求。

（4）病例的剔除和脱落：纳入后发现不符合纳入标准的病例，需予剔除。受试者依从性差、发生严重不良事件、发生并发症或特殊生理变化不宜继续接受试验、盲法试验中被破盲的个别病例、自行退出者等均为脱落病例。应结合实际情况发生不良反应者应计入不良反应的统计；因无效而自行脱落者应计入疗效分析；不能完成整个疗程者，是否判为脱落，应按试验方案中的规定处理。

3. 给药方案　临床试验的给药剂量、次数、疗程和有关合并用药等可根据药效试验及临床实际情况，或Ⅰ期临床试验结果，在保证安全的前提下，予以确定。一般都是采用一种固定剂量。观察的疗程应该根据证的情况而定，凡有全国统一标准者，均应按其规定执行。若无统一规定，应以能够判定其确切疗效的最低时限为起点。对于某些病证应进行停药后的随访观察。若需要 2 个或 2 个以上给药方案时，临床试验例数须符合统计学要求。

4. 试验方法　在该阶段临床试验中，必须注重对照组的设置。对照组患者在数量上及病情轻重程度上都应与受试的新药组近似，要科学分组。由于患者和医生的主观精神因素都可能对药效的判断产生不小影响。因此，为了能有效地排除这些主观偏见，临床试验设计应遵循对照、随机和盲法的原则，只是在结束试验时才揭晓进行统计学分析。

（1）对照原则：为了观察药效，避免或减少来自于干扰因素所造成的误差，必须采取对照的方法。

对照方法：根据试验目的，选用适宜的对照方法。如随机平行组对照试验等。

对照用药：用已知有效药物为对照药，对照药物可按国家标准所收载的同类病证药择优选用。若用西医病名时，可选用已知有效中药或化学药对照。必要时可采用安慰剂对照。四类新药应以原剂型药为对照药，五类新药应以同类有效药为对照药。

（2）随机原则：试验组与对照组的分配，应采用随机化分组的方法。随机的方法可采用分层随机、区组随机、完全随机等。

（3）盲法原则：在盲法试验时应规定设盲的方法、破盲的条件、时间和程序等具体内容。Ⅱ期临床试验原则上实行双盲，若无法实行应陈述理由。

5. 疗效判断　①应按现行公认标准执行。若无公认标准，对于尚未统一规定的病种和证候，应当按照中、西医学的各自要求，应制订合理的疗效标准，综合疗效评定一般分为：临床痊愈、显效、进步、无效四级。注重显效以上的统计。若为特殊病种可根据不同病种分别制订相应的疗效等级。若无临床痊愈可能，则分为临床控制、显效、进步、无效四级。抗肿瘤药，其近期疗效可分为：完全缓解、部分缓解、稳定、进展四级，以完全缓解、部分缓解为有效；②疗效评价标准应重视规定疗效评定参数。疗效评定应包括中医证候、客观检测指标等内容；③对于受试的每个病例，都应严格地按照疗效标准，分别加以判定。在任何情况下都不能任意提高或降低标准。

6. 不良事件的观察

（1）不良事件的定义：是指临床试验的受试者接受一种药物后出现的不良医学事件

（包括任何不利或非预期的体征、症状或疾病，包括异常的实验室发现），而无论是否与试验药物有关。研究开始前存在的疾病发病次数和严重程度的增加也属于不良事件。

（2）不良事件的严重程度

轻度：出现短暂的症状，不影响患者的日常活动。

中度：出现明显的症状，对患者的日常活动有中等程度的影响。

重度：对患者的日常活动有相当大的影响，患者无法承受。

（3）针对不良事件对试验药物采取的措施

继续治疗：试验药物的用法、用量不变。

减少剂量：试验药物减少剂量。

暂停治疗：暂时停用试验药物。

终止治疗：永久性停用试验药物。

增加剂量：试验药物增加剂量。

（4）不良事件和研究药物关系的判断标准：根据研究者的临床判断分为肯定有关、很可能有关、可能有关、可能无关和无关。

肯定有关：不良事件与已知的试验药物信息相符，并与试验药物有因果关系，且这种关系不能用其它因素来解释，如患者的临床状况，其它治疗或合并用药。另外，在受试者再次服用试验药物时，不良事件重复出现。

很可能相关：不良事件与已知的试验药物信息相符，并与试验药物有因果关系，且不能用其它因素解释，如患者的临床状况，其它治疗或合并用药。再次用药时该不良事件可能重新出现或加重。

可能有关：该反应符合用药后合理的时间顺序，符合所疑药物已知的反应类型，减量停药该反应可改善，但不明显；患者的临床状态或其它原因也可能产生该反应。

可能无关：不太符合用药后时间顺序，不太符合所疑药物已知的反应类型，减量或停药后该反应改善不明显；患者的临床状态或其它原因可解释该反应，临床状态或其它原因去除后反应明显改善。

肯定无关：不符合用药合理的时间顺序，不符合所疑药物已知的反应类型，减量或停药后该反应无改善；患者临床状态或其它原因可解释该反应，临床状态改善或其它原因去除反应消失。

前三项计为所试药物的不良反应，据此计算不良反应发生率。

（5）严重不良事件：严重不良事件定义为在试验过程中出现：①致死；②危及生命；③导致住院或延长住院时间；④导致永久或严重的伤残；⑤导致先天畸形或出生缺陷。

任何严重不良事件，无论是否与试验药物有关，研究者必须向本参加单位主要研究者汇报，并立即采取适当的治疗措施，同时在获悉该事件后 24 小时内电话或传真形式报告给各参与单位药物临床试验研究机构、伦理委员会、申办者以及国家食品药物监督管理局安监司。

（五）观察和记录

按照试验方案，制订周密的病例报告表，逐项详细记录。对于自觉症状的描述应当客观，切勿诱导或暗示，对于所规定的客观指标，应当按方案规定的时点和方法等进行检查。

对于"辨证论治"的观察，应切实依据中医理论和证候标准的要求，用中医术语对诊断时的证候项目前后对比观察和记录。

(六) 试验总结

试验结束后，根据试验客观而详细的进行总结，对数据进行统计分析，综合其统计学及临床意义，对药物的安全性、有效性、使用剂量做出初步评价和结论。

实例11-2　注射用灯盏花素治疗不稳定性心绞痛合并高脂血症临床观察

该课题通过观察两组不稳性心绞痛合并高脂血症患者治疗前后全血黏度、血脂、心绞痛发作次数、心电图的变化，并监测治疗前后两组便常规、尿常规、血常规及肝肾功能的变化，来探讨注射用灯盏花素对不稳定性心绞痛合并高脂血症患者的临床疗效及安全性，同时为今后临床中西结合治疗冠心病不稳定性心绞痛提供一定的参考依据。

入选标准如下所述。

1. 病史　新近发生的心绞痛，病程在2个月以内（从无心绞痛或有心绞痛病史但在近半年未发作过心绞痛）；病情突然加重，表现为胸痛发作次数增加，持续时间延长，诱发心绞痛的活动阈值减低，按加拿大心脏病学会劳力型心绞痛分级（CCSC Ⅰ~Ⅳ）加重1级以上并至少达到Ⅲ级，硝酸甘油缓解症状的作用减弱，病程在2个月之内；心绞痛发生在休息或安静状态，发作时间持续相对较长，含硝酸甘油效果欠佳，病程在1个月内；AMI发生后24h至1个月内发生的心绞痛；休息或一般活动时发生的心绞痛，发作时心电图显示ST段暂时性太高。多数UA患者均有不同程度的胸痛不适症状，典型的缺血性胸痛多为心前区或胸骨后压榨性疼痛或有窒息样感觉，部分患者可能表现为闷痛、心前区烧灼感，常在劳累或情绪激动后发作，也有静息状态下发作者。

2. 体格检查　UA患者的体格检查往往无特殊的阳性体征。在合并有心功能不全或血流动力学不稳定状态时，查体可有相应的肺部啰音、心率增快或血压下降等阳性发现。体格检查主要在于排除非心源性疾病、非心肌缺血性疾病等。

3. 心电图检查　记录发作时和症状缓解后的心电图，动态ST段水平型或下斜型压低>1mV或ST段抬高肢体导联>1mV，胸导联>2mV有诊断意义。若发作时倒置的T波呈伪性改变（假正常化），发作后T波恢复原倒置状态，或以前心电图正常者近期内出现心前区多导联T波深倒，在排除非Q波性AMI后结合临床也应考虑不稳定型心绞痛的诊断。当发作时心电图显示ST段压低>0.5mm，但<1mm时，仍需高度怀疑患该病，对于诊断不明确的患者或疑似病例可行冠脉造影检查。

排除标准如下所述。

（1）不符合诊断标准及纳入标准者。

（2）妊娠或哺乳期妇女，精神病患者。

（3）经过检查证实为急性心肌梗死（包括Q波与非Q波型）、稳定劳累型心绞痛。

（4）严重心律失常的患者如Ⅱ度2型房室传导阻滞、Ⅲ度房室传导阻滞、病态窦房结综合征及严重的低血压（收缩压<90mmHg）、高血压急症、重度心力衰竭（心功能3级以上，尚未有效控制）、主动脉瓣狭窄、主动脉夹层、急性心包炎或心包填塞、急性肺水肿、急性心肌炎等。

（5）有严重的 CPD（如 COPD 合并肺性脑病、上消化道出血等）或者哮喘病史，现时仍处于急性期的患者。

（6）严重的肝肾功能不全患者，有进展性疾病或者预后很差的疾病如严重的感染、严重的水电解质紊乱、酸碱失衡患者。

给药方法：两组患者均予不稳定性心绞痛的常规西药治疗及其他治疗如降压、降糖等。治疗组在以上治疗基础上给予灯盏花素注射液 50mg 加入 0.9%氯化钠 250ml 静脉滴注，每天 1 次，连用两周。同时进行生活方式的干预，如戒烟、酒，避免过饱、过劳、情绪激动等。

观察指标：记录两组治疗前后全血黏度、血脂、心绞痛发作次数及心电图 ST-T 变化情况。以治疗前后血常规、尿常规、便常规、肝功能、肾功能作为安全性观察指标。治疗中观测上述项目并记录。

疗效判断标准：参考 2002 年卫生部颁布的《中药新药临床研究指导原则》中冠心病心绞痛疗效评定标准。①心绞痛疗效：显效：心绞痛发作次数减少 80%以上，或同等劳累程度不引起心绞痛发作；有效：心绞痛发作次数减少 50%~80%；无效：心绞痛发作次数减少不足 50%；加重：心绞痛发作次数程度及持续时间加重。②心电图疗效：显效：静息心电图恢复正常；有效：静息心电图缺血 ST 段下降治疗后回升 0.05mV 以上，或主要导联 T 波倒置变浅达 50%以上，或 T 波平坦转直立；无改变：静息心电图与治疗前基本相同；加重：静息心电图 ST 段较治疗前下降>0.05mV，主要 T 波加深>50%或直立 T 波变为平坦，或平坦 T 波转为倒置。

统计方法：应用 SPSS13.0 软件包处理，计数资料以率（%）表示，组间比较采用卡方或 t 检验，$P<0.05$ 为差异有统计学意义。

结果如下。

（1）心绞痛症状改善及心电图变化，经计算差异有统计学意义（$P<0.05$），见表 11-1。

表 11-1　两组心绞痛临床症状缓解疗效及心电图变化比较

	组别	显效	有效	无效	加重	总有效率
心绞痛	治疗组（30）	12（40%）	14（46.7%）	4（13.33%）	0（0%）	86.67%
	对照组（32）	9（28.13%）	15（46.88%）	8（25%）	0（0%）	75%
心电图	治疗组（30）	16（53.33%）	9（30%）	5（16.67%）	0（0%）	83.33%
	对照组（32）	8（25%）	13（40.63%）	11（34.38%）	0（0%）	65.63%

（2）治疗组全血黏度及血脂状况得到明显的改善，见表 11-2。

表 11-2　两组血液流变学及血脂变化

组别		全血黏度（mpa·s）		血脂（mmol/L）			
		高切	低切	血浆	LDL-C	TC	TG
治疗组	治疗前	5.56±0.98*	13.67±2.25*	2.34±0.87*	3.62±0.66*	6.77±0.33*	4.01±0.29*
（n=30）	治疗后	4.07±1.12#	10.44±1.98#	1.88±0.65#	2.74±0.57#	4.88±0.40#	2.02±0.25#
对照组	治疗前	5.77±1.13*	13.54±2.34*	2.40±0.79*	3.60±0.71*	6.85±0.43*	3.99±0.39*
（n=32）	治疗后	5.10±1.04#	11.78±2.21#	2.10±0.33#	3.12±0.68#	5.25±0.51#	2.58±0.35#

*治疗前治疗组与对照组比较，$P>0.05$；#治疗后治疗组与对照组比较，$P<0.05$

（3）不良反应：两组治疗前后血、尿、便常规，肝肾功能均无明显变化。

三、Ⅲ期临床试验

该期临床试验又称扩大的对照治疗试验，是Ⅱ期临床试验的延续，是在较大范围内对新药的疗效和可能出现的不良反应进行观察和评价。各项要求与Ⅱ期临床试验基本相同，但观察例数要求不同。

（一）目的

治疗作用确证阶段。其目的进一步验证中药新药对目标适应证患者的治疗作用和安全性，评价利益与风险关系，最终为中药新药注册申请获得批准提供充分的依据。

（二）基本要求

（1）临床研究应进行多中心临床试验，临床试验所需病例数要符合统计学要求，试验组一般不少于300例，主要病证不少于100例。临床试验应合理设置对照组，对照组例数不少于治疗组例数的1/30，每个中心的病例数不得少于20例。

（2）罕见或特殊病种可说明具体情况，申请减少试验例数。避孕药要求不少于1000例，每例观察时间不少于12个月经周期。保胎药与可能影响胎儿及子代发育的药，应对婴儿进行全面观察，包括体格和智力发育等。

（3）对受试者要严格控制可变因素，保证不附加治疗方案范围以外的任何治疗因素。应注意加强对受试者进行依从性监督。

（4）观察的疗程应根据病证的具体情况而定，凡有现行公认标准者，均按其规定执行。若无统一规定，应根据具体情况制订。对于某些病证应进行停药后的随访观察。

（三）试验设计

1. 临床研究单位　要求同Ⅱ期临床试验。

2. 病例选择　参照Ⅱ期临床试验设计，在原诊断标准的基础上根据该期试验目的加以调整。根据具体情况适当扩大受试对象（如年龄、病期、合并症、合并用药等）范围。扩大受试对象观察，应设计合理的方案，试验例数应符合统计学要求。

3. 给药方案　探索在不同人群中的给药方案，临床试验可设计不同的用药剂量、次数和疗程。临床试验的用药剂量可根据药效试验及临床实际情况，或Ⅱ期临床试验结果，在保证安全的前提下，予以确定。

4. 试验方法　依据Ⅱ期临床试验结果，设计Ⅲ期临床试验方案。临床试验应遵循对照、随机的原则，视需要可采取盲法或开放。

5. 疗效判断　①应按现行公认标准执行。若无公认标准，对于尚未统一规定的病种和证候，应当按照中、西医学的各自要求，应制订合理的疗效标准，综合疗效评定一般分为：临床痊愈、显效、进步、无效四级。注重显效以上的统计。若为特殊病种可根据不同病种分别制订相应的疗效等级。若无临床痊愈可能，则分为临床控制、显效、进步、无效四级。抗肿瘤药，按其近期疗效可分为：完全缓解、部分缓解、稳定、进展四级，以完全缓解、部分缓解为有效。②疗效评定标准须重视规定疗效评定参数。疗效评定应包括中医证候、客观检测指标等内容。③对于受试的每个病例，都应严格地按照疗效标准，分别加以判定。在任何情况下都不能任意提高或降低标准。

6. 不良事件的观察　要求同Ⅱ期临床试验。

（四）观察和记录

要求同Ⅱ期临床试验。

（五）试验总结

要求同Ⅱ期临床试验。对药物的安全性、有效性、使用剂量作出进一步评价和结论。

实例11-3　红花黄色素注射液治疗冠心病心绞痛（心血瘀阻证）的Ⅲ期临床研究

中药红花具有强大的活血祛瘀作用，广泛应用于各种瘀血阻滞之患或血行不畅之证，如用治冠心病心绞痛。红花黄色素是红花中的主要有效成分，临床前研究证明：羟基红花黄色素 A 是红花的主要成分，以红花黄色素、羟基红花黄色素 A 含量作为质量控制标准研制而成的红花黄色素冻干粉针剂和红花黄色素滴注液。该研究采用随机、仿盲、阳性平行对照、多中心临床研究方法对其治疗冠心病心绞痛的有效性和安全性进行分析评价。

诊断标准：参照国际心脏病学会和协会及世界卫生组织临床命名标准化联合专题组报告《缺血性心脏病的命名及诊断标准》制订。心绞痛症状轻重分级标准参照1979年中西医结合治疗冠心病心绞痛及心律失常座谈会《冠心病心绞痛及心电图疗效评定标准》制订。根据注射用红花黄色素的处方组成和功能主治，参照《中药新药治疗冠心病心绞痛的临床研究指导原则》（2002年版），选心血瘀阻证型心绞痛作为观察证型。

纳入标准：①符合冠心病心绞痛西医诊断标准，每周胸痛发作2次以上的Ⅰ、Ⅱ、Ⅲ级稳定型劳累性心绞痛，中医辨证为心血瘀阻者。②心电图检查具备以下其中1项者：普通心电图阳性，ST 段下降 0.05mV 以上，及（或）以 R 波为主的导联 T 波倒置且深达 0.2mV以上；次极量运动试验心电图阳性。③年龄在 18～65 岁，男女不限。④受试者知情，自愿签署知情同意书。

排除标准：①经检查证实为冠心病急性心肌梗死，或有Ⅳ级心绞痛及其他心脏疾病、重度神经症、更年期症候群、颈椎病等所致胸痛者。②合并高血压"收缩压 160mmHg 和（或）舒张压 100mmHg 以上"、重度心肺功能不全、重度心律失常（快速心房颤动、心房扑动、阵发性室速等）者。③普通心电图有 ST-T 改变，但次极量运动试验阴性，又无客观的冠心病依据（如冠脉造影阳性、核素心肌扫描阳性、陈旧性心肌梗死病史）。④虽经冠脉搭桥、介入治疗后血管完全重建，但无心肌缺血的冠心病患者。⑤合并肝、肾、造血系统等严重原发性疾病或精神病者。⑥妊娠或哺乳妇女，过敏体质或对2种或2种以上的食物或药物过敏者。⑦4周内做过手术或有出血史者，如牙龈出血/便血者。⑧近1个月内参加过其他临床试验者。

用药方法：试验组用红花黄色素注射液 5ml（250mg）+0.9%氯化钠溶液 250ml 静脉滴注，每天1次；对照组用红花注射液 20ml+0.9%氯化钠溶液 250 ml 静脉滴注，每天1次，疗程均为14天。各中心按入组先后顺序，依次用药，14天为一个疗程，并保证受试者用药量在计划用药量的 80%～120%。

观察指标如下所述。

安全性指标：一般体格检查；血、尿及便常规；心电图；肝功能（ALT），肾功能（Cr，BUN）。实验室等安全性检查在治疗前后各 1 次。一旦出现生化检测指标异常，则需复查，直至恢复正常。用"肯定有关、很可能有关、可能无关、可疑、不可能有关" 5 个等级来评定试验药物与不良事件的关系，从而确定药物不良反应，并统计药物不良反应发生率。

疗效性指标：用药前和用药后 7 天、14 天记录相关的症状体征：心绞痛发作的诱发因素、体力活动的大小及程度，疼痛的次数、疼痛程度、持续时间、硝酸甘油的服用量及停减率；中医症状、舌象及脉象；心电图及运动试验心电图。

疗效判定标准如下所述。

心绞痛疗效判定标准：参照 1979 年中西医结合治疗冠心病心绞痛及心律失常座谈会《冠心病心绞痛及心电图疗效标准》制订。

中医症状疗效判定：参照《中药新药治疗胸痹（冠心病心绞痛）的临床试验指导原则》，采用中医症状积分法评价。

统计分析方法：数据管理与统计分析采用 DAS 数据库，双份录入，对缺失、异常、不符合逻辑数据发出疑问表，对数据库进行盲态核查后锁定，撰写盲态检查报告，完成统计计划书。计量资料采用 SNK-q 检验、配对 t 检验、配对资料符号秩和检验，计数资料采用卡方检验，等级资料采用 Kruskal-wallis 秩和检验，等级资料的疗效分析考虑中心效应时采用 CMH 方检验。对全局评价指标、主要疗效指标，同时进行符合方案集（PP）分析和意向治疗集（ITT）/全数据集（FAS）分析。以心绞痛症状疗效作为主要指标，分别用差异性和非劣性检验分析，非劣标准预设为 15%，用单侧 t 检验进行非劣性分析。统计软件采用 DASver1.0 和 SASv8。

结果如下。

1. 一般资料　共入选心绞痛患者 439 例，其中 A 组入选 330 例，完成 310 例，脱落 18 例，剔除 2 例；B 组入选 109 例，完成 104 例，脱落 4 例，剔除 1 例。试验组与对照组脱落率组间比较差异无统计学意义（$P>0.05$）。除脱落和剔除病例外，两组病例依从性均较好。合并用药两组间比较差异无统计学意义。

治疗前，A 组和 B 组在年龄、身高、体重、性别、婚姻、民族、职业、病程、过敏史、治疗史、疾病史、体检、吸烟史等方面均具有可比性（$P>0.05$）。治疗前 A 组和 B 组在生命体征、心绞痛病程、心绞痛分级、心绞痛症状、中医各症状指标及总积分指标等方面均具有可比性（$P>0.05$）。

2. 心绞痛总疗效　分析 PP 和 ITT 数据集，用药 14 天后心绞痛症状疗效的显效率、总有效率 A 组均优于 B 组（$P=0.000$），见表 11-3。扣除中心间变异，等级综合比较 A 组优于 B 组（$P<0.05$）。

表 11-3　心绞痛症状疗效综合分析

数据集	组别	例数	显效	有效	无效	加重	显效率 (%)	总有效率 (%)
PP 分析集	A 组	310	188	96	25	1	60.6	91.6[a]
	B 组	104	28	44	32	0	26.9	69.2
ITT 分析集	A 组	328	191	97	39	1	58.2	87.8[a]
	B 组	108	30	44	34	0	27.8	68.5

注：组间比较：a：$P<0.05$

3. 中医症状总疗效　分析 PP 和 ITT 数据集，用药 14 天后，中医症状疗效的总显效率、总有效率 A 组均优于 B 组（$P=0.000$），见表 11-4。扣除中心间变异，等级综合比较 A 组优于 B 组（$P<0.05$）；临床控制率两组间比较无统计学意义（$P>0.05$）。

表 11-4　中医症状疗效综合分析

数据集	组别	例数	临床控制	显效	有效	无效	临床控制率 (%)	总显效率 (%)	总有效率 (%)
PP 分析集	A 组	310	58	128	96	28	18.7	60.0[a]	91.0[a]
	B 组	104	12	22	39	31	11.5	32.7	70.2
ITT 分析集	A 组	328	58	129	98	43	17.7	57[a]	86.9[a]
	B 组	108	12	22	40	34	11.1	31.5	68.5

注：组间比较：a：$P<0.05$

4. 心电图疗效分析　分析 PP 和 ITT 数据集，用药 14 天后，心电图疗效的显效率、总有效率两组间比较均无统计学意义（$P>0.05$），多中心心电图疗效综合分析见表 11-5。扣除中心间变异，两组间等级综合比较无统计学意义（$P>0.05$）。

表 11-5　多中心心电图疗效综合分析

数据集	组别	例数	显效	有效	无效	加重	显效率 (%)	总有效率 (%)
PP 分析集	A 组	306	57	149	94	6	18.6	67.3
	B 组	103	19	44	35	5	18.4	61.2
ITT 分析集	A 组	328	58	151	113	6	17.7	63.7
	B 组	108	20	45	38	5	18.5	60.2

5. 其他单项指标

（1）速效扩冠药物停减情况：分析 PP 和 ITT 数据集，用药 14 天后，速效扩冠药物停药率、总减量率 A 组均优于 B 组（$P<0.05$）。扣除中心间变异，等级综合比较 A 组优于 B 组（$P<0.05$）。

（2）心绞痛症状积分下降值：分析 PP 和 ITT 数据集，用药 14 天后心绞痛症状积分，A 组下降幅度大于 B 组（$P<0.05$）。

（3）心绞痛症状积分下降率：分析 PP 和 ITT 数据集，用药 14 天后心绞痛症状积分，A 组下降率大于 B 组（$P<0.05$）。

（4）中医症状积分下降值：分析 PP 和 ITT 数据集，用药 14 天后中医症状积分，A 组下降幅度大于 B 组（$P<0.05$）。

（5）中医症状积分下降率：分析 PP 和 ITT 数据集，用药 14 天后中医症状积分，A 组下降率大于 B 组（$P<0.05$）（表 11-6）。

表 11-6　治疗前后单项疗效比较

	PP 分析		ITT 分析	
	A 组（$n=310$）	B 组（$n=104$）	A 组（$n=328$）	B 组（$n=108$）
扩冠药物总减量率（%）	90.4[a]	72.2	88.8[a]	72.2
扩冠药物停药率（%）	64.9[a]	36.1	64.3[a]	36.1
心绞痛症状积分下降值	6.92±3.81[a]	4.27±3.70	6.66±3.99[a]	4.24±3.70
心绞痛症状积分下降率（%）	0.726±0.363[a]	0.439±0.382	0.697±0.383[a]	0.441±0.387
中医症状积分下降值	5.02±2.22[a]	3.82±2.34	4.80±2.39	3.73±2.35

注：组间比较：a：$P<0.05$

6. 症状积分实测值　心绞痛症状积分实测值：分析 PP 和 ITT 数据集，用药 7 天后心绞痛症状积分，两组比较无统计学意义（$P>0.05$），用药 14 天后心绞痛症状积分，A 组低于 B 组（$P<0.05$）。组内比较用药 14 天后心绞痛症状积分均比入组时降低（$P<0.05$）。见表 11-7。

中医症状积分实测值：分析 PP 和 ITT 数据集，用药 7 天中医症状积分，两组比较无统计学意义（$P>0.05$）。用药 14 天中医症状积分，A 组低于 B 组（$P<0.05$）。组内比较用药 14 天后两组中医症状积分均比入组时降低（$P<0.05$），见表 11-7。

表 11-7　治疗前后症状积分实测值比较

数据集	症状积分实测值	A 组		B 组	
		治疗前	治疗 14 天后	治疗前	治疗 14 天后
PP 分析集	心绞痛症状积分	9.74±3.21	2.82±3.76[ab]	9.44±3.18	5.17±3.45[ab]
	中医症状积分	7.58±2.03	2.56±2.03[ab]	7.39±1.82	3.58±2.15[ab]
ITT 分析集	心绞痛症状积分	9.68±3.21	3.02±3.83[ab]	9.33±3.18	5.09±3.46[ab]
	中医症状积分	7.55±2.02	2.75±2.18[ab]	7.32±1.83	3.59±2.13[ab]

注：组间比较：a：$P<0.05$；组内比较：b：$P<0.05$

7. 普通心电图分析及运动试验分析　普通心电图，用药前后各导联 ST 段下降值总和两组间比较差异均无统计学意义（$P>0.05$）。组内比较用药 14 天后，各导联 ST 段下降值总和均比入组时下降（$P<0.05$）。用药 14 天后，普通心电图各导联 ST 段下降值总和与基线变化值两组比较差异无统计学意义（$P>0.05$）。用药 14 天后，运动试验各指标两组比较差异无统计学意义（$P>0.05$）。

8. 安全性结果　治疗后，试验组一般体格检查、血尿便常规未见异常，肝肾功能未出现治疗前化验指标正常，治疗后异常及治疗前化验指标异常，治疗后异常加重的病例。未出现明显毒副作用。试验组有 5 例发生不良事件，不良事件发生率为 1.5%，其中 3 例不可能与药物有关，2 例为不良反应，不良反应发生率为 0.6%；具体不良反应主要表现为用药后出现皮疹或静脉滴注过后出现一过性头晕症状，但均未影响继续试验治疗。对照组无不良事件。不良事件发生率和不良反应发生率两组比较差异均无统计学意义（$P>0.05$）。

四、Ⅳ期临床试验

（一）目的

新药上市后监测。在广泛使用条件下考察疗效和不良反应（注意罕见不良反应）。

（二）试验设计

（1）该期的病例选择、疗效标准、临床总结等与Ⅲ期临床试验的要求基本相同。

（2）对于疗效的观察，应包括考察新药远期疗效。

（3）对于不良反应、禁忌、注意等考察，应详细记录不良反应的表现（包括症状、体征、实验室检查等）并统计发生率。

（4）观察例数：新药试生产期间的临床试验单位不少于 30 个，病例数不少于 2000 例。罕见或特殊病种，可说明具体情况，申请减少试验例数。

五、生物利用度和生物等效性试验

1. 生物利用度（bioavailability，BA）　　生物利用度指药物或药物活性成分从制剂释放吸收进入全身循环的程度和速度。一般分为绝对生物利用度和相对生物利用度。绝对生物利用度是以静脉制剂为参比制剂获得的药物吸收入体内循环的相对量（因为静脉制剂生物利用度通常被认为是 100%的）；相对生物利用度则是以其他非静脉途径给药的制剂为参比制剂，如片剂和口服溶液的比较。

2. 生物等效性（bioequivalence，BE）　　生物等效性指药学等效制剂或可替换药物在相同试验条件下，服用相同剂量，其活性成分吸收程度和速度的差异无统计意义。通常意义的 BE 研究是指 BA 研究方法以药动学参数为终点指标根据预先确定的等效标准和限度进行的比较研究。在药代方法确实不可行时，也可以考虑以临床试验、药效学指标、体外实验指标进行比较，但需充分证实其方法具有科学性和可行性。

3. 开展 BA 和 BE 的意义　　BA 和 BE 均是评价制剂质量的重要指标。BA 强调反映药物活性成分到达体内循环的过程，是新药研究过程中选择最佳给药途径和确定用药方案（如给药剂量和给药间隔）的重要依据之一。BE 则侧重于以预先确定的等效标准和限度进行的比较，是保证含同一药物活性成分的不同制剂质量一致性、判断后研究产品是否可替代已上市药物使用的依据。

BA 和 BE 研究目的不同，因而在药物研发的不同阶段有不同作用。如在新药研究阶段，为了确定新药处方、工艺合理性，通常需要比较改变上述因素后药剂是否能达到预期的生物利用度；开发了新剂型，要对拟上市剂型进行生物利用度研究以确定剂型的合理性，要通过与原剂型比较的 BA 或 BE 研究来确定新剂型的给药剂量；在临床试验过程中，可能要通过 BE 研究来验证同一药物的不同时期产品（尤其是用于确定剂量的试验药）和拟上市药物。

在仿制生产已有上市药物时，由于不同厂家的处方工艺不同，可能存在影响制剂生物利用度的因素，故此时可以通过体内生物等效性研究来求证仿制产品与原创药是否具生物等效性，如等效则可替代原创药使用。新药或仿制批准上市后，如处方组成成分、比例及工艺等出现变更时，研究者可以根据产品的变化的程度来确定进行进一步的人体 BA 或 BE 研究，求证变更后和变更前产品具有相同的安全性和有效性。

4. 研究方法　BA 和 BE 只是研究目的不同，在某些设计和评价上有一些不同，但研究方法与步骤基本一致。目前推荐的研究方法包括体外和体内的方法，按方法的优先考虑程度依次为：药动学研究方法、药效学研究方法、临床试验方法、体外研究方法。

（1）药动学研究法：即采用人体生物利用度比较研究方法，通过测量可获得的不同时间点的生物样本（如全血、血浆、血清或尿液）中药物含量，获得药物浓度–时间曲线（concentration-time curve，C-T 曲线）图，并经过适当的数据处理，计算出与吸收程度和速度有关的药动学参数曲线下面积（AUC），达峰浓度（C_{max}）、达峰时间（T_{max}）等，来反映药物从制剂中释放吸收到体循环中的动态过程，再通过统计比较判断两制剂是否在治疗上等效。

（2）药效学研究法：在无可行的药动学研究方法建立生物等效性研究时（如无灵敏的血药浓度检测方法、浓度和效应之间不存在线性相关），可以考虑明确的可分级定量的客观的临床药效学指标通过药效–时间曲线（effect-time curve）比较来建立等效性，使用该方法同样应严格遵守临床试验相关管理规范，并经过充分方法学确证。

（3）临床试验法：当无适宜的药物浓度检测方法，也缺乏明确的可定量分级的客观的临床药效学指标时，也可以通过对照的临床比较试验，以综合的疗效终点指标来验证两制剂的等效性。然而，作为生物等效性研究方法，对照的临床试验可能因为样本量有限和检测指标不灵敏而缺乏效率，而扩大样本量，又将带来经济上的耗费，故应尽量采用前述方法。

（4）体外研究法：因为体外不能完全代替体内行为，一般不提倡。CFDA 规定，根据生物药剂学分类证明属于高溶解度，高渗透性，快速溶出的口服制剂可以采用体外溶出度比较研究的方法验证生物等效，原因是该类药物的溶出、吸收已经不是药物进入人体内的限速步骤。对于难溶性但高渗性的药物，如已建立良好的体内外的相关关系，也可用体外溶出的研究来替代体内研究。但这仅限用于原发厂产品上市后变更的情况，具体研究和评价方法可参见相关文献。

第三节　临床研究的监督和管理

一、强化科学态度

随着临床试验方法学的发展，目前临床试验的主要问题不仅是技术或方法，而更重要的是临床试验的质量问题。按现行的法规，新药在中国的申报情况，药品临床试验的数量并不少，但大量的临床试验尚未能产生足够可靠的数据用于药品的全面评价。究其原因，就是临床试验尚存在一定的质量问题。这些问题的产生可能与中国药品临床试验起步较晚有关，也可能在很大程度上与申报单位和临床研究人员对临床试验重要性的认识不足及缺乏严谨的科学态度有关。药品临床试验是通过对一定样本量受试者的研究来评价药品可能的疗效和安全性，为药品的上市提供依据，因而它在药品注册中占有重要地位。严谨的科学态度是完成一项临床试验的前提，因为临床试验的结果直接关乎"人"用药的安全和有效，因此不能将药品临床试验简单地想象为药品临床使用过程的观察。

二、临床试验组织与实施

一个新药一旦得到药品监督管理部门批准进行临床试验，即应着手制订试验方案。试验方案由申办者和研究者共同商定，必须由有经验的合格的医师及相关学科的专业技术人员根据中医药理论，结合临床实际进行设计。参与临床试验的人员与组织主要有药品监督管理部门、伦理委员会、申请人、研究者和受试者。申请人和研究者根据相关法律法规，在药品监督管理部门和伦理委员会监督下完成临床试验，各成员或组织在临床试验中职责不同，但必须各尽其职，才能很好地完成任务。

（一）相关人员与组织

1. 申办者　申办者应充分了解既往有临床实践的试验药物的应用情况，如果缺乏对试验药物临床前数据的完整性、科学性、规范性和真实性的总结，将给临床研究的方案合理设计和实施造成困难。

申办者应掌握与试验药物研发有关的各方面信息，准确地分析市场需求和价值，分析所研究药物与同类药物比较优势和特点。尤其对药物适应证的选择至关重要，范围过宽会使成本上升，范围过窄则不能充分挖掘市场潜力，不合适的适应证范围选择还会增大试验药物临床试验的难度，增加临床试验的时间，影响药物及时上市。

申办者应保证临床研究的费用，如因预算的不足，限制样本数量、减少检测指标，缩短用药疗程会使得发生率低的罕见的不良反应被遗漏，导致受试者受到与试验药物有关的损害时受试者有权要求进行补偿，如果补偿准备不足，尤其是发生群体性的损害时，将直接给申办者和医疗机构带来经济和社会效益的损害。

2. 研究者　临床试验的实施主体是研究者，如果研究团队的职责分工不明确、研究成员的经验和责任心不足和缺乏合作精神，临床试验项目可能就难以完成。主要研究者和研究团队成员如选择不慎，或者研究过程中参加研究单位的退出或者变更太多，都将会影响到临床试验的进度、质量和结果。作为研究者，有责任要尽可能避免受试者受到危害或降低危害风险，最大程度保护受试者权益。

3. 伦理委员会　伦理委员会负责审查临床试验方案是否合乎道德，并为之提供公众保证，确保受试者的安全、健康和权益受到保护。如果审查经验欠缺及定期跟踪审查制度实施不力，将可能导致受试者权益受到侵犯，使临床研究难以继续进行。

4. 受试者　中药新药临床试验应注意受试者的依从性问题，在充分保证受试者的权益基础上制订保证受试者依从性的措施。例如，根据具体情况可以给予受试者合理的补偿费用，筛选时对于一些估计依从性较差的受试者可以不予纳入等。如果受试者没有按照方案要求按时、按量使用受试药物，没有按照规定的随访时间前来就诊，将无法对药物的疗效和安全性做出全面评价。

（二）临床试验方案设计

临床试验方案（protocol）是临床试验的主要文件，由申办者（sponsor）和研究者（principal investigator，PI）共同讨论制订。内容包括试验背景、试验药品介绍、开展该项临床试验研究的理论基础、研究目的、试验设计、研究方法（包括统计学考虑）、试验组织、执行和完成的条件、试验进度及总结要求。方案必须由参加临床试验的主要研究者、其所在单位及申办者签章并注明日期。

临床试验方案中对有效性、安全性评价的标准及观察的指标和判定异常的规定等设计都必须十分明确而具体。只有这样，才能使所有参加试验的临床单位之间的结果与组间误差不至于大到具有统计学显著意义。

临床试验方案实施前需报送医学伦理委员会审查批准，一旦批准确定下来，研究者就应严格按照方案设计要求进行临床试验。申办者派出监查员（monitor）与稽查员（auditor）对试验进行监督与稽查也都以试验方案为依据。

（三）多中心试验的管理

多中心试验是由多位研究者按同一试验方案在不同地点和单位同时进行的临床试验，各中心同期开始和结束试验。多中心试验由一位主要研究者总负责，并作为临床试验各中心间的协调研究者。多中心试验可以有较多的受试人群参与，涵盖的面较广，可以避免单一研究机构可能存在的局限性，因此所得到的结论具有较广泛的意义，可信度较大。但在组织进行方面，比单中心试验更加复杂，其计划和实施中要考虑到以下几点。

（1）试验方案由各中心的主要研究者与申办者共同讨论认定，伦理委员会批准后执行。

（2）在临床试验开始时及进行的中期应组织研究者会议。

（3）各中心同期进行临床试验。

（4）各中心临床试验样本量应符合统计学要求。

（5）保证在不同中心以相同程序管理试验用药物，包括分发和储藏。

（6）根据同一试验方案培训参加该试验的研究者。

（7）建立标准化的评价方法，试验中所采用的实验室和临床评价方法均应有统一的质量控制，实验室检查也可由中心实验室进行。

（8）数据资料应集中管理和分析，应建立数据传递、管理、核查与查询程序。

（9）保证各中心研究者遵从试验方案，包括在违背方案时终止其参加试验。

多中心试验应当根据参加试验的中心数目和试验的要求，以及对试验用药品的了解程序建立管理系统，协调研究者负责整个试验的实施。

三、受试者的筛选与入组

药物临床试验结果准确性的决定性因素之一是受试者的筛选和入组，制订临床试验方案时，对受试者筛选的项目：入选标准、排除标准、退出标准、知情同意书内容、患者随访内容、时间都应做出明确和详细的计划，除这些内容外，为提高研究的科学性、准确性和患者的依从性，在受试者的筛选中还应参照"谈—签—筛—入"的四个原则。

（一）谈话

根据每项研究的不同要求和患者以往的化验检查结果，研究人员挑选适宜的患者，或接受其他医生介绍的患者。研究人员在筛选这些患者前都要与其进行谈话，谈话的目的有三：一是进一步了解患者的病史，查看既往病案和化验结果，考虑患者是否符合研究要求，提高筛选成功率，减少研究中人力和物力的浪费；二是向患者全面介绍受试者知情同意书的内容，包括对患者目前疾病诊断的介绍和治疗概况、试验的目的和要求、患者在试验中的付出-受益-风险等，使患者充分了解并完全自愿地加入研究；三是在谈话中了解患者的其他情况，如文化背景、工作情况和家庭情况，从中获得患者的依从状况。如患者的工作太忙，近期可能外出或者近期准备妊娠，则不选择入组。"谈话"是十分重要的知情同意过程，也是正确选择参试患者的重要步骤之一，受试者必须获得完整真实的信息，并在没有任何压力、欺骗、强迫及其他因素诱导且能自由行使选择权利的情况下表示同意，研究者也要从谈话中了解患者是否符合试验的要求，患者的依从性如何，以提高筛选的成功率，减少试验患者的脱落率。谈话的过程应在安静轻松的环境下，用受试者能明白的语言进行解释，避免受试者感到压力，通过与患者的谈话，使入组的多数患者都有较强的依从性，能很好地配合完成研究工作。

（二）签署受试者的知情同意书

患者了解上述情况后，必须自愿做出决定是否参加试验。这一过程必须不带有任何强迫或引诱的意图，并向患者申明，受试者无须任何理由，可在试验过程中任何时候退出试验，不会受到任何歧视或报复，不会影响与研究者的关系及今后的诊治。患者如果当时不能决定，允许患者与家属及有关人员协商后决定。患者同意后，医患双方分别在知情同意书上签名，并写明联系电话及负责医生姓名，以便随访保持联系。知情同意书一式两份，医患双方各保留一份。

（三）患者的筛选

在患者签署知情同意书后，一般在3天内按试验的要求进行病历的筛选，包括采集病史，体格检查和相关的实验室检测。入选和排除标准中未涉及的病史（如既往疾病史、家族史和过敏史等）也应记录。女患者要询问月经生育史，并进行血或尿妊娠试验。符合临床试验入选标准的患者可立即入组；不符合临床试验的患者也会得到相应的通知，并知道未被入选的理由及可采取其他必要的治疗。

（四）受试者的入组

受试者入组，严格执行随机的方法，所有与患者有关的材料、药品均由随机号标记，并有详细记录，受试者入组后，一旦退出试验，该随机号也应列入数据统计中，不得再次应用他人。一般临床试验允许有一定数量的脱落病例，根据数据统计的要求可计算求得。如果脱落率超过该计算值，此次试验结果将被否定。脱落率的计算公式：

$$D = \frac{退出临床试验患者数}{参与临床试验患者总数} \times 100\% \qquad （式 11-1）$$

D 为脱落率，脱落率不宜超过10%，若超过20%，将否定此次临床试验。除了脱落病例外，还有参与临床试验患者的依从性，如临床试验中，患者由于个人原因、试验原因等诸多因素提出退出试验，该患者的数据也已入组到随机表中，因此，该值也通过计算求得，依从率计算公式：

$$C = \frac{参与临床试验患者依从数}{参与临床试验患者总数} \times 100\% \qquad （式 11-2）$$

C 为依从率，如果依从率太低，将怀疑此次临床试验的可靠性。

四、知情同意

知情同意书是方案的一部分，是提供给受试者的一项保护措施，是当代生命伦理学中最有影响的概念之一。受试者加入临床研究前，向其陈述有关研究的信息，并征求受试者自愿同意参加。

每一项临床研究有其独特方案，详细叙述研究目的和步骤，也有相应的知情同意书，两者均需要经过伦理委员会审阅和批准。

在国际性、多中心研究中，方案内的知情同意书通常是"主要原则"形式，详列其中不可缺少的重要元素。每一国家、中心可能各有其特定规范，知情同意书可依据各国实际情况而做出适当修订，但要和"主要原则"内容保持主调一致，并征得申办者同意才能送呈伦理委员会审批。

（一）目的

提供给受试者的一项保护措施，保护受试者权益和安全，并让其知悉参加研究后的可能利益和潜在危害，使之能自行衡量、决定是否自愿参加研究。

（二）知情同意书内容

ICH 和 GCP 指南、各地、各大医院的伦理委员会对知情同意书的要求可能有少许不同，但给予保障受试者的目的相同，内容大致如下。

（1）清楚列明方案编号、标题、版本和日期，每页带有页码编号。

（2）知情同意书使用受试者所在国家的日常语言书写，尽量避免深奥的医学专用语，使受试者能清楚明白内容。

（3）解释研究的目的和性质，简单说明为何要进行研究和需要探讨的项目。

（4）有关研究药物的信息，注意：不能暗示研究药物绝对安全和有效性，并且不能答应研究结束后仍可继续供应研究药物，避免承诺一定可加入任何有关的延续研究。

（5）该项研究的大致受试者总例数。

（6）预期每一个受试者参加研究的最长期限。

（7）需进行的步骤，包括研究步骤：有关纳入/排除标准；需进行的检验测试及其次数；给药、采血，说清次数及总量；随访、复诊次数；给药方案，分配治疗药物机制和步骤，可能获得分配的治疗组，简单介绍"随机"、"设盲"等在研究中采用步骤的定义。

（8）受试者可能获得的益处：预期收益，不能暗示研究药物的绝对安全和有效性或保证极好医学疗效，仅能说"可能有良好效应"；如受试者可获得金钱上报酬，必须说明；可能日后对同类患者或社会有所裨益。

（9）可以替代的步骤或治疗。

（10）说明预期风险和不适：有关研究药物的可能不良反应和不适；所有研究中的一般不良反应；排除期、清洗期没有治疗药物时的措施，接受安慰剂的情况，采血后可能的危害；研究进行时，如有任何新发现可能影响受试者继续参加的决定，及他/她会获得通知。

（11）对受试者（如受试者怀孕还包括胎儿、胚胎）有未知风险；哺乳期妇女和育龄妇女能否参加；妇女参加研究前是否需进行妊娠测试；研究期间需要避孕；什么是可接受的避孕方法等。

（12）需添加因参与研究而引致出现危害时的治疗责任和赔偿，赔偿的最大金额、适用范围、提出条件，并提供解答有关问题的咨询人。

（13）受试者声明自愿参加，并有充分时间考虑，如果拒绝参加将不会受到惩罚；受试者也可随时退出研究，而不会受到歧视或报复，其医疗待遇与权益不受影响，并可获得继续治疗。提供可以解答受试者权利问题和医学疑问的咨询人。

（14）需要退出/中止研究的情况：例如，研究者考虑受试者进展情况，认为退出是符合受试者最佳利益者，不依从方案者、最新信息显示疗效不佳者、或申办者提出的其他原因。

（15）资料的保密性，受试者身份及个人资料不会被泄露，研究结束后的公开文献内容只有研究数据。伦理委员会、药品监督管理部门或申办者代表在工作上需要查阅受试者资料时，受试者同意后可让其按规定进行。

（16）受试者是否需要额外付出费用

附　某医院参与实验性临床医疗患者知情同意书

尊敬的患者：

您好！您将作为_____临床试验的一名受试者，本项临床试验将有××人次参加。为了确保本次试验顺利进行并充分保障您的权益，在您同意参加之前，您需要清楚知道以下相关信息：

一、开展临床试验的介绍

_____临床试验。

二、研究性质和目的

本研究的主要目的是通过与传统治疗效果进行对比，评价_____实验性临床医疗的疗效及和安全性。

三、可能存在的风险

本临床试验由于同时使用传统治疗，医生的任何判断可以依据对照治疗进行。本临床试验如发生与试验相关的损害，医院将根据损害程度，依据国家相关法律、法规进行赔偿。

四、受益

凡参加验证的患者由临床经验丰富的医生为您检查、治疗，对您的疑问进行解答，为您提供及时、周到的医疗服务。为了充分保障您的权益，我们制订了详细的临床试验方案，并已通过医院伦理委员会审议批准，我们将严格按照方案实施临床试验。

五、自愿参加与退出

试验前请您对本次临床试验做详细的了解，医院和医生有义务向您提供与该临床试验有关的信息资料，为您解释您所关心的问题，然后由您自愿决定是否参与临床试验治疗，您有权在验证的任何阶段退出，中途退出、随访不会影响对您的常规治疗。

六、保密责任

本次试验所取得的结果与资料归临床验证项目的实施者及医疗机构所有并无偿使用，但您的合法权益不会因为本项研究而受到侵犯，您的个人资料由我院保密。我院伦理委员会、食品药品监督管理部门、实施者可以查阅您的资料，但是都不得对外披露其内容。除非法律需要，您的身份不会被泄露。研究结果将在不泄露您的身份的前提下因科学目的而发表。

本知情同意书一式两份，医生和受试者各一份。

×××医院主要研究者：_____

联系电话：_____

项目负责人：_____

联系电话：_____

如果您已充分理解并同意上述内容，请在本知情同意书右下方签字确认。

作为本次临床验证的研究者，我已经详细向您告知了上述内容。

研究者签名：　　　　日期：　　年　月　日

医生已充分向本人介绍了本验证的目的、方法等内容，也充分告知了本人享有的权利和应该履行的义务，并对本人询问的所有问题也给予了圆满的答复。本人自愿参加本次实验性临床医疗，并积极配合医生完成本项验证工作。

受试者（或其法定代理人）签名：_____（关系：　）

日期：　　年　　月　　日　联系电话：_____

科别：_____　　住院号：_____

注：各科室根据具体开展实验性临床医疗做详细补充。

五、盲法的设计

为克服来自研究者、受试者及试验结果的最终分析（评价）者的主观偏倚因素的影响，确保试验结果的客观性，临床研究中除应对照、随机外，尚应实行盲法试验与盲法分析。

（1）盲法试验：在临床试验中，应采取盲法试验，即应做到被研究对象不知道接受的什么药，甚至连研究者也不知道受试者接受的是受试药或对照药的方法进行临床试验。盲法有单盲法与双盲法两种。

1）单盲法：仅研究者知道试验药物和对照用药，被研究对象不知道自己接受的试验措施是什么药物的观察方法。

2）双盲法：被研究对象和研究者均不知道不同试验组所接受的试验措施是什么药物的观察方法。

（2）盲法分析：在临床试验结束后，对其试验结果进行分析和评价时，应将试验组和对照组的结果进行混合编号，由没有参加该试验研究的专家进行分析和评价，即采用盲法分析。

在临床试验时，应根据临床研究的实际情况，规定采用单盲法或是双盲法，以及破盲的条件、时间和手续等。一般来讲，临床试验以双盲试验、盲法分析最客观，若条件不完全具备时，可采用单盲随机法研究。单盲试验一般不存在破盲问题，双盲试验的破盲最好在试验结果分析后才予以揭晓。

为保障双盲临床试验的顺利实施，以下几个方面应特别注意。

从方案制订、产生随机数编制盲底、根据盲底分配药物、受试者入组用药、研究者记录试验结果做出评价、监查员的检查、数据管理直至统计分析，都必须保持盲态。

在双盲临床试验中。试验药与有效对照药或安慰剂均需具备药品检验部门的鉴定报告，报告内容包括：外观、大小、颜色、崩解度和重量等，当阳性药物外观与受试药物外观不同时，一般采用双模拟技术，即为试验药与对照药各准备一种安慰剂，以达到试验组与对照组在用药的外观与给药方法上的一致。

从医学伦理学方面考虑，双盲试验应为每一个编盲号设置一个应急信件，信件内容为该编号的受试者所分配的组别。应急信件是密封的，随相应编号的试验药物发往各临床试验中心，由该中心负责人保存，非必要时切勿拆阅。在发生紧急情况（如严重不良事件或受试者需要抢救）必须知道该受试者接受的是何种处理时，由主要研究者拆阅。一旦被拆阅，该编号病例就作为脱落处理，不计入疗效分析，但有不良反应时仍需计入安全性分析。所有应急信件在试验结束后随病例报告表一起收回。

双盲临床试验常采用二次揭盲的方法，当病例报告表双份全部输入计算机，并经盲态审核后，数据将被锁定，这时保存全部盲底的人员将进行第一次揭盲，即将各病例号所对应的分成两组（如 A 组和 B 组）的盲底告知生物统计学家，以便对全部数据进行统计分析。当分析结束，总结报告完成时，再在临床试验总结会上作第二次揭盲，由盲底保存人员宣布A、B 两组中哪一个为试验组。

六、随机取样

随机化是临床科研的重要方法和基本原则之一。在科研设计中，随机化方法包括两种形式。第一，随机抽样：指被研究的对象从被研究的目标人群中选出，借助于随机抽样的方法，使目标人群中的每一个体都有同样的机会被选择作为研究对象。第二，随机分组：将随机抽样的样本（或连续的非随机抽样的样本）应用随机化分组的方法，使其都有同等机会进入"试验组"或"对照组"接受相应的试验处理。这样就能使组间的若干已知的或未知的影响因素基本一致，使能被测量和不能被测量的因素基本相等，平衡了混杂因素，减少了偏倚的干扰，增强组间的可比性。临床试验中应用的随机化方法通常有以下几种。

（一）简单随机化

有抛硬币法、抽签、查随机数字表、应用计算机或计算器随机法。根据计算机所产生的随机数字或统计学教科书中的随机数字表更常用。例如，根据获得的随机数字，将偶数作为治疗组（T）；奇数作为对照组（C）。在样本数较少时，通过随机数字得到的随机分组，常常一组人数明显多于另一组，造成资料分析统计时的困难。这时区组随机化就是更合理的选择。

（二）区组随机化

比较适合临床科研中入选患者分散就诊的特点。根据研究对象进入试验时间顺序，将全部病例分为数相同的若干区组，每一区组内病例随机分配到各研究组，以避免两组间人数差异过大。例如，在以 4 人为一区组的随机化分配中，治疗组（T）和对照组（C）可以有以下六种排列，即 TTCC；CCTT；CTCT；TCTC；TCCT；CTTC。假设 T 为偶数，C 为奇数，通过随机数字表，如查到第一个数字为 98，第二个数字为 63，则需要查第 3 个数字，如为 44，则该组排列为 TCTC。再查第二组，如第一个数字为 23，第二个数字为 13，因为二个都是奇数，剩下 2 个肯定是偶数，因此不需要继续查下去。这组排列为 CCTT。再查第三组，第 1、

2 个数字分别为 16、26，则该组为 TTCC。依次类推，根据所需要样本数，可以得出一系列 4 个字母为一组的排列，将它们连起来，在该例中排列为 TCTC、CCTT、TTCC……。根据此序列给药物编号，即 1 号为治疗组，2 号为对照组，3 号为治疗组，4 号为对照组……。

（三）分层随机化

为了减少重要的预后因素可能在两组分布不均匀，或者研究在不同的中心进行，可以根据预后因素或中心分层，在每层内将患者随机分配到治疗组和对照组。例如，在预防食管静脉首次出血药物的疗效考核时，肝硬化患者的肝脏储备功能是一个十分重要的预后因素。为使两组中患者疾病的严重度一致，可用 Child-Pugh 分级作为分层因素，分为 Child-Pugh A 级、B 级和 C 级三层。如第一个患者属于 Child-Pugh A 级，则进入第一层。然后再根据上述的随机区组方法顺序入选治疗组或对照组。分层越多，划分的区组也越多。分层过多常常会导致每一层的治疗组和对照组人数过少，不利于统计分析，因此一般最多分三层。在多中心研究时，患者常按研究中心进行分层。这样可减少各中心不同患者来源造成的治疗组和对照组分配不均。

分层随机化是根据纳入研究对象的重要临床特点或预后因素作为分层因素，例如，年龄、病情、有无合并症或危险因素等，将它们进行分层后再做随机分组。这样，就可增进研究的科学性，保证在随机对照研究中所获得的结果有较高的可比性。对分层因素的选择，应参考下述三条原则。

第一，选择所研究疾病或其并发症的危险因素分层。

第二，选择对所研究疾病的预后有明显影响的因素分层。

第三，必须遵守最小化原则，即将分层因素控制到最低限度，如果分层过多，会造成分层后随机分组过度分散，组内样本量过小的不利因素。

七、试验结果的评价

临床疗效的判定是中药新药临床试验评价的关键环节，只有客观而科学地制订中药新制剂的临床疗效判断标准，才能对其做出正确的临床评价；只有对中药新药做出正确的临床评价，才能肯定其临床效应与实用性，这也是中药新制剂研究的最终目的。

（一）观测指标的选择

中药新药的临床疗效是从新药对临床试验的具体观测指标的影响来衡量的，临床疗效的判断则是以被研究病例的临床证候（症状、体征），客观检测指标在试验前后的变化及其最终结果为依据的。故判断临床疗效时，应坚持综合判断的原则，既要以临床证候作为判断依据，更要有理化检测指标等客观标准。

1. 安全性观测　安全性指标的确定和评价是临床试验的重要组成部分。安全性评价指标包括临床表现和实验室检查两大方面。最常见的安全性评价内容为记录生命体征、血或尿化验数据及不良事件。

生命体征包括常规的血压、心率、体温和体重的测量；用药后对这些参数的影响是重要的安全性数据。

实验室化验可以确定身体的主要脏器，尤其是肝、心和肾功能如何。血液中的各种酶和其他物质水平的升高或降低可以对新药所引起的不良作用提供灵敏且早期的信息，并对患者的整体病情提供临床信息。

2. 疗效性观测　　主要结果指标和次要结果指标。

通常将疗效结果指标分为两类，即主要结果指标和次要结果指标。主要结果指标是指那些最重要和主要的、对患者影响最大，患者最关心、最希望避免的临床事件，例如，死亡、急性心肌梗死、心力衰竭加重、重要器官损害、疾病的复发等。随着医学模式的变化，综合评价患者的主观感受、功能状态、生存质量的指标也越来越多地得到的应用。

次要结果指标是指那些较重要，可用来支持主要结果指标的数据。它们能够反映干预所引起的主要指标的变化，他们在一定的条件下可替代主要结果指标。包括生物学指标、体征和实验室监测指标，例如，血脂、血糖、血压的升高等。

（二）临床疗效判断标准的制定

在制订临床疗效标准时，应遵守以下几项规定。

（1）凡国际国内有统一标准者，一律应按其标准执行，若无统一标准，应分别制订合理的疗效标准。临床疗效一般分为：临床痊愈、显效、有效、无效四级。特殊病种或疑难病证根据不同情况分别制订相应的疗效等级。凡无临床痊愈可能者，则只分为显效、有效、无效三级。若为癌症，其近期疗效可分为：完全缓解、部分缓解、稳定、进展四级。有的病种采用控制、基本控制、有效、无效四级进行分级。

（2）对受试的每个病例，都应严格地按照疗效标准，分别加以判定。在任何情况下都不能任意提高或降低标准。

（3）疗效评定应以临床证候（症状、体征）、客观检测指标和患者的最终结果为依据。

（4）在判定疗效时，着重观察与统计显效以上结果，特殊病种或疑难病证，可观察与统计有效以上结果。

（5）为了排除被研究者和研究者对中药新药的偏见，除临床试验中应执行双盲观察外，临床疗效判断时也应实行盲法分析与盲法评价。评价结束时最后揭晓。

（三）不良事件的监测

不良事件是受试者在接受一种药品治疗后出现的不良医学变化，但并不一定与药物治疗有因果关系。然而，不论该不良变化是否与药物有关，均应予记录、评价，并对其进行必要的处理。

1. 记录不良事件　　我们在每次随访时都要认真询问治疗中的所有相关症状、这些症状发生时间及持续时间、严重程度、因不良事件所做的检查和治疗、不良事件的最终结果。如症状在这次随访时未消失，我们在下次随访时继续追问，直到消失，并记录好消失的时间。无论不良事件是否与试验用药物相关，均应详细记录。这是因为，对于个别不良事件，研究者可能认为与试验药物无关，但在同一研究中若"个别不良事件"被多家不同的研究单位重复记录，很可能就具有统计学意义。

2. 判断相关性　　按照 GCP 的要求，在临床试验中我们一般把不良事件与药物的相关性分为 5 种。在记录不良事件后，立即对其与治疗的相关性进行初步评价，并记录在原始病历或病例报告表中。

3. 判断严重程度   对于不良事件的严重程度，我们一般按轻、中、重 3 级评价。轻度：很容易耐受的症状和体征；中度：症状或体征引起不适，影响日常活动；重度：即严重不良事件。通常认为严重不良事件是指：死亡或危及生命；住院或住院时间延长；造成永久性残废；致癌；致畸。在判断不良事件的严重程度时，值得注意的是首先不应该根据不良事件的严重程度来判断是否为严重不良事件。例如，连续几个小时的恶心、呕吐、腹泻，在程度上是严重的，但不应视为严重不良事件。

4. 对不良事件的处理   对不良事件采取的措施主要包括：无须处理；调整试验用药剂量/暂时中断研究；停用试验用药物；服用伴随药物；采用非药物治疗；住院/延长住院时间。我们根据患者不良事件的严重程度及与治疗的相关性对其进行相应的处理。如头痛，程度较轻，我们可不进行处理，继续服药观察；如患者在治疗中患感冒、腹泻等，考虑与治疗药物无关，我们可按感冒和腹泻进行相应的治疗，无须中断试验药物；又如考虑不良事件与试验药物相关或可能相关，且继续治疗会加重病情或给患者带来不良后果，则应立即中断治疗，并记录中断的原因、时间；如遇有严重不良事件，我们都在 24h 之内采用电话、传真或书面等方式向申办者报告，并在原始资料中记录报告的时间、方式及报告者姓名。

5. 观察和记录   按照试验计划，给药后必须仔细观察每次效应和必要的检测指标，并详细记录。对于自觉症状的描述应当客观，切勿诱导和暗示。对所定各项指标检测要定期复查，若发现异常，应认真分析，仔细鉴别。如果属试验新药所致，应立即终止试验，并采取相应的保护措施。凡在毒理研究中若发现对某器官有较明显的毒性时，在此期应对有关器官的功能做相应的化验检查，并认真做好记录。

第四节 GCP

一、GCP 的定义

GCP（good clinical practice）即《药品临床质量管理规范》，它的定义是保证临床试验过程的规范可靠、结果科学可信，同时保障受试者的权益和生命安全。简而言之，GCP 是为保证临床试验数据的质量、保护受试者的安全和权益而制订的临床试验准则。

二、我国实施 GCP 的意义

各国制定的 GCP 是国家有关管理部门对新药临床试验提出的标准化要求，以文件形式发布实施后，新药临床试验必须按此标准进行，起着新药临床试验法规的作用。在我国实施GCP，主要有以下几个方面的意义。

（一）保护受试者的安全与权益

过去，在我国的临床研究中对受试者的权益保护很不够，除了存在试验方案或其修改不经伦理委员会批准、对受试者告知不够或不告知、未得到知情同意书就开始试验外，还缺乏对试验过程中发生对受害者伤害时的医疗补偿、人身保险和经济赔偿制度。受经济利益的驱使，有个别医疗机构甚至对药品研究开发单位免费提供的试验药物（特别是国外药品）向受试者收取费用。这些做法严重地违背了临床试验的伦理原则并侵害了受试者的合法权益。

我国 GCP 和国际 GCP 一样，均将保障受试者权益和安全作为实施 GCP 的宗旨之一，明确规定《赫尔辛基宣言》是临床试验道德标准的准则，所有参加临床试验的人员都应当熟悉并严格遵守该宣言。要求所有的试验方案及其修改均应经伦理委员会进行伦理审核后才能实施，而且必须在得到受试者候选人或其合法代表人签署的知情同意书后才能开始试验。因此，只有严格遵循 GCP，才能在我国的临床试验中真正落实人体试验的伦理原则，保护受试者的生命安全与合法权益。

（二）保证临床试验资料和结果的质量

我国现阶段的临床试验质量与国际水平相比仍存在较大的差距，试验过程存在一系列问题和漏洞，使临床试验数据和结果的科学性、准确性、完整性及可靠性大打折扣。主要症结在于原来对临床试验缺乏严格有效的规范化管理，各个环节缺乏统一的质量标准，有关人员的职责不明确，随意性较大，缺乏对研究者行为的监督机制和临床试验数据的质量保证机制。

实施 GCP 可以很好地解决上述问题。GCP 严格规定了临床试验的研究者、申办者和监查员的职责；对临床试验的全过程，包括试验方案的设计、组织、实施，受试者的人选，资料的收集、报告和保存，试验结果的整理、统计分析等都做出了严格而明确的要求；并规定了临床试验的监查和质量保证制度；要求申办者和研究者均要制订并执行标准操作规程。特别是我国《药品管理法》将 GCP 明确为法定要求后，更有利于依法监督临床试验的实施情况。因此实施 GCP 可以最大限度地保证临床试验结果的质量，从而从源头上保障人民大众用药的安全有效。

（三）提高新药注册资料的质量

临床试验资料是申报新药注册的主要技术资料之一，是国家药品监督管理部门颁发新药证书和生产批文的重要依据。但在前些年，和其他新药申报资料一样，存在着较严重的弄虚作假行为。究其根源，一方面是由于少数研究开发单位，无视对人民群众用药安全，单纯为了减少新药研制所必需的经济投入、缩短药品开发的周期或顺利通过审评而投机取巧，而少数缺乏必要的职业道德的临床研究人员，有时为了一己之利，有时则是在投入临床试验时间、精力不够或在受试者的招募困难的压力下，不负责任地随意编造试验数据，导致了试验结果的虚假成分。但更为本质的原因则是管理体制上的。我国过去的新药审评程序，无论临床前还是临床研究，侧重的是对试验的结果（更确切地说是研制单位的书面申报资料）的审查，但对取得这些试验结果的过程的监督或控制却很不够。无疑，没有科学、可靠的试验过程就绝不可能得到科学、可靠的试验结果，为了提高新药申报资料的质量，必须强化研究过程的规范化管理。

GCP 规定了临床试验质量的监查机制，规定药品监督管理部门和申办者可以委托不直接涉及临床试验的人员对临床试验进行系统性检查，以判定试验的执行是否与试验方案相符，报告的数据是否与原始记录一致。药品监督管理部门可随时对临床试验机构的记录和文件进行检查。不符合 GCP 标准的临床试验的结果不被接受作为申报新药或注册的证据。因此，GCP 的实施必然有利于保证我国新药申报资料的质量，提高新药研究的监管水平。

（四）促进新产品打入国际市场

我国的临床研究水平与发达国家的仍有较大差距，存在国内开展的大部分临床试验结果仍难得到发达国家的认可。这意味着，如果我国的医药新产品要打入国际市场，就必须在欲进入国家重新进行临床试验，显然这在时间和经费上是十分不利的。中药是我国宝贵的文化遗产，现在世界各国，包括发达国家如美国、欧洲有些国家等对中药越来越重视。如果不能实现我国各项药品质量管理规范包括 GCP 与国际的接轨，将会成为我国中药进入国际市场的壁垒。所以，加快实施 GCP 必然会有利于缩小我国临床研究水平与发达国家的距离，促进我国创新药品更多更快地打入国际市场。

（五）开展国际多中心临床试验

我国人口占全球人口的五分之一，具有 56 个民族，疾病谱广泛，因此具有丰富的临床资源。国际上许多跨国制药公司都看好这一巨大的临床资源，希望来我国进行新药的国际多中心临床试验。充分利用这一临床资源，一方面有利于借助国外资金和技术提高我国的临床研究水平，培养具有国际水准的临床研究队伍；另一方面有利于将人类最新的医药研究成果更快地应用到我国患者身上，为我国人民的健康保健服务，也有利于国外公司在华投资和生产新产品。但是在我国开展国际多中心试验的前提是实现我国 GCP 与国际的接轨，因为只有这样取得的试验数据才能在国际上得到承认。

（六）提高我国临床研究和用药水平

国际上，一个医疗机构进行临床研究的水平代表了其学术水平。而有着良好声誉的医疗机构往往又是严格遵守 GCP 的典范。而且，进行临床试验可以得到申办者的资助，从而也为临床研究机构的建设提供了资金来源。实施 GCP 后，只有通过 GCP 资格认定的医疗机构才能够承担临床试验项目，这样必然引入竞争机制，使得医疗机构去努力争取符合 GCP 的要求和提高自己的研究水平，以吸引申办者选择它作为研究机构。

另一方面，研究机构的发展与研究人员学术水平的提高是分不开的。按照 GCP 开展的随机盲法对照试验也越来越成为循证医学研究的金标准。国际知名的医学学术期刊往往只接受按 GCP 标准进行的药物临床研究论文。所以，GCP 的实施有利于促进我国临床研究机构的建设，也有利于提高临床研究人员的学术水平。

另外，通过开展规范的临床试验还可以使广大临床医生和药师直接而充分地了解新药的有效性、安全性及正确使用方面的信息，提高临床用药的水平。

三、我国 GCP 的主要内容

我国 GCP 制定的指导原则是：既要符合国际 GCP 的基本原则，又要符合我国的法律法规；既要考虑与国际标准接轨，又要考虑我国的国情，并要切实可行，能够作为近期努力的目标。

为深化药品审评审批制度改革，鼓励创新，进一步推动我国药物临床试验规范研究和提升质量，国家药品监督管理局会同国家卫生健康委员会组织修订了《药物临床试验质量管理规范》，自 2020 年 7 月 1 日起施行。包括 9 章共 83 条内容，除了总则和附则外，主要内容包括以下内容。

1. 临床试验前的准备与必要条件　所有以人为对象的研究必须符合《赫尔辛基宣言》和国际医学科学组织委员会颁布的《人体生物医学研究国际道德指南》的道德原则，即公正、尊重人格、力求使受试者最大程度受益和尽可能避免伤害。参加临床试验的各方都必须充分了解和遵循这些原则，并遵守我国有关药品管理的法律法规；进行药品临床试验必须有充分的科学依据；临床试验用药品由申办者准备和提供；开展临床试验单位的设施与条件都必须符合安全有效地进行临床试验的需要。

2. 受试者的权益保障　在药品临床试验的过程中，必须对受试者的个人权益给予充分的保障，并确保试验的科学性和可靠性。伦理委员会与知情同意书是保障受试者权益的主要措施。

3. 试验方案　临床试验开始前应制订试验方案，该方案应由研究者与申办者共同商定并签字，报伦理委员会审批后实施等。

4. 研究者的职责　负责临床试验的研究者应具备资格，熟悉试验用药品的性质、作用、疗效及安全性，掌握临床试验进行期间发现的所有与药品有关的新信息，并与申办者共同签署临床试验方案，严格按照方案和 GCP 的规定执行。

5. 申办者的职责　申办者负责发起、申请、组织、资助和监查一项临床试验；建议临床试验的单位和研究者人选，认可其资格及条件以保证试验的完成；提供研究者手册；与研究者共同设计临床试验方案；向研究者提供质量合格的试验用药品、标准品、对照药品或安慰剂；负责建立临床试验的质量控制和质量保证系统；对研究中所产生的严重不良事件，与研究者共同采取必要的措施以保证受试者的安全，并及时向药品监督管理部门报告；应对临床试验中发生与试验相关的损害或死亡的受试者提供保险，承担治疗的经济补偿，也应向研究者提供法律上与经济上的担保等。

6. 监查员的职责　具有资格的监查员应遵循 SOP 来督促临床试验的进行，以保证临床试验按方案执行。记录与报告每位受试者在试验中的有关资料均应记录于病例报告表中；病例报告表作为原始资料，不得更改；研究者应保存临床试验资料至临床试验终止后 5 年，申办者应保存临床试验资料至试验药品被批准上市后 5 年。

7. 数据管理与统计分析　在临床试验的统计结果的表达及分析过程中，都必须采用规范的统计学分析方法；试验中受试者分配必须按试验设计确定的随机方案进行，每名受试者的密封代码应由申办者或研究者保存。

8. 试验用药品的管理　试验用药品不得在市场上经销；试验用药品的使用由研究者负责，研究者必须保证所有试验用药品仅用于该临床试验的受试者；申办者负责对所有的临床试验用药品做适当的包装与标签，并标明为临床试验专用。

9. 质量保证　申办者及研究者均应采用 SOP，以保证临床试验的质量控制和质量保证系统的实施。

10. 多中心试验　多中心试验是由多位研究者按同一试验方案在不同地点和单位同时进行的临床试验。各中心同期开始与结束试验。多中心试验由一位主要研究者总负责，并作为临床试验各中心间的协调研究者。

第五节　临床试验设计方案实例

注射用红花黄色素冻干粉针治疗冠心病稳定性心绞痛临床试验方案。

根据注射用红花黄色素冻干粉针组成功效及临床前药效学研究提示，本制剂主要适用于治疗冠心病稳定性心绞痛（心血瘀阻证）。兹根据国家食品药品监督管理总局颁布《中药新药临床指导原则》的有关规定，拟定临床观察方案于后。

一、病例选择

（一）诊断标准

1. 西医诊断标准　参照国际心脏病学会和协会及世界卫生组织临床命名标准化联合专题组报告《缺血性心脏病的命名及诊断标准》制订；包括劳累性心绞痛诊断、分类、分级诊断标准（Ⅰ～Ⅳ级）。

2. 中医证候诊断标准　参照《中药新药临床研究指导原则》（2002 年版）制订。

（1）血瘀阻证的主症表现为胸闷或胸痛；次症表现为心悸不宁，气短；舌脉表现为舌质紫暗或有瘀点瘀斑，脉细涩。主症必备，兼见次症至少一项，结合舌脉即可诊断。

（2）症状分级量化标准：根据胸痛（程度、发作次数、持续时间、硝酸甘油服用量）、胸闷、心悸、气短逐级评分，轻度记为 2～8 分，中度记为 9～16 分，重度记为 17～24 分。舌、脉象具体描述，不记分。

（二）纳入标准

（1）符合西医稳定型劳累性心绞痛诊断标准。

（2）符合中医证候心血瘀阻证诊断标准。

（3）心电图检查有缺血性改变或运动试验阳性。

（4）年龄 18～70 岁。

（5）知情，愿意签署知情同意书者。

（三）剔除标准

（1）不稳定型心绞痛及以往有过心脏介入治疗、溶栓治疗者。

（2）经检查证实为冠心病急性心肌梗死及其他心脏疾病、重度神经症、更年期症候群、颈椎病所致胸痛者。

（3）合并重度高血压、重度心肺功能不全、严重心律失常、肝肾功能障碍及患有造血系统疾病者。

（4）精神病患者。

（5）妊娠或准备妊娠、哺乳期妇女。

（6）过敏体质或对多种药物过敏者。

二、样本含量

说明：根据《新药审批办法》中新药（中药）临床研究的技术要求，中药新药申报生产的临床试验分期Ⅰ临床试验、Ⅱ期临床试验、Ⅲ期临床试验。各期临床试验的研究目的、意义和要求不同，规定样本含量也不一样。

　　Ⅰ期临床试验：不少于 30 例。

　　Ⅱ期临床试验：不少于 100 例。

　　Ⅲ期临床试验：要求同期临床试验，扩大病例数为 300 例；注射用红花黄色素冻干粉针治疗冠心病稳定性心绞痛（心血瘀阻证）临床试验方案设计适用于上述各种类型的临床研究，其样本数可根据具体应用而定。

三、研究方案设计

（一）试验方法

　　将按纳入标准列入临床研究的病例（以住院患者为主，门诊不得超过 1/3），采用完全随机对照实验法进行临床研究，单盲试验，盲法分析。按随机数字表分配奇数为试验组，偶数为对照组。并根据 GCP 有关试验用药品的管理规定，对试验药品进行统一包装与标签，并标明为临床试验专用，要有专人核对，各研究单位设立专门地点由研究医师以外的专人保管。研究医师应严格按随机原则入组受试者，开具处方交护士到药物保管处领取药物。不能由患者直接领药，也不能由研究医师取药。安排受试者分别接受治疗，使其处于盲态。

（二）治疗方法

　　1. 试验组　注射用红花黄色素 250mg，加入生理盐水 100ml 内，静脉滴注，每分钟 20~30 滴，每天一次，连续 14 天。

　　2. 对照组　红花注射液 5ml×3 瓶，加入 5% 葡萄糖注射液 250ml 内，静脉滴注，每分钟 40~60 滴，每天一次，连续 14 天。

四、观察指标

（一）安全性观察指标

　　1. 一般项目　呼吸、血压、心率、心律等。每次随访观察记录 1 次。

　　2. 实验室检查　血常规、尿常规、大便潜血治疗前后各检查记录 1 次，肝（谷丙转氨酶）、肾功能（尿素氮、肌酐）。治疗前、后各检查记录 1 次。

（二）疗效性观测

　　1. 主要指标

　　（1）心绞痛症状：疼痛程度、每天发作次数、持续时间、硝酸甘油片含服用量。

　　（2）中医证候改善情况。

　　（3）硝酸甘油停减情况（减量、停药）。

　　（4）心电图（或运动试验）。

　　上述指标于治疗前、中（不含运动试验）、后各记录 1 次。

2. 次要指标

（1）心率、血压检测。

（2）血脂：包括胆固醇，三酰甘油，低密度脂蛋白，高密度脂蛋白。

第1项于治疗前、中、后各记录1次；第2项于治疗前后各检测记录1次。

五、疗效判断标准

总疗效判定标准：显效：心绞痛等主要症状消失或达到显效标准，心电图恢复至正常心电图或达到大致正常（即正常范围心电图）。有效：心绞痛等主要症状减轻或达到有效标准，心电图改善达到有效标准。无效：心绞痛等主要症状无改善，心电图基本与治疗前相同。加重：心绞痛等主要症状与心电图较试验前加重。

中医证候疗效判定标准：积分减少（%）=（疗前积分/疗后积分）/疗前积分×100%。显效：临床症状、体征明显改善，证候积分减少≥70%。有效：临床症状、体征均有好转，证候积分减少30%~70%。无效：临床症状、体征无明显改善，甚或加重，证候积分减少＜30%。加重：临床症状、体征均有加重，证候积分减少<0%。

硝酸甘油停减疗效：停药：治疗后完全不用含服硝酸甘油。减量：治疗后较治疗前每天硝酸甘油用量减少50%以上。不变：治疗后较治疗前每天硝酸甘油用量减少不足50%或用量增多。

心电图疗效判定标准：显效：心电图恢复至"大致正常"或达到"正常心电图"。有效：S-T段的降低，以治疗后回升0.05mV以上，但未达到正常标准，在主要导联倒置T波改变变浅（达25%以上者）；或T波由平坦变直立，房室或室内传导阻滞改善者。无效：心电图基本与治疗前相同。加重：S-T段较治疗前降低0.05mV以上，在主要导联倒置T波加深（达25%以上者），或直立T波变平坦，平坦T波变倒置，以及出现异位心律，房室传导阻滞或室内传导阻滞。

心绞痛症状积分判定标准：参照1979年中西医结合治疗冠心病心绞痛及心律失常座谈会《冠心病心绞痛及心电图疗效评定标准》制订，根据疼痛程度轻、中、重度的改善分别评分。

六、统计分析

采用SAS 8.2统计软件进行统计分析。所有的统计检验均采用$\alpha=0.05$的双侧检验，P值小于或等于0.05被认为差别有统计意义。计量资料比较时，数据服从正态分布时采用t检验，否则采用秩和（Wilcoxo）检验，多中心分析时，采用方差分析；计数资料采用χ^2检验、Fisher精确检验，多中心分析时采用卡方（CMH）检验；等级资料采用秩和（Wilcoxo）检验或卡方（CMH）检验。用药后的疗效指标，进行全分析集（FAS）分析和符合方案数集（PPS）分析。

七、临床研究工作安排

（一）临床研究负责单位

由国家食品药品监督管理总局药理基地广东省第二中医院承担，病例数为60例。

（二）临床试验协作单位

广州中医药大学第一附属医院、广州市中医医院、内蒙古自治区中蒙医医院、河北省中医院，每中心病例数为 40 例。

（三）试验进度

从委托临床研究的药厂供药之日起，至某年某月完成临床观察工作，某年某月协作单位写出临床研究小结，某年某月临床研究负责单位做出临床试验资料总结，报主管部门审批，某年某月组织专家鉴定。

八、实验结果

1. 一般情况比较　共入组冠心病心绞痛（心血瘀阻证）病例 220 例，其中试验组入组 110 例，脱落 7 例，剔除 3 例；对照组入组 110 例，脱落 4 例，剔除 2 例。两组完成试验情况、人口学特征（性别、年龄、体质量、身高）、生命体征（心率、呼吸、血压）统计学分析差异无显著性意义（$P>0.05$）。试验组与对照组的病程、病情积分、病情程度、过敏史、家族史、合并疾病、试验前用药及心绞痛分级、疼痛性质、疼痛程度、日均发作次数、持续时间、诱发因素和心电图检查结果，血常规及生化检查，尿常规及大便潜血检查结果、合并用药情况等方面均具有可比性（$P>0.05$）。

2. 中医证候积分分析　FAS 分析和 PPS 分析的结果均表明，治疗后，试验组与对照组的中医证候积分均比治疗前降低，经符号秩和（signed rank）检验，差异均有统计学意义（$P<0.01$）、两组治疗前、中、后的中医证候积分，经秩和检验，组间差异均无统计学意义（$P>0.05$），结果见表 11-8。

表 11-8　中医证候积分历时性分析

数据集	组别	例数	第0天	第8天	第15天
全分析集	试验组	107	10.50±3.39	7.61±3.06	4.64±3.07 * △
	对照组	108	10.06±2.88	7.23±2.89	3.94±2.88 *
符合方案集	试验组	100	10.56±3.37	7.59±2.96	4.41±2.84 * △
	对照组	104	10.04±2.91	7.22±2.87	3.80±2.77 *

注：和第 0 天比较，$*P<0.01$；和对照组比较，$△P>0.05$

3. 中医证候疗效分析　经校正中心效应的卡方（CMH）检验，试验组与对照组的中医证候疗效，差异无统计学意义（$P>0.05$），两组的有效率差异均无统计学意义（$P>0.05$），结果见表 11-9。

表 11-9 中医证候疗效分析

数据	组别	例数	显效	有效	无效	加重	有效率/%
全分析集	试验组	107	37 (34.58)	50 (46.73)	20 (18.69)	0 (0.00)	81.31△
	对照组	108	38 (35.19)	50 (49.07)	17 (15.74)	0 (0.00)	84.26
符合方案集	试验组	100	37 (37.00)	50 (50.00)	13 (13.00)	0 (0.00)	87.00△△
	对照组	104	38 (36.54)	53 (50.96)	13 (12.50)	0 (0.00)	87.50

注：与对照组比较，$\triangle x^2_{CMH} = 0.32$，$P = 0.5675$；$\triangle\triangle x^2_{CMH} = 0.01$，$P = 0.9150$

4. 疾病总疗效分析　FAS 分析和 PPS 分析结果均表明，经校正中心效应的卡方 (CMH) 检验，试验组与对照组的疾病总疗效，差异无统计学意义（$P>0.05$），两组的有效率差异均无统计学意义（$P>0.05$），结果见表 11-10。

表 11-10 疾病总疗效分析

数据	组别	例数	显效	有效	无效	加重	有效率/%
全分析集	试验组	107	22 (20.56)	63 (58.88)	22 (20.56)	0 (0.00)	79.44△
	对照组	108	23 (21.30)	65 (60.19)	20 (18.52)	0 (0.00)	81.48
符合方案集	试验组	100	22 (22.00)	63 (63.00)	15 (15.00)	0 (0.00)	85.00△△
	对照组	104	23 (22.12)	65 (62.50)	16 (15.38)	0 (0.00)	84.62

注：与对照组比较，$\triangle x_{CMH} = 0.14$，$P = 0.7064$；$\triangle\triangle x_{CMH} = 0.00$，$P = 0.9392$

5. 心绞痛症状积分分析　FAS 分析和 PPS 分析结果均表明，治疗后，试验组与对照组的心绞痛症状积分均比治疗前降低，经符号秩和（signed rank）检验，差异均有统计学意义（$P<0.01$）。两组治疗前、中、后的心绞痛症状积分，经秩和检验，组间差异均无统计学意义（$P>0.05$）。结果见表 11-11。

表 11-11 心绞痛症状积分历时性分析 ($\bar{x}\pm s$)

数据	组别	例数	第0天	第8天	第15天
全分析集	试验组	107	9.48±2.87	6.71±2.88	3.64±2.88 *△
	对照组	108	9.56±2.92	6.82±2.92	3.92±22.6
符合方案集	试验组	100	9.52±2.92	6.92±2.86	3.86±2.92 *△
	对照组	104	9.62±2.98	6.88±2.82	3.88±2.65

注：和第 0 天比较，$*P<0.01$；和对照组比较，$\triangle P>0.05$

6. 心电图疗效分析　FAS 分析和 PPS 分析结果均表明，经校正中心效应的卡方 (CMH) 检验，试验组与对照组的心电图疗效，差异无统计学意义（$P>0.05$），两组的有效率差异均无统计学意义（$P>0.05$），结果见表 11-12。

表 11-12　心电图疗效分析

数据	组别	例数	显效	有效	无效	加重	有效率/%
全分析集	试验组	107	29 (27.10)	10 (9.35)	68 (63.55)	0 (0.00)	36.45$^{\triangle}$
	对照组	108	35 (32.41)	13 (12.04)	60 (55.56)	0 (0.00)	44.44
符合方案集	试验组	100	29 (29.00)	10 (10.00)	61 (61.00)	0 (0.00)	39.00$^{\triangle\triangle}$
	对照组	104	35 (33.65)	13 (12.50)	56 (53.85)	0 (0.00)	46.15

注：与对照组比较，$\triangle \chi^2_{CMH} = 1.43$，$P = 0.2311$；$\triangle\triangle \chi^2_{CMH} = 1.16$，$P = 0.2821$

7. 硝酸甘油停减疗效分析　根据临床试验提供的数据，使用硝酸甘油的病例数，试验组与对照组分别为 40 例和 33 例。经校正中心效应的卡方（CMH）检验，两组的硝酸甘油停减疗效，差异无统计学意义（$P > 0.05$），两组的硝酸甘油停减率，差异无统计学意义（$P > 0.05$），结果见表 11-13。

表 11-13　硝酸甘油停减疗效分析

组别	例数	停药	减量	不变	停减率/%
试验组	40	33 (82.50)	4 (10.00)	3 (7.50)	92.5$^{\triangle}$
对照组	33	28 (84.85)	5 (15.15)	0 (0.00)	100

注：和对照组比较，$\triangle \chi^2_{CMH} = 0.22$，$P = 0.8961$

8. 血脂分析　试验组与对照组治疗前、后的胆固醇、三酰甘油、低密度脂蛋白和高密度脂蛋白组间和自身前、后比较，经 t 检验或秩和检验，差异均无统计学意义（$P > 0.05$），结果见表 11-14。

表 11-14　血脂的变化分析

	胆固醇（mmol/L）		三酰甘油（mmol/L）		低密度脂蛋白（mmol/L）		高密度脂蛋白（mmol/L）	
	治疗前	治疗后	治疗前	治疗后	治疗前	治疗后	治疗前	治疗后
试验组	4.72±0.96	4.55±0.99$^{*\triangle}$	1.84±1.33	1.7±0.93$^{*\triangle}$	3.05±0.69	3.00±0.87$^{*\triangle}$	1.35±0.33	1.35±0.37$^{*\triangle}$
对照组	4.67±1.04	4.57±0.93	1.84±1.33	1.65±0.95	2.94±0.80	2.81±0.73	1.31±0.36	1.35±0.35

注：和治疗前比较，$*P > 0.05$；和对照组比较，$\triangle P > 0.05$

9. 舌象及脉象分析　试验组与对照组治疗前、后的舌象和脉象的分布情况，经秩和检验，差异均无统计学意义（$P > 0.05$），结果见表 11-15。

表 11-15　舌象、脉象的分布分析

	舌象 [紫暗或瘀点瘀斑者比例（%）]		脉象 [细涩者比例（%）]	
	治疗前	治疗后	治疗前	治疗后
试验组	91.00	85.00$^{*\triangle}$	89.00	85.00$^{*\triangle}$
对照组	89.42	84.62	87.50	80.77

注：和治疗前比较，$*P > 0.05$；和对照组比较，$\triangle P > 0.05$

10. 安全性评价　进入该临床试验的安全性分析病例为 215 例，试验组与对照组分别为 107 例和 108 例，试验组与对照组治疗前、后的生命体征分析（心率、呼吸和血压）、血常规、尿常规、大便潜血及肝肾功能检查结果组间和自身前、后比较，经秩和检验，差异无统计学意义（$P>0.05$）。

11. 不良事件　试验组出现 3 例 3 件不良事件，程度为轻度，其中，与药物相关的不良反应为 3 例 3 件（2.8%），表现为 ALT 升高、头胀和全身肌肉酸痛，对照组出现 5 例 5 件不良事件（3.7%），程度为轻度或中度，其中，与药物相关的不良反应为 4 例 4 件，表现为头胀、ALT 升高、Cr 和 BUN 升高。两组不良反应在继续用药或停药观察后均恢复正常。两组不良事件的发生率，经 Fisher 精确检验，差异无统计学意义（$P>0.05$）。

参 考 文 献

陈海霞，徐新刚，韩媛媛，等.2014.UPLC-MS/MS法测定注射自微乳大鼠体内熊果酸血药浓度及其药动学研究［J］.药学学报，06：938-941.

陈晶晶.2012.黄芪及其不同有效部位干预失血性贫血小鼠模型的效应机制研究［D］.辽宁中医药大学研究生学位论文.

程江雪，王荣，王晓娟，等.2010.正交试验优选九节龙皂苷Ⅰ聚乳酸微球的制备工艺［J］.中草药，43（10）：1923-1927.

杜正彩，郝二伟，黄庆，等.2012.复方绞股蓝益智颗粒急性毒性与慢性毒性实验研究［J］.当代医学，19：1-3.

段洪云，张胜，朱鹏飞，等.2010.三七总皂苷渗透泵控释片的研制［J］.中国实验方剂学杂志，06：6-9，13.

方亮.2016.药剂学［M］.第8版.北京：人民卫生出版社.

国家药典委员会.2020.中国药典［S］.北京：中国医药科技出版社.

国家药品监督管理局.2022.2021国家中药监管蓝皮书［M］.

侯世祥.2010.现代中药制剂设计理论与实践.北京：人民卫生出版社.

胡菁，敖明章，崔永明，等.2008.甘草多糖的抗肿瘤活性及对免疫功能的影响［J］.天然产物研究与开发，05：911-913，938.

胡良平.2007.如何合理选择统计分析方法处理实验资料［J］.中国医药生物技术，2（54）：317-319.

李均亮.2013.青蒿琥珀纳米乳的制备及评价［D］.北京：中国农业科学研究院.

李康，贺佳.2015.医学统计学［M］.北京：人民卫生出版社.

李淼.2014.中药质量标准研究现状［J］.黑龙江医药，27（1）：135-137.

李姝梅.2012.柴藿颗粒制剂的质量标准研究［D］.云南：云南中医学院.

苗阳，李立志，徐风琴，等.2010.红花黄色素注射液治疗冠心病心绞痛（心血瘀阻证）的Ⅲ期临床研究［J］.中国新药杂志，07：584-589.

彭成.2021.中药药理学［M］.北京：中国中医药出版社.

彭大艳，顾晔.2011.注射用灯盏花素治疗不稳定性心绞痛合并高脂血症临床观察［J］.湖北中医药大学学报，02：15-17.

任海燕，熊宁宁，刘芳，等.2009.青银注射液Ⅰ期临床耐受性试验［J］.现代中西医结合杂志，10：1087-1088，1097.

阮克萍，冯怡，刘国平，等.2014.川参方直接压片工艺量化控制研究［J］.中草药，09：1262-1264.

宋志国，李金梅，郭汉文.2014.丹香清脂颗粒质量标准研究［J］.辽宁中医药大学学报，7（3）：58-60.

谭周飞.2013.不同粉碎粒度对血竭中血竭素含量测定的影响［J］.中国药事，12：1298-1300.

唐军.2007.医学统计学［M］.第2版.北京：人民军医出版社.

佟笑，陈玉文.2018.2009-2015年我国5类中药新药注册申报审批情况分析［J］.中国医药工业杂志，49（09）：1327-1330.

屠鹏飞，姜勇.2007.中药创新药物的发现与研发［J］.中国天然药物，5（2）：81-86.

王彬，刘兴娜，邹晓平.2020.中医的全球化发展：机遇和挑战［J］.湖南中医杂志，36（04）：122-123.

王敏杰，王丽莉，杜晓曦，等 . 2012. 不同提取方法对菝葜中总皂苷提取效果的影响 ［J］. 中草药，11：2194-2196.

吴怡，尤献民，邹桂欣，等 . 2013. 化胃舒颗粒剂的处方研究 ［J］. 中成药，35（1）：64-67.

谢秀琼 . 2006. 中药新制剂开发与应用 ［M］. 第3版 . 北京：人民卫生出版社 .

徐道情，耿彤 . 2012. 通脉养心方提取工艺优选 ［J］. 药物评价研究，04：265-269.

徐金玲 . 2008. 复方半边莲注射液 HPLC 指纹图谱及其安全性研究 ［D］. 河南中医药大学 .

徐坤 . 2012. 连翘果实挥发油的分离抑菌研究及固体脂质纳米粒的制备 ［D］. 西安：西北大学 .

严国俊，蔡宝昌，潘金火，等 . 2009. 丁香的超微粉碎工艺研究 ［J］. 中药材，11：1748-1751.

杨学东，伍勋，胡立翠，等 . 2012. 不同溶剂对川芎药材中有效成分提取效果的影响 ［J］. 中国中药杂志，13：1942-1945.

易海斌 . 2012. 柚子籽油的制备及质量评价 ［D］. 南昌：南昌大学 .

张立庆 . 2012. 新复方大青叶片新工艺和质量标准研究 ［D］. 济南：山东大学 .

张蜀，邓红，林华庆，等 . 2009. 正交试验法优选山黄口腔贴片的处方 ［J］. 广东药学院学报，02：111-114.

张秀丽，王静云，姜波，等 . 2008. 大孔吸附树脂分离纯化地黄中梓醇工艺的研究 ［J］. 中国生物工程杂志，01：65-69.

张易棣 . 2010. 影响中药疗效因素的探讨 ［J］. 现代中医药，30（3）：93-94.

赵森 . 2009. 两面针镇痛缓释片的研究 ［D］. 沈阳：辽宁中医药大学 .

朱晓峰，张荣华，王廷春，等 . 2012. 注射用红花黄色素冻干粉针治疗冠心病稳定型心绞痛心血瘀阻证的多中心随机对照临床研究 ［J］. 中成药，04：596-601.

邹艳 . 2011. 老鹳草鞣质结肠定位制剂的制备及评价 ［D］. 延边大学研究生学位论文 .